·大学生创新实践系列丛书·

# 大学生计算机与电子创新创业实践

胡列　胡蝶◎著

College Students' Innovation and Entrepreneurship
Practice in Computer and Electronics

清華大学出版社
北 京

图书在版编目（CIP）数据

大学生计算机与电子创新创业实践 / 胡列，胡蝶著.

北京 ：清华大学出版社, 2024. 9. -- (大学生创新实践系列丛书).

ISBN 978-7-302-67240-1

Ⅰ．TP3

中国国家版本馆 CIP 数据核字第 20246RK617 号

责任编辑：付潭蛟
封面设计：胡梅玲
责任校对：宋玉莲
责任印制：刘 菲

出版发行：清华大学出版社

  网  址：https://www.tup.com.cn，https://www.wqxuetang.com

  地  址：北京清华大学学研大厦 A 座    邮  编：100084

  社 总 机：010-83470000       邮  购：010-62786544

  投稿与读者服务：010-62776969，c-service@tup.tsinghua.edu.cn

  质 量 反 馈：010-62772015，zhiliang@tup.tsinghua.edu.cn

  课 件 下 载：https://www.tup.com.cn，010-83470332

印 装 者：河北鹏润印刷有限公司

经  销：全国新华书店

开  本：185mm×260mm   印  张：20.25   字  数：510 千字

版  次：2024 年 11 月第 1 版       印  次：2024 年 11 月第 1 次印刷

定  价：55.00 元

产品编号：105414-01

# 作 者 简 介

胡列，博士，教授，1963 年出生，毕业于西北工业大学，1993 年初获工学博士学位，师从中国航空学会原理事长、著名教育家季文美大师，现任西安理工大学高科学院董事长、西安高新科技职业学院董事长。

胡列博士先后被中央电视台《东方之子》栏目特别报道，荣登《人民画报》封面，被评为"陕西省十大杰出青年""陕西省红旗人物""中国十大民办教育家""中国民办高校十大杰出人物""中国民办大学十大教育领袖""影响中国民办教育界十大领军人物""改革开放 30 年中国民办教育 30 名人""改革开放 40 年引领陕西教育改革发展功勋人物"等，被众多大型媒体誉为创新教育理念最杰出的教育家之一。

胡列博士先后发表上百篇论文和著作，近年分别在西安交通大学出版社、华中科技大学出版社、哈尔滨工业大学出版社、清华大学出版社、人民日报出版社、未来出版社等出版的专著和教材见下表。

| 复合人才培养系列丛书： | 概念力学系列丛书： |
|---|---|
| 高新科技中的高等数学 | 概念力学导论 |
| 高新科技中的计算机技术 | 概念机械力学 |
| 大学生专业知识与就业前景 | 概念建筑力学 |
| 制造新纪元：智能制造与数字化技术的前沿 | 概念流体力学 |
| 仿真技术全景：跨学科视角下的理论与实践创新 | 概念生物力学 |
| 艺术欣赏与现代科技 | 概念地球力学 |
| 科技驱动的行业革新：企业管理与财务的新视角 | 概念复合材料力学 |
| 实践与认证全解析：计算机-工程-财经 | 概念力学仿真 |
| 在线教育技术与创新 | **实践数学系列丛书：** |
| 完整大学生活实践与教育管理创新 | 科技应用实践数学 |
| 大学生心理健康与全面发展 | 土木工程实践数学 |
| **科教探索系列丛书：** | 机械制造工程实践数学 |
| 科技赋能大学的未来 | 信息科学与工程实践数学 |
| 科技与思想的交融 | 经济与管理工程实践数学 |
| 未来科技与大学生学科知识演进 | **大学生创新实践系列丛书：** |
| 未来行业中的数据素养与职场决策支持 | 大学生计算机与电子创新创业实践 |
| 跨学科驱动的技能创新与实践 | 大学生智能机械创新创业实践 |
| 大学生复杂问题分析与系统思维应用 | 大学物理应用与实践 |
| 古代觉醒：时空交汇与数字绘画的融合 | 大学生现代土木工程创新创业实践 |
| 思维永生 | 建筑信息化演变：CAD-BIM-PMS 融合实践 |
| 时空中的心灵体验 | 创新思维与创造实践 |
| 新工科时代跨学科创新 | 大学生人文素养与科技创新 |
| 智能时代教育理论体系创新 | 我与女儿一同成长 |
| 创新成长链：从启蒙到卓越 | 智能时代的数据科学实践 |

# AuthorBiography

Dr. Hu Lie, born in 1963, is a professor who graduated from Northwestern Polytechnical University. He obtained his doctoral degree in Engineering in early 1993 under the guidance of Professor Ji Wenmei, the former Chairman of the Chinese Society of Aeronautics and Astronautics and a renowned educator. Dr. Hu is currently the Chairman of the Board of Directors of The Hi-Tech College of Xi'an University of Technology and the Chairman of the Board of Directors of Xi'an High-Tech University. He has been featured in special reports by China Central Television as an "Eastern Son" and appeared on the cover of "People's Pictorial" magazine. He has been recognized as one of the "Top Ten Outstanding Young People in Shaanxi Province" "Red Flag Figures in Shaanxi Province" "Top Ten Private Educationists in China" "Top Ten Outstanding Figures in Private Universities in China" "Top Ten Education Leaders in China's Private Education Sector" "Top Ten Leading Figures in China's Private Education Field" "One of the 30 Prominent Figures in China's Private Education in the 30 Years of Reform and Opening Up" and "Contributor to the Educational Reform and Development in Shaanxi Province in the 40 Years of Reform and Opening Up" among others. He has been acclaimed by numerous major media outlets as one of the most outstanding educators with innovative educational concepts.

Dr. Hu Lie has published over a hundred papers and books. In recent years, his monographs and textbooks have been published by the following presses: Xi'an Jiaotong University Press, Huazhong University of Science and Technology Press, Harbin Institute of Technology Press, Tsinghua University Press, People's Daily Press, and Future Press. The details are listed in the table below.

| *Composite Talent Development Series:* | *Conceptual Mechanics Series:* |
|---|---|
| Advanced Mathematics in High-Tech Science and Technology | Introduction to Conceptual Mechanics |
| Computer Technology in High-Tech Science and Technology | Conceptual Mechanical Mechanics |
| College Students' Professional Knowledge and Employment Prospects | Conceptual Structural Mechanics |
| The New Era of Manufacturing: Frontiers of Intelligent Manufacturing and Digital Technology | Conceptual Fluid Mechanics |
| Panorama of Simulation Technology: Theoretical and Practical Innovations from an Interdisciplinary Perspective | Conceptual Biomechanics |
| Appreciation of Art and Modern Technology | Conceptual Geomechanics |
| Technology-Driven Industry Innovation: New Perspectives on Enterprise Management and Finance | Conceptual Composite Mechanics |
| Practical and Accredited Analysis: Computing-Engineering-Finance | Conceptual Mechanics Simulation |
| Online Education Technology and Innovation | *Practical Mathematics Series:* |
| Comprehensive University Life: Practice and Innovations in Educational Management | Applied Mathematics in Science and Technology |
| College Student Mental Health and Holistic Development | Applied Mathematics in Civil Engineering |
| *Science and Education Exploration Series:* | Applied Mathematics in Mechanical Manufacturing Engineering |
| The Future of Universities Empowered by Technology | Applied Mathematics in Information Science and Engineering |
| The integration of technology and thought | Applied Mathematics in Economics and Management Engineering |
| Future Technology and the Evolution of University Student Disciplinary Knowledge | *College Student Innovation and Practice Series:* |
| Data Literacy and Decision Support in Future Industries | College Students' Innovation and Entrepreneurship Practice in Computer and Electronics |
| Interdisciplinary-Driven Skill Innovation and Practice | College Students' Innovation and Entrepreneurship Practice in Intelligent Mechanical Engineering |
| Complex Problem Analysis and Applied Systems Thinking for University Students | University Physics Application and Practice |
| Ancient Awakenings: The Convergence of Time, Space, and Digital Painting | College Students' Innovation and Entrepreneurship Practice in Modern Civil Engineering |
| Mind Eternal | Evolution of Architectural Informationization: CAD-BIM-PMS Integration Practice |
| Mind Experiences Across Time and Space | Innovative Thinking and Creative Practice |
| Interdisciplinary Innovation in the Era of New Engineering | Cultural Literacy and Technological Innovation for College Students |
| Innovative Educational Theories and Systems in the Intelligent Era | Growing Up Together with My Daughter |
| The Innovation Growth Chain: From Enlightenment to Excellence | Data Science Practice in the Age of Intelligence |

胡蝶，1990 年出生于西安，博士。清华大学文学学士，伦敦政治经济学院理学硕士和斯坦福大学文学硕士，加利福尼亚大学洛杉矶分校（UCLA）哲学博士（高等教育与组织变革专业）。曾获"首都大学生社会实践先进个人"称号，获斯坦福大学奖学金、加利福尼亚大学洛杉矶分校奖学金、博士毕业论文奖学金、国家优秀留学生奖学金。曾在香港大学访学，在清华大学从事博士后研究，入选"水木学者"高层次人才项目，任多部顶尖 SSCI 期刊审稿人。入选 2023 年度陕西高校"优秀青年人才支持计划"。

研究领域包括高等工程教育、文献计量学、大数据研究、国际比较教育等。主持或参与多项国家级和省部级课题及大型国际合作课题。在 SSCI 期刊和 CSSCI 期刊发表多篇高水平中英文学术论文，出版专著 8 部，获专利 7 项，受邀在牛津大学、曼彻斯特大学、清华大学等世界一流大学及重要国际学术会议上作主题发言。积极参与资政工作，多篇政策专报受到教育部批示。

现任西安理工大学高科学院执行董事、泾河校区校长，数据科学研究院院长，陕西博龙实业有限公司董事、总经理，西安树人网络科技有限公司创始人、董事长。从事数据科学及大数据产品研发、线上教学平台、开放课程研发等工作。

# 丛 书 序

在这个充满变革的新时代，创新成了推动科学、技术与社会发展的核心动力。作为一位长期从事教育工作的院士，我对于推动创新教育的重要性有着深刻的认识。胡列教授编写的"大学生创新实践系列丛书"，以其全面深入的内容和实践导向的特色，为我们呈现了一个关于如何将创新融入教育和生活的精彩蓝图。

该系列丛书从《大学生计算机与电子创新创业实践》开始，直观展示了在计算机科学和电子工程领域中，理论与实践如何结合，推动了技术的突破与应用。接着，《大学生智能机械创新创业实践》与《大学物理应用与实践》进一步拓展了我们的视野，展现了在机械工程和物理学中，创新思维如何引领技术发展，解决实际问题。同时，《智能时代的数据科学实践》介绍了数据科学在智能时代的应用，结合深度学习、人工智能等技术，通过案例展示其在金融、医疗、制造等领域的潜力，帮助读者提升创新能力。

更进一步，《大学生现代土木工程创新创业实践》与《建筑信息化演变》让我们见证了土木工程和建筑信息化在当今社会中的重要性，以及它们如何通过创新实践，促进了建筑领域的革新。

在《创新思维与创造实践》和《大学生人文素养与科技创新》中，胡列教授通过探讨创新思维与人文素养的关键作用，展示了如何在快速发展的科技时代中，保持人文精神的指引和多元思维的活力。《创新思维与创造实践》不仅跳出了具体技术领域的局限，强调了创新思维的力量及其在跨学科问题解决中的应用；而《大学生人文素养与科技创新》则强调了人文素养在激发创新思维、推动技术进步中的独特价值，鼓励读者在追求科技进步的同时，不忘人文关怀。

在《我与女儿一同成长》中，胡列教授用自己与女儿的成长故事，向我们展示了教育、成长与创新之间的紧密联系。这不仅是一本关于个人成长的书，更是一本关于如何在生活中实践创新的指导书。

通过胡列教授的这套丛书，我们不仅能学习到具体的技术和方法，更能领会到创新思维的重要性和普遍适用性。这套丛书对于任何渴望在新时代中取得进步的学生、教师以及所有追求创新的人来说，都是一份宝贵的财富。

因此，我特别推荐"大学生创新实践系列丛书"给所有人，特别是那些对创新有着无限热情的年轻学子。让我们携手，一同在创新的道路上不断前行，为构筑一个更加美好的未来而努力。

杜彦良

中国工程院院士

国家科技进步奖特等奖 2 项、一等奖 1 项

国家教学成果奖一等奖 1 项

2024 年 9 月

# 前　言

在过去的几十年中，我们清晰地见证了我国在科技领域的巨大发展，尤其是在计算机与电子技术方面。在互联网、人工智能、大数据等技术的推动下，我国正经历着前所未有的经济和技术嬗变。在这一背景下，当今大学生不再只是学习者，还是这个时代的创新者和未来的领导者。

国家和教育部门推广的各类比赛，如"互联网+"大学生创新创业大赛和"挑战杯"中国大学生创业计划竞赛，只是创新创业教育的冰山一角。这些比赛为大学生提供了一个展示的平台，但真正的意义在于培育他们的创新思维和创业精神，为国家的经济转型和技术创新培养关键人才。

我们深知，今天的大学生是未来的产业领袖和技术创新者。为了更好地服务这一群体，并推进全国的创新创业教育，我们撰写了本书。本书旨在为读者提供一个从理论到实践的全方位视角，全面展现计算机与电子技术的世界。本书的特点如下。

**全面性**：本书分为 5 个部分共 30 章，全面覆盖了计算机与电子技术领域。

**实践导向**：本书提供了 140 余个大学生创新应用的实践方案，助力大学生更好地理解与应用理论知识。

**创新创业教育**：本书特别强调了大学生在国家创新和经济转型中的角色。

**未来洞察**：本书对计算机与电子技术的未来走向进行了深入的探讨，为大学生指明了方向。

在这个日新月异的科技时代，我们希望本书能为每一位大学生提供指引，激发他们的创新创业热情，为明天的中国注入更多的活力与创造力。

胡　列

2023 年 10 月

# 目 录

## 第 1 部分　计算机与电子的基本概念与创新背景

**第 1 章　计算机与电子技术的演变** ………………………………………………… 3

　1.1　早期的计算工具与机器：从算盘到 ENIAC ………………………………… 3

　1.2　微电子革命：从晶体管到现代微处理器 …………………………………… 5

　1.3　操作系统与软件的进步：从批处理到云计算 ……………………………… 6

　1.4　移动计算与智能设备的兴起 ………………………………………………… 8

　1.5　创新的驱动力：技术进步背后的需求与挑战 ……………………………… 10

**第 2 章　计算机硬件与系统结构** …………………………………………………… 13

　2.1　中央处理单元：架构与工作原理 …………………………………………… 13

　2.2　存储技术：从磁带、硬盘到固态硬盘 ……………………………………… 16

　2.3　输入输出设备：显示器、键盘、鼠标与其他接口 ………………………… 19

　2.4　网络与现代应用 ……………………………………………………………… 22

**第 3 章　电子技术与基础组件** ……………………………………………………… 26

　3.1　基本的电子元件 ……………………………………………………………… 26

　3.2　集成电路：从单片机到复杂的 SoC ………………………………………… 28

　3.3　嵌入式系统 …………………………………………………………………… 30

**第 4 章　软件的进化与影响** ………………………………………………………… 33

　4.1　软件的演变 …………………………………………………………………… 33

　4.2　开源软件的影响与在中国的发展 …………………………………………… 35

　4.3　软件在日常生活中的角色 …………………………………………………… 36

**第 5 章　创新背景与驱动力** ………………………………………………………… 38

　5.1　信息化时代下的社会变革 …………………………………………………… 38

　5.2　技术的瓶颈与未来 …………………………………………………………… 40

　5.3　开放与合作：推动技术创新的核心力量 …………………………………… 42

# 第 2 部分　实用技能与工具

**第 6 章　编程与软件开发基础** 47
　6.1　编程语言的选择 47
　6.2　开发环境设置 49
　6.3　版本控制 51

**第 7 章　网页与移动应用开发** 54
　7.1　前端开发 54
　7.2　后端开发 56
　7.3　移动应用开发 59

**第 8 章　数据库技术与大数据** 62
　8.1　关系型数据库 62
　8.2　非关系型数据库 64
　8.3　大数据技术 65

**第 9 章　硬件设计与嵌入式系统** 68
　9.1　电路设计 68
　9.2　微控制器 69
　9.3　嵌入式系统开发 70

**第 10 章　网络与云计算** 73
　10.1　计算机网络基础 73
　10.2　云服务与国内应用 75
　10.3　虚拟化与容器化 77

**第 11 章　人工智能与机器学习** 80
　11.1　机器学习基础 80
　11.2　开发框架 82
　11.3　AI 在现实世界的应用 84

# 第 3 部分　计算机与电子的创新领域与趋势

**第 12 章　物联网（IoT）的崛起** 89
　12.1　IoT 的定义与应用场景 89
　12.2　智能家居与智慧城市 90
　12.3　IoT 设备安全与隐私问题 91

12.4　适合大学生创新的 IoT 应用实践方案 ································ 93

**第 13 章　量子计算与未来的计算机** ································· 100

13.1　量子计算基础概念 ············································· 100

13.2　传统计算与量子计算的比较 ···································· 102

13.3　量子计算机在行业中的潜在应用 ································ 103

13.4　适合大学生创新的量子计算应用实践方案 ···················· 105

**第 14 章　增强现实与虚拟现实** ··································· 112

14.1　AR 与 VR 的基础技术 ·········································· 112

14.2　AR 与 VR 技术在不同领域的应用 ································ 114

14.3　设备发展与未来趋势 ··········································· 117

14.4　适合大学生创新的 AR/VR 应用实践方案 ························ 120

**第 15 章　边缘计算与 5G 技术** ··································· 126

15.1　边缘计算的基础与应用 ········································· 126

15.2　5G 技术的发展与影响 ·········································· 128

15.3　边缘计算与 5G 在新时代的合作 ································· 131

15.4　适合大学生创新的边缘计算与 5G 应用实践方案 ················ 133

**第 16 章　生物计算与神经形态工程** ······························ 142

16.1　DNA 存储与计算 ··············································· 142

16.2　脑–计算机接口的研究进展 ······································ 143

16.3　神经形态计算与下一代 AI ······································ 145

16.4　适合大学生创新的生物计算与神经形态工程应用实践方案 ······ 146

**第 17 章　无人驾驶技术与自动化** ································· 156

17.1　无人驾驶汽车的技术进展 ······································· 156

17.2　自动化在制造业、物流、医疗等领域的应用 ···················· 157

17.3　伦理、安全与法规挑战 ········································· 159

17.4　适合大学生创新的无人驾驶与自动化应用实践方案 ·············· 161

**第 18 章　计算机安全与加密技术** ································· 170

18.1　网络安全的新挑战与趋势 ······································· 170

18.2　区块链与密码货币 ············································· 171

18.3　下一代加密技术与协议 ········································· 173

18.4　适合大学生创新的计算机安全与加密技术应用实践方案 ·········· 174

**第 19 章　深度学习与 AI 的下一步** ······························· 182

19.1　对抗生成网络、强化学习与迁移学习的进展 ···················· 182

19.2　AI 在艺术、医疗和金融领域的应用 ····························· 184

19.3 对 AI 的伦理考虑与未来发展方向 ················································· 186

19.4 适合大学生创新的 AI 应用实践方案 ············································· 188

# 第 4 部分　计算机与电子及其他学科的融合

第 20 章　计算机与生物学的交叉 ······················································· 199

20.1 计算生物学的基础 ································································· 199

20.2 生物计算与模拟 ··································································· 201

20.3 脑–计算机接口与社会影响 ······················································ 203

20.4 适合大学生创新的计算机与生物学应用实践方案 ································· 205

第 21 章　计算机与艺术的结合 ························································· 212

21.1 计算机生成艺术与创意编程 ······················································ 212

21.2 数字音乐与音响技术 ······························································ 214

21.3 虚拟现实在电影和游戏中的应用 ·················································· 216

21.4 适合大学生创新的计算机与艺术应用实践方案 ··································· 218

第 22 章　计算机与医疗健康 ··························································· 226

22.1 医学影像处理与分析 ······························································ 226

22.2 电子健康记录与遥测监控 ·························································· 228

22.3 AI 在医疗诊断和治疗中的应用 ··················································· 229

22.4 适合大学生创新的计算机与医疗健康应用实践方案 ······························ 231

第 23 章　计算机、电子与环境科学 ···················································· 238

23.1 气候模型与环境数据分析 ·························································· 238

23.2 智能农业与精准农耕技术 ·························································· 240

23.3 环境监测与灾害预测 ······························································ 241

23.4 适合大学生创新的计算机与环境科学应用实践方案 ······························ 243

第 24 章　计算机与社会科学的融合 ···················································· 251

24.1 社交媒体分析与大数据 ···························································· 251

24.2 虚拟经济与数字社交行为 ·························································· 253

24.3 电子政务与智慧城市 ······························································ 254

24.4 适合大学生创新的计算机与社会科学应用实践方案 ······························ 256

第 25 章　计算机与金融的交叉 ························································· 264

25.1 量化交易与算法交易 ······························································ 264

25.2 金融科技的崛起 ··································································· 265

25.3 区块链与金融服务 ································································· 266

25.4 适合大学生创新的计算机与金融应用实践方案 ··································· 268

# 第 5 部分　从创意到实践：大学生计算机与电子项目实践与参赛指南

**第 26 章　从点子到原型** ····················································· 279

26.1　创意的来源与灵感的激发 ················································ 279

26.2　项目策划 ······························································ 280

26.3　设计与原型开发 ························································ 281

26.4　用户测试与反馈 ························································ 283

**第 27 章　技术展示与宣传** ··················································· 285

27.1　技术文档与白皮书的撰写 ················································ 285

27.2　有效的项目展示技巧 ···················································· 286

27.3　在线平台与社交媒体的利用 ·············································· 287

27.4　与媒体合作 ···························································· 289

**第 28 章　团队与资源管理** ··················································· 291

28.1　如何组建并管理一个高效的技术团队 ······································ 291

28.2　项目管理工具与技巧 ···················································· 292

28.3　资金筹集与预算控制 ···················································· 294

**第 29 章　技术产品化与市场进入** ············································· 296

29.1　产品开发全流程 ························································ 296

29.2　技术产品的商业模式与策略 ·············································· 297

29.3　合作伙伴关系建设 ······················································ 398

**第 30 章　大学生技术竞赛与活动概览** ········································· 301

30.1　知名计算机与电子竞赛介绍 ·············································· 301

30.2　如何准备参赛 ·························································· 302

30.3　从竞赛到职业 ·························································· 303

**参考文献** ································································· 305

# 第 1 部分

# 计算机与电子的基本概念与创新背景

# 第1章 计算机与电子技术的演变

## 1.1 早期的计算工具与机器：从算盘到 ENIAC

### 1.1.1 算盘与算术逻辑：人类最初的计算工具

1. 算盘在中国古代的使用与影响

算盘，作为古老的计算工具，不仅在中国使用，在许多古文明中也有其身影。但是，算盘在中国文化中的地位尤为特殊，因为它不仅是一种实用工具，更是一种智慧的象征。下面我们将简要探讨算盘在中国古代的使用及其深远的影响。

2. 算盘的起源与结构

算盘的起源可以追溯到远古时代。早在春秋战国时期，就有关于算盘的记载。算盘的基本结构包括一个矩形的木框，木框上横放着多根棒子，棒子上穿有珠子。通常，每根棒子都分为上、下两个部分：上部有两个珠子，称为"上珠"，下部有五个珠子，称为"下珠"。每个上珠代表五，每个下珠代表一。

3. 算盘在经济和文化中的应用

在中国古代，算盘被广泛用于商业、贸易和税务等领域。随着中国古代商业活动的发展，算盘逐渐成为必不可少的工具，特别是在宋代和明清时期，随着商品经济的繁荣，算盘的应用更为普及。

除了经济领域，算盘在文化领域中也有其独特的地位。在古代文学作品中，算盘被用作象征智慧和计算技巧的符号。不少诗词中都有描述算盘的句子，显示了当时社会对于算盘的崇尚。

4. 算盘与现代计算机

尽管算盘和现代计算机在技术上有着天壤之别，但从某种意义上说，可以将算盘看作现代计算机的雏形。算盘使用简单的算术逻辑来完成复杂的计算任务，正如现代计算机使用二进制代码进行操作。算盘为人们提供了一种直观的计算方法，培养了人们的逻辑思维和计算能力。

算盘在中国古代的使用与影响是深远的，它不仅是一种实用的计算工具，更是一种文化遗产，代表了中国古代人们的智慧和创造力。

### 1.1.2 机械计算机：帕斯卡的算盘与莱布尼茨的乘法器

当我们回溯计算历史，可以发现机械计算机的起源并不仅仅局限于近代欧洲。实际上，很久以前，各大文明都有尝试使用各种设备来辅助计算。

1. 帕斯卡的算盘

法国数学家与哲学家布莱兹·帕斯卡（Blaise Pascal）在 17 世纪 40 年代发明了一个机械加法器，通常被称为"帕斯卡的算盘"或"Pascaline"。这个设备利用了齿轮的原理，能够进行简单的加法和减法运算。顺时针旋转齿轮时，与其相连的齿轮也会旋转，从而进行加法运算，逆时针则是减法运算。

2. 莱布尼茨的乘法器

之后，另一位伟大的数学家与哲学家戈特弗里德·威廉·莱布尼茨（Gottfried Wilhelm Leibniz）改进了帕斯卡的设计。在17世纪70年代，他发明了"Stepped Reckoner"，这是一种能够进行乘法、除法、加法和减法运算的机械计算器。莱布尼茨的乘法器使用了一个特殊的"步进鼓"机制，能够进行更复杂的算术操作。

3. 中国古代的计算机器与技术发展

中国古代在机械计算领域也有卓越的成绩。除了之前提到的算盘，中国还有其他的计算工具和机器。例如，"南宋水钟"，这是中国南宋时期的精密计时器，其中结合了齿轮、杠杆等机械结构，能够精确地计算时间。

再如张衡的"地动仪"，这是中国东汉时期的地震监测器，通过一系列精巧的机械结构来检测地震方向。

这些古代的计算工具和机器，虽然与现代计算机有很大的差异，但它们都反映了古代文明在机械设计和应用方面的智慧和创新精神。它们为后来的计算机发展奠定了基础，使我们对机械计算有了更深入的了解和应用。

无论是帕斯卡的算盘、莱布尼茨的乘法器，还是中国古代的计算工具和机器，都代表了人类对于自动化和精确计算的渴望，也为现代计算机的发展提供了思考和启示。

## 1.1.3 ENIAC与冯·诺伊曼结构：计算机历史的重要转折点

1. ENIAC

ENIAC（Electronic Numerical Integrator and Computer）是世界上第一台大型通用电子数字计算机，于1945年完工，并于1946年对外公开。它由美国工程师约翰·莫奇利（John Mauchly）和约翰·普雷斯珀·埃克特（John Presper Eckert）共同设计。最初是为了快速计算火炮弹道表而设计的，但后来也被用于其他计算任务。它的运算速度远远超过了当时的任何其他机器，标志着数字计算机时代的开始。

2. 冯·诺伊曼结构

在ENIAC出现后不久，匈牙利裔美籍数学家冯·诺伊曼（John von Neumann）提出了一种新的计算机架构，通常被称为冯·诺伊曼结构或冯·诺伊曼体系结构。这种结构的特点是将数据存储与程序存储结合在同一个存储器中，并以序列方式逐条执行指令。此结构至今仍是现代计算机的基础。

3. 中国在早期计算机技术研发与应用领域的发展情况

20世纪50年代，中国开始自主研制计算机。1956年，中国成功研制出第一台模拟计算机。不久后，中国又成功研制出第一台小型通用数字计算机——104型计算机。

在冯·诺伊曼结构的启发下，中国也在这个方向进行了积极的研究。1960年，中国成功研制出第一台采用冯·诺伊曼结构的大型计算机——109A。

此外，中国也认识到计算机技术在国防、经济和科学研究中的重要性，并开始在高等教育中设置计算机专业，培养计算机人才。北京大学、清华大学和浙江大学等知名高校都成立了计算机院系。

从此，中国在计算机领域的研发逐渐加速，不仅在硬件上取得了突破，在操作系统、数据库和应用软件等方面也有了突出成就。

# 1.2　微电子革命：从晶体管到现代微处理器

## 1.2.1　从真空管到晶体管：计算机尺寸的急剧缩小

### 1. 真空管与晶体管

在早期的计算机中，真空管是实现逻辑和存储功能的主要部件。然而，真空管体积大、发热严重并且寿命较短，这极大地限制了计算机的性能和可靠性。1951 年，贝尔实验室的约翰·巴丁、沃尔特·布拉顿和威廉·肖克利发明了晶体管，这是一种固态电子器件，可以替代真空管来实现逻辑和放大功能。晶体管不仅体积小、耗电少，而且寿命长，因此被广泛应用于计算机中。

随着晶体管的广泛应用，计算机的尺寸急剧缩小，功率消耗大大减少，性能和可靠性也得到了极大的提高。这一发明为微电子技术的飞速发展奠定了基础，并促使了后来集成电路和现代微处理器的出现。

### 2. 中国在早期电子技术领域的研究与发展

20 世纪 50 年代初，随着新中国的成立，科技领域的研究开始得到重视。在电子技术领域，中国开始从模仿和引进转向自主研发。

1956 年，中国成功研发出第一块半导体硅单晶，标志着中国拉开了半导体研究的序幕。随后，中国开始研究晶体管，1960 年，成功研发出了首块 NPN 型双极晶体管。随着研究的深入，中国在晶体管技术上取得了一系列重要突破。

20 世纪 70 年代，随着集成电路技术的兴起，中国也开始在这一领域开展研究。1973 年，中国成功研发出了首款大规模集成电路，为后续的微电子技术研发打下了坚实基础。

## 1.2.2　集成电路的发展：摩尔定律与微处理器的快速进步

### 1. 集成电路与摩尔定律

集成电路（Integrated Circuit，IC）的出现可以追溯到 20 世纪 60 年代初。它是将大量的晶体管、电阻、电容和其他电子元件集成在一块半导体材料上，使电子设备尺寸大大缩小，性能提高，成本降低。1965 年，英特尔（Intel）公司的联合创始人戈登·摩尔提出了摩尔定律，他预测集成电路上的晶体管数量每 18～24 个月将实现翻倍，这也意味着计算机计算性能的快速增长。这一预测在过去的几十年中得到了验证，推动了微处理器、存储器和其他集成电路的快速发展。

### 2. 中国在集成电路产业的成长与突破

中国在集成电路产业的发展经历了从起步、模仿到自主创新的过程。早在 20 世纪 70 年代初，中国就成功研发出了首款大规模集成电路。但长时间以来，由于技术、资金、人才等多方面的限制，中国在全球集成电路产业链中仍处于较低端的位置。

但自进入 21 世纪，特别是近 20 年，中国在集成电路产业上取得了显著的进步。政府增加了对半导体产业的投入，提供了一系列的政策支持，鼓励技术研发和产业创新。多个国家级集成电路设计园区和研发中心相继建立，为行业发展提供了强大的支撑。

中国的集成电路产业在技术研发、设备制造、材料研究等方面都取得了重要突破。特别是在移动通信、人工智能、高性能计算等领域，中国的芯片设计和制造能力得到了广泛认可。多家中国企业如华为、中芯国际、紫光集团等，在全球集成电路产业链中都占据了重要的位置。

### 1.2.3　多核处理器与并行计算：应对摩尔定律的挑战

1. 多核处理器与并行计算简介

随着摩尔定律逐渐面临制程技术和功耗壁垒，单核处理器的性能提升受到限制，多核处理器技术应运而生。多核处理器中包含多个处理核心，能够并行处理多个任务，从而显著提高处理性能和能效。并行计算是多核时代的核心编程思想，它要求开发者考虑如何将任务分解并在多个核心上并行执行。

2. 中国在多核处理技术研究与应用领域的情况

近年来，中国在多核处理技术和并行计算领域投入了大量研发资源，并取得了一系列显著的成果。

技术研发：中国的一些领先企业和研究机构已经成功研制出具有自主知识产权的多核处理器。例如，飞腾、申威等处理器系列在高性能计算领域表现突出，被广泛应用于超级计算机中。

超级计算机：中国的超级计算机在全球排名中多次位列前茅，其中有不少超级计算机采用了国产多核处理器。"天河一号""神威·太湖之光"等超级计算机代表了中国在并行计算技术上的顶尖水平。

产业生态：随着多核处理技术的研究和应用，中国逐渐形成了一个完整的多核处理器产业生态，包括设计、制造、软件开发和系统集成等环节。国家鼓励与支持多核处理技术的研发和产业化，多家企业和研究机构取得了技术和市场上的突破。

教育与培训：随着并行计算技术的发展，中国的高等教育机构也相继开设了相关课程，培养下一代的多核处理技术研发和应用人才。

## 1.3　操作系统与软件的进步：从批处理到云计算

### 1.3.1　批处理系统、时分共享系统与早期操作系统的发展

在计算机技术发展的初期，为了使机器能够得到最大限度的利用，最先出现了批处理系统。随后，时分共享系统（Time-Sharing System，TSS）的概念被引入，它允许多个用户通过终端并发地使用计算机，每个用户都认为自己独占了整个计算机。

中国早期的计算机系统与操作环境

1）计算机的初步引入与应用

在 20 世纪 50 年代末，中国开始引进苏联的计算机技术，主要应用于军事、气象和科学计算等领域。苏联的技术支持为中国计算机技术的初步发展奠定了基础。

2）国产化尝试

1965 年，中国成功研制出第一台国产通用计算机——"107 机"，标志着国产化的开始。此后，中国开发了多种具有自主知识产权的计算机型号，如"109 机"和"DJS-130"系列。

3）操作环境的演变

批处理系统：在计算机技术发展初期，中国的计算机系统主要运行批处理系统（Batch Processing Systems），这种系统将多个任务批量处理，是当时最有效的方法。

多道程序系统：20 世纪 60 年代末，随着技术的进步，多道程序系统（Multiprogramming Systems）出现，这种系统允许多个任务同时在内存中运行，通过时间片轮转的方式提高计算

效率。

时分共享系统：20 世纪 70 年代，时分共享系统（Time-Sharing Systems）开始在中国应用，这种系统允许多个用户通过终端同时访问计算机，并共享计算资源，从而提高了计算机的利用率和响应速度。

4）"150 机"和多道运行操作系统

1973 年 8 月 26 日，中国成功研制出第一台百万次集成电路计算机——"150 机"，并运行了中国第一个多道运行操作系统。这标志着中国在计算机硬件和软件方面的重大突破。

5）CCDOS

1983 年 8 月底，电子工业部第六研究所（后来的中国计算机系统工程公司）推出了由严援朝牵头设计的中国第一款自主研发的计算机操作系统——CCDOS（汉字磁盘操作系统）。CCDOS 对 DOS 的输入、输出模块进行了汉化，并对 BIOS 部分功能进行了扩充，使得一大批国际上流行的软件得以汉化和推广应用。这种系统在中国 PC 发展史上具有里程碑意义。

## 1.3.2　个人电脑革命：DOS、Windows 系统与图形用户界面

20 世纪 70 年代末到 80 年代初，随着微电子技术的进步，个人电脑（Personal Computer，PC）开始成为家庭和办公室中不可或缺的工具。DOS 作为早期的操作系统，为广大用户提供了友好的操作界面，而后来的 Windows 系统更是将图形用户界面推向了新的高度，使得电脑使用变得更加直观和便捷。

中国在个人电脑市场的崛起与发展

早期的摸索：在 20 世纪 80 年代，受国外个人电脑革命的影响，中国开始尝试进入这一领域。当时，国内的电脑主要是仿制品，如"洲际通信"的 PC 机，它们的性能与国外的原始产品相比还存在一定的差距。

本土操作系统的尝试：为了摆脱对国外操作系统的依赖，中国开始自主研发操作系统，例如，曾经备受关注的"红旗 Linux"。尽管这些操作系统难以与 Windows 等主流操作系统竞争，但它们反映了中国追求技术独立自主的决心。

硬件制造的突破：20 世纪 90 年代至 21 世纪初，随着中国制造业的崛起，一些中国的个人电脑品牌开始在国际市场崭露头角。其中最为人们熟知的就是联想，联想通过收购 IBM 的个人电脑业务，成功进入国际市场，成为全球知名的电脑品牌。

软件与应用的发展：随着硬件的进步，中国的软件行业也迎来了爆发式的增长。不仅有各种办公、娱乐应用的出现，还有一系列的网络服务和应用得到了广泛的使用，如 QQ、支付宝和微信等。

新的挑战与机遇：进入 21 世纪，随着移动设备的普及，个人电脑市场受到了挑战。但中国的企业也迅速捕捉到了新的机遇，如华为、小米等品牌在笔记本电脑、平板电脑等领域取得了显著的进展。

中国在个人电脑市场的崛起与发展，既有依赖国外技术的阶段，也有自主研发取得重大突破的时刻。随着国力的增强和技术的进步，中国已经从一个跟随者变成了这个领域的主要竞争者。

## 1.3.3　开源运动与 Linux 的崛起

开源运动起源于 20 世纪 80 年代中后期，反映了一个强烈的愿望：共享和自由修改软件的源代码。在此背景下，Linux 诞生，并迅速成为开源运动的代表作品，得到了全球广大开发者的支持和贡献，最终成为世界上最成功的开源操作系统。

中国在开源社区的参与与贡献

早期的观望与接受：20 世纪 90 年代，开源软件在中国还处于观望和试验阶段，但随着 Linux 操作系统的广泛应用，越来越多的中国企业和个人开发者开始认识到开源软件的价值。

"红旗 Linux"的尝试：为了减少对国外操作系统的依赖，中国开始发展本土 Linux 发行版，其中最知名的是"红旗 Linux"。虽然"红旗 Linux"并没有得到广泛应用，但它标志着中国在开源领域的探索和尝试。

华为的开源贡献：作为全球领先的通信设备制造商，华为深刻地认识到开源软件在现代 IT 基础设施中的重要地位。华为不仅积极采用开源技术，更在 OpenStack、Kubernetes、Linux 基金会等国际开源项目中，做出了较多贡献。

开源社区的蓬勃发展：随着互联网的飞速发展，众多中国技术公司如阿里巴巴、腾讯、百度等，纷纷参与到开源社区中，贡献代码、开源项目，与全球开发者共同推进技术进步。

开放原子开源基金会：为了进一步推广开源文化和实践，中国成立了开放原子开源基金会，致力于培育和推广高质量的开源项目，助力国内企业和个人开发者更好地融入全球开源生态。

### 1.3.4 云计算与大数据：计算能力的新前景

云计算和大数据已经成为推动当代技术进步和商业变革的两大核心动力。云计算提供了一个分布式的、按需访问的计算平台，使企业和个人都能够在需要时获取大量的计算资源，而不必进行大规模的前期投资。大数据则为我们提供了一种前所未有的、对大规模数据进行分析和提炼的能力，从中获得深入的见解和业务价值。

中国在云计算领域的研发与应用

国家级推动：中国政府非常重视云计算的发展，将其视为信息技术产业的新引擎。制定多项政策鼓励企业和研究机构在云计算领域进行研发和应用，推动中国从技术引进者向技术创新者转变。

领先企业的努力：

（1）阿里云。阿里云作为中国的云计算巨头，不仅为国内外企业提供了稳定、高效的云服务，还在机器学习、人工智能等前沿技术领域进行了大量的研发投入。

（2）腾讯云和华为云。腾讯云和华为云在云服务领域迅速崛起，提供了丰富的云计算服务，并在 5G、IoT 等新兴技术上与云计算进行深度融合。

（3）新兴创业公司。除了这些巨头，大量的创业公司如青云、UCloud 等也在云计算领域崭露头角，为特定行业或领域提供专业化的解决方案。

教育和研发：中国的大学和研究机构也在云计算和大数据领域进行了大量的研究工作，与企业进行合作，推动产学研深度融合。

应用实践方案：在中国，云计算已广泛应用于金融、医疗、物流、教育等众多行业。如在金融领域，很多金融机构都已将部分核心业务迁移到云上；在医疗领域，远程医疗、医学图像处理等应用开始蓬勃发展。

数据中心建设：为支持庞大的云服务需求，中国各大云服务提供商都投入巨资建设了遍布全国的数据中心，采用了诸多绿色、节能技术，确保数据处理效率和环境友好并存。

## 1.4 移动计算与智能设备的兴起

随着技术的进步，计算机的适用范围已不再局限于桌面。从笔记本电脑到今天的智能手机、平板电脑、可穿戴设备等，移动计算逐渐成为我们日常生活中不可或缺的部分。这种便携性和互联性极大地丰富了我们的数字体验，使得信息获取和沟通变得前所未有的方便。

### 1.4.1 从笔记本电脑到智能手机：便携计算的历程

在过去，计算机仅仅是工作和学习的工具，但随着技术的发展，它们已经成为我们生活的一部分。笔记本电脑的便携性为我们提供了新的工作和娱乐方式，而智能手机则进一步将这种便携性推向极致，使我们可以随时随地地工作、娱乐和社交。

*中国品牌的智能手机在全球市场的地位与影响*

崛起的速度：在短短几年内，中国手机品牌已经在全球手机市场上取得了显著的地位。如华为、OPPO、vivo、小米、一加等品牌已经成为全球手机市场的主要竞争者。

技术创新：中国手机品牌不仅在价格方面取得了竞争优势，还在技术创新上取得了一系列的突破。例如，超快充技术、折叠屏技术、摄像头技术等多个领域都有中国手机品牌的身影。

市场策略：除在国内市场取得成功外，许多中国手机品牌还成功地进入了海外市场，如印度、欧洲、非洲等，并根据当地用户的需求和习惯进行了产品和市场策略的调整。

品牌影响力：随着产品质量和创新能力的提高，中国手机品牌在全球的影响力也日益增强。不仅在技术会议和展览中有很好的表现，还成功赢得了全球消费者的注意和信任。

对全球供应链的影响：由于中国手机品牌影响力的强劲增长，对全球手机配件供应链也产生了巨大的影响。这些品牌不仅提高了中国在全球供应链中的地位，还推动了许多技术和材料的研发和创新。

### 1.4.2 智能家居与物联网：日常生活中的计算

随着物联网（Internet of Things，IoT）技术的发展，我们的家居环境也发生了巨大的变化。智能家居产品使家庭的各种设备都能够连接到网络，从而实现远程控制、数据收集和自动化功能。从智能照明、智能空调到智能冰箱和智能安全系统，物联网技术已经深入到了我们日常生活的每一个角落。

*中国在物联网技术的应用前景*

巨大的市场需求：随着中国的迅速崛起，消费者对高质量生活的追求也日益增强。这为智能家居和物联网产品在中国创造了巨大的市场需求。

技术创新与研发：中国已经成为物联网技术研发和创新的重要中心之一。国内企业如华为、小米、阿里巴巴等都在物联网领域进行了大量的研究和产品开发。

政府支持：中国政府高度重视物联网技术的发展，并为其提供了大量的政策支持和资金投入。多个城市已经开始建设智慧城市，将物联网技术应用到交通、医疗、能源等多个领域。

全球布局：除了满足国内市场的需求，许多中国企业还积极开展国际合作，将物联网技术和产品推向全球市场。

产业链完善：由于中国在全球制造业中的重要地位，物联网产业链在中国得到了全面的发展。从传感器制造、芯片设计到应用开发，中国都具有强大的生产和研发能力。

应用多样性：除了家居领域，中国在工业物联网、农业物联网、医疗物联网等多个领域都有大量的应用实践方案，展现了物联网技术的广泛应用前景。

### 1.4.3 虚拟现实技术与增强现实技术：下一代交互界面

虚拟现实技术（Virtual Reality，VR）和增强现实（Augmented Reality，AR）作为计算领

域的前沿技术，正在为全球的用户带来前所未有的交互体验。它们突破了传统屏幕的界限，使得人们可以沉浸在一个仿真的、增强的或完全虚构的环境中。

中国在虚拟现实技术与增强现实技术的创新与应用

技术研发与创新：中国在 VR 和 AR 领域有大量的研发投入，尤其是在头戴式显示设备、交互设备、跟踪技术等方面。企业如华为、OPPO、小米等都已经推出了自己的 VR 或 AR 产品。

市场潜力与消费者接受度：随着技术的成熟和价格的降低，VR 和 AR 产品在中国的消费者中越来越受欢迎。此外，中国的娱乐和游戏产业对 VR 和 AR 的接受度也很高，为其提供了巨大的市场潜力。

教育与培训：中国正在探索将 VR 和 AR 技术应用于教育和培训中，尤其是在医学、工程和军事等领域。这使得教育和培训过程更加直观、高效和实用。

产业链建设：中国在 VR 和 AR 的硬件制造、软件开发、内容创作等方面都有完整的产业链，这使得中国在全球 VR 和 AR 产业中占据了重要的地位。

政府支持与政策引导：中国政府对 VR 和 AR 技术的发展给予了大量的政策和资金支持，鼓励企业进行技术研发和市场拓展。

国际合作与竞争：中国的 VR 和 AR 企业正在与全球的领先企业进行合作与竞争，推动技术的交流与共享，提高中国在全球的竞争力。

多领域应用：除娱乐和游戏外，VR 和 AR 技术在中国也被应用于医疗、房地产、旅游、零售等多个领域，展示了其广泛的应用价值。

# 1.5 创新的驱动力：技术进步背后的需求与挑战

技术进步通常是应对特定需求和挑战的结果。不同的用户需求、市场趋势和技术挑战都可能引发硬件和软件的创新和改进。在计算领域，从基本的文档处理到高性能游戏，不同的应用场景为技术提供了不断发展的动力。

## 1.5.1 从基本的文档处理到高性能游戏：软件需求的多样性推动硬件进步

随着技术的快速发展，软件应用已经从最初的文本编辑和基本的文档处理拓展到了多种复杂的应用，其中最具代表性的就是高性能游戏。这些复杂的应用对硬件提出了更高的要求，从而推动了硬件技术的持续进步。

中国游戏市场的发展与对硬件需求的影响

游戏市场的快速增长：在过去的几年里，中国已经成为全球最大的游戏市场，无论是从用户数量、游戏收入上还是从游戏开发公司的数量上，中国都展现出了强大的增长势头。

高性能要求：随着游戏画质和复杂性的提高，玩家对于电脑硬件的要求也在不断提高。这为高性能显卡、处理器、存储器和显示器等硬件产品在中国市场创造了巨大的需求。

电竞的崛起：电子竞技在中国已经成为一种主流的娱乐活动，这也促使更多的玩家投资于专业的电竞硬件，如专业的电竞显示器、机械键盘、游戏鼠标等。

移动游戏与硬件：随着移动游戏的普及，高性能的智能手机和平板电脑的需求也在增长。游戏开发商为了提供更好的游戏体验，对硬件设备的性能和功能提出了更高的要求。

虚拟现实与增强现实游戏：随着 VR 和 AR 技术的发展，相关的游戏也逐渐受到玩家的欢迎，这为 VR 和 AR 设备在中国市场创造了新的需求。

本土硬件品牌的崛起：为应对游戏市场的需求，越来越多的中国硬件品牌，如华为、联想、雷蛇等，开始涉足高性能硬件领域，提供专为游戏而设计的硬件产品。

## 1.5.2　网络与社交：人与人连接的新方式

随着互联网技术的发展，网络社交已经成为人们日常生活中不可或缺的一部分。从最初的电子邮件、论坛到现代的社交媒体平台，网络社交方式的革新不仅改变了人们的沟通方式，还深刻影响了社会结构、文化和经济。

中国社交网络的崛起与文化影响

微信的全方位服务：微信从一个即时通信工具发展成为一个综合性的社交平台，微信现在不仅是一个聊天工具，还涵盖了支付、购物、订餐、打车、公众号信息发布等众多功能。微信的普及使其成为人们生活中不可或缺的一部分。

微博与公共话题：微博作为一个主要的社交媒体平台，为用户提供了发表和分享观点的空间。同时，它也成了公众关注热点事件、传播新闻和娱乐信息的重要渠道。

短视频与直播的兴起：短视频如抖音、快手等平台的流行，改变了年轻人的娱乐方式。人们可以通过短视频分享自己的生活，同时观看其他用户的内容。此外，直播平台如斗鱼、虎牙等也为用户提供了一个实时互动的场所。

社交电商的崛起：社交电商例如拼多多、小红书等平台，结合社交与电商，利用人们之间的互动和信任关系进行商品推广和销售，改变了电商的传统营销模式。

文化影响：社交网络使得信息传播速度大大加快，这导致了热门话题和流行文化的快速迭代。同时，人们的交往方式、价值观和生活方式也受到了社交网络的深刻影响。例如，朋友圈的"晒"文化，点赞和评论成了一种社交互动的标准方式。

隐私与数据安全：随着社交网络的广泛使用，个人隐私和数据安全问题也逐渐受到关注。人们越来越意识到自己在网络上的行为可能被监控和记录，这也促使许多用户对自己的隐私进行更为严格的保护。

社交网络在中国的崛起不仅是技术或商业的现象，更是文化和社会的现象。它深刻地影响了人们的生活方式、价值观和社会结构，成了现代中国社会的一个重要特征。

## 1.5.3　安全与隐私：新技术带来的挑战与机会

随着技术的发展和互联网的普及，网络安全和隐私保护成了全球性的关注焦点。数字化带来的便利性伴随着数据泄露、恶意攻击、隐私入侵等风险。对于中国这样的数字大国，这一问题尤为严峻。

中国在网络安全领域的策略与技术应对

政策与法规建设：中国政府十分重视网络安全问题，陆续出台了《网络安全法》《个人信息保护法》等相关法规，旨在加强网络安全管理、保护个人隐私，并对涉及网络安全的违法行为进行处罚。

网络安全技术研发：国内多家科技公司和研究机构致力于网络安全技术的研究和应用，如火绒、360、腾讯等，都有自己的网络安全团队，开发出了一系列与国际先进水平相当的防护技术和产品。

建立专门的网络安全机构：例如，中国成立了国家互联网应急中心（CNCERT/CC），用于监测、预警、处理国内的网络安全事件。

加强国际合作：在网络安全领域，中国积极参与国际合作，与其他国家共同应对跨国网络安全威胁，分享网络安全信息和经验。

公众教育与意识培养：除了从技术和法律层面进行应对，提高公众的网络安全意识也是十分重要的。通过各种宣传活动、教育培训，使民众了解如何保护自己的隐私，防范网络风险。

加强数据中心和云服务的安全：随着大数据和云计算的兴起，数据中心成为网络攻击的重要目标。中国在数据中心建设和管理方面也采取了一系列安全措施，确保数据安全和稳定运行。

应对先进持续性威胁（Advanced Persistent Threat，APT）：针对日益复杂的网络攻击手段，中国也在研发一系列高级防护技术，以侦测和防范这类高级威胁。

面对日益增长的网络安全挑战，中国采取了多管齐下的策略，结合法律、技术、管理、国际合作等多方面手段，努力维护国家的网络安全，确保公民的个人隐私得到有效保护。

# 第2章 计算机硬件与系统结构

## 2.1 中央处理单元：架构与工作原理

### 2.1.1 基础概念：什么是 CPU

1. 定义

中央处理单元（Central Processing Unit，CPU），是一台计算机的主要硬件组件，常被称为计算机的"大脑"。它负责解释计算机程序的指令，并且通过执行这些指令来操作数据。

2. 功能

指令执行：CPU 按照指令的顺序从内存中获取指令，解码并执行它们。

算数与逻辑运算：所有的算数（加、减、乘、除等）和逻辑（比较数值大小、逻辑 AND/OR 等）操作都是由 CPU 完成的。

数据管理：CPU 负责在计算机的不同部分之间（例如，内存、存储设备和输入/输出设备）移动数据。

控制：CPU 协调和管理计算机的所有硬件组件，确保它们有效工作。

3. 组成

算数逻辑单元（Arithmetic and Logic Unit，ALU）：执行所有的算数和逻辑操作。

控制单元（Control Unit，CU）：解释存储器中的指令并告诉计算机如何执行这些指令。

寄存器：为 CPU 提供一个小的存储空间，用于临时存储和访问正在使用或正在处理的数据。

内部总线：用于在 CPU 内部的各个部分之间传输数据。

时钟：控制 CPU 执行指令的速度。

4. 工作原理

CPU 的工作过程通常被描述为一个"取指令—解码—执行"的循环。在这个循环中，CPU 从内存中取出一个指令，解码该指令以确定要执行的操作，然后执行该操作。

5. 发展

随着技术的进步，CPU 变得越来越复杂。从最初的 8 位处理器和 16 位处理器发展到现在的 64 位多核处理器，CPU 的速度、效率和功能都有了显著的提高。为了满足各种应用的需求，现代的 CPU 通常具有多个核心，支持高级指令集，以及其他优化特性。

CPU 是计算机的核心，它决定了计算机的处理速度和性能。了解 CPU 的基本概念和功能是理解计算机工作原理的关键。

### 2.1.2 CPU 的主要组成部分与功能

CPU，或称为中央处理单元，是计算机的大脑。它负责解释和执行计算机程序中的指令。

现代的 CPU 设计得相当复杂,但我们可以分析其几个主要的组成部分和功能来对其有个大体的了解。

### 1. 算数逻辑单元

功能:算数逻辑单元(ALU)负责执行所有的算数运算(如加、减、乘、除)和逻辑运算(如 AND/OR、NOT)。

重要性:ALU 是处理器中进行实际计算的部分。

### 2. 控制单元

功能:控制单元(CU)控制并协调计算机的所有部分,包括从存储器读取指令、解释指令以及使算术逻辑单元执行指令。

重要性:CU 确保其他 CPU 部件以及其他计算机部件协同工作。

### 3. 寄存器

功能:寄存器是小块的存储空间,直接位于 CPU 内部。它们提供了快速存储和取回数据的能力。

种类:

(1)数据寄存器:存储数据;

(2)地址寄存器:存储内存地址;

(3)状态寄存器:存储关于 CPU 状态的信息;

(4)指令寄存器:存储当前执行的指令。

重要性:寄存器允许 CPU 快速访问常用数据和指令,而不必从主内存中获取。

### 4. 快速缓存

功能:快速缓存(Cache Memory)是位于 CPU 和主内存之间的小块高速存储器。它存储经常使用或近期使用的数据,从而加速数据的访问速度。

种类:L1 缓存、L2 缓存和 L3 缓存。三级缓存,L1 缓存是最快但最小的,通常位于 CPU 内部;L2 缓存和 L3 缓存逐渐变大且稍慢,但比主内存快。

重要性:缓存显著提高了数据访问速度,因为从缓存访问数据比从主内存访问要快得多。

### 5. 时钟

功能:CPU 的时钟(Clock)决定了指令执行的速度。每一个时钟周期,CPU 可以执行一个或多个指令(取决于 CPU 的设计)。

重要性:时钟速度是衡量 CPU 性能的一个关键因素。

### 6. 总线

功能:总线(Bus)是物理连接,用于在 CPU 的各个部分以及 CPU 和计算机的其他部分之间传输数据。

种类:

(1)数据总线:传输数据;

(2)地址总线:确定数据来源或去向的内存地址;

(3)控制总线:传输命令和信号以协调任务。

重要性:总线的宽度和速度对计算机的性能至关重要。

### 2.1.3 多核与多线程：并行处理技术

**1. 定义与背景**

随着摩尔定律逐渐趋近于极限，单核 CPU 提升性能的能力已经受到很大的限制。为了继续提高计算能力，产业界转向了更加并行的方式，引入了多核和多线程技术。

**2. 多核**

定义：多核（Multi-core）处理器含有两个或更多独立的核心，这些核心在单个微处理器芯片上并行工作。

优势：它可以同时处理多个任务，提高吞吐量，并且提供更好的性能与功率比。

用途：适用于多任务处理和并行计算应用。

**3. 多线程**

定义：多线程（Multi-Threading）是指 CPU 的核心能够处理多个线程，通常是通过时间分片技术或硬件支持来实现的。

种类：

（1）超线程（Hyper-Threading，HT），是英特尔推出的一种技术，它允许一个核心在同一时间片内处理两个线程。

（2）同时多线程（Simultaneous Multi-Threading，SMT），类似于超线程，但可以被不同的制造商以不同的方式实现。

**4. 并行处理技术的优点**

性能增强：能够处理更多的任务或者数据。

能效提高：多核技术通常提供更好的性能与功率比，因为多个核心可以在较低的频率下运行，从而减少功耗。

响应性提升：多个任务可以在不同的核心上同时运行，从而提高系统响应性。

**5. 挑战**

并行编程：要充分利用多核处理器，软件需要被设计成并行的。并行编程是一个复杂的任务，需要专门的工具、技术和方法。

数据依赖性：并不是所有任务都可以轻易地分解为并行执行的子任务。

资源争用：多个核心或线程可能需要访问相同的资源，这可能会导致延迟或其他性能问题。

热点问题：虽然多核芯片可能会减少某些功耗问题，但在小区域内集中太多核心可能会导致过热。

随着技术的进步，多核和多线程技术的应用将变得更加广泛，我们可以期待更多的核心和线程出现在普通的消费级产品中。同时，新的编程模型和工具将使并行编程变得更加简单和高效。

### 2.1.4 CPU 的性能评估与选择：时钟速度、核心数与其他关键指标

当选择一个 CPU 时，考虑其性能评估和特定的技术指标是非常重要的。以下是一些关键的性能指标和如何根据这些指标选择合适的 CPU。

**1. 关键的性能指标**

时钟速度（GHz）：时钟速度表示 CPU 的操作频率。时钟速度越高，理论上 CPU 处理速度越快，但实际性能也受其他因素如核心数量、缓存大小等影响。

核心数：现代的 CPU 往往具有多个核心，使其能够同时处理多个任务。更多的核心意味着在处理多任务或并行处理应用时更出色的性能。

线程数：除了核心数，某些 CPU 支持超线程或相似技术，例如英特尔的 Hyper-Threading，这允许每个核心处理多个线程。

缓存大小：CPU 的缓存是一种快速存储器，用于存储经常使用的数据和指令。缓存越大，某些任务的性能越好。

功耗：对于关心能效或电池续航的用户来说，CPU 的功耗是一个重要指标。特别是对于笔记本电脑和移动设备，低功耗可以延长电池使用时间。

生态系统与兼容性：某些软件和应用可能只与特定的 CPU 系列或品牌兼容。确保用户的选择与软件和其他硬件兼容。

集成功能：某些 CPU 可能内置了 GPU 或其他特殊功能，这可以节省成本和空间，但也可能牺牲某些性能。

2. 如何选择合适的 CPU

确定使用场景：如果用户主要用于办公、网页浏览和电子邮件，则不需要顶级 CPU。但对于高性能计算、游戏、视频编辑等要求较高的任务，更强大的 CPU 是必要的。

预算：确定用户愿意为 CPU 支付多少，然后在这个预算范围内找到最佳的性价比。

品牌与评测：参考技术评测和用户评价，了解特定型号的性能和可靠性。

考虑未来：如果可能，选择稍微超出当前需求的 CPU，为未来的任务留有余地。

兼容性：确保选择的 CPU 与主板和其他硬件兼容。如果用户计划升级，确保新的 CPU 与旧硬件兼容。

## 2.2　存储技术：从磁带、硬盘到固态硬盘

存储技术在过去的几十年里取得了巨大的进步。早期的存储介质如磁带和磁盘由于其物理特性限制了数据的读写速度和存储密度。随着技术的进步，我们看到了 CD/DVD 的出现，它们使用光学技术读写数据，再到现在的固态硬盘，存储技术不仅在速度上取得了飞跃，还在尺寸和能耗上有了很大的优化。

### 2.2.1　存储技术的进步：磁带、磁盘、CD/DVD

（1）磁带：磁带是一种利用磁性材料记录数据的早期存储媒介，常用于数据的备份和存档。尽管数据传输速度较慢，但磁带在容量和成本方面都有优势，使其在某些领域仍然得到应用。

（2）磁盘：硬盘驱动器（Hard-Disk Drive，HDD）是一种利用磁头在旋转的磁盘上读写数据的存储设备。它们提供了比磁带更快的随机读写性能，但仍然受到物理特性的限制，尤其是读写速度和存储密度。

（3）CD/DVD：紧凑型光盘（Compact Disc，CD）和数字多功能光盘（Digital Versatile Disc，DVD）使用激光技术来读写数据。相较于磁盘，它们提供了更高的存储密度，但读写速度仍然较慢。随着 USB 存储设备和网络存储的普及，CD/DVD 的使用已经大大减少，但仍然在某些场景中使用，如音乐和电影发行。

这三种存储技术都在特定的时期占据了主导地位，并根据当时的需求和技术进步进行了优化。随着时间的推移，更高效的存储技术逐渐取代了它们，但它们都在技术进步的道路上留下了深刻的印记。

### 2.2.2　硬盘驱动器：工作原理与技术发展

#### 1. 工作原理

存储介质与磁头：硬盘驱动器的核心部分是一组盘片，这些盘片通常由铝或玻璃制成，并涂有磁性材料。读写数据是通过磁头完成的，磁头浮于盘片的表面，与盘片之间仅有极短的距离。

数据存储与读取：数据以磁性形式写入盘片。当磁头通过盘片上的特定区域时，它会根据需要改变那个区域的磁化方向，从而存储一个位的数据（0 或 1）。读取数据时，磁头检测盘片上的磁化方向变化来恢复位的数据。

盘片旋转：为了读取或写入数据，盘片需要旋转，而磁头在盘片上的位置可以调整，从而让磁头可以访问盘片的任何位置。盘片的旋转速度通常在 5400 RPM 到 15000 RPM 之间，具体取决于硬盘的类型和用途。

#### 2. 技术发展

存储密度的增加：早期的 HDD 存储密度较低，但随着技术的进步，每平方英寸的位数（Tracks Per Inch，TPI）和每英寸的位数（Bits Per Inch，BPI）都大大增加了，从而提高了硬盘的总存储容量。

速度的提高：早期硬盘的旋转速度通常较慢，一般为 3600RPM。但现代的高性能硬盘，尤其是企业级硬盘，可能会达到 10000RPM 或 15000RPM。

尺寸的减小：最初的硬盘体积很大，但随着技术的进步，硬盘的尺寸和重量都得到了缩减，从 5.25 英寸到 3.5 英寸，再到笔记本电脑常用的 2.5 英寸。

错误纠正与可靠性：为了应对盘片上可能的缺陷或数据损坏，硬盘制造商引入了更先进的错误纠正代码（Error Correcting Code，ECC）技术，以确保数据的完整性和可靠性。

声音与能效优化：新的硬盘设计考虑到了噪声和能效，因此更为安静和节能。

尽管固态硬盘（Solid State Disk，SSD）在性能、耐用性和能效方面都超过了传统的 HDD，但由于其价格高和用户对大容量的需求，HDD 在许多应用中仍然很受欢迎，特别是在数据中心和大容量存储解决方案中。

### 2.2.3　固态硬盘：优点与挑战

#### 1. 优点

速度：固态硬盘（Solid State Disk，SSD）比传统的 HDD 读写速度快得多。这是因为它使用了非易失性的 NAND 闪存，不需要物理地移动磁头来读写数据。

持久性和可靠性：由于 SSD 没有移动部件，所以它更耐震动、冲击和温度变化。这使得 SSD 在笔记本电脑和移动设备中尤为理想，因为这些设备常常面临更多的物理冲击。

寿命：虽然每个存储单元有写入次数限制，但通过使用高级的 Wear Leveling 技术，SSD 可以确保所有存储单元均匀地被使用，从而延长其寿命。

静音：由于没有机械部件，SSD 几乎是静音的。

能效：SSD 通常消耗的能量比 HDD 要少，这意味着它们可以提供更长的电池使用时间，尤其适合笔记本电脑。

热效率：SSD 产生的热量比 HDD 要少，这有助于降低过热的风险，并提高系统的整体稳定性。

2. 挑战

成本：相较于 HDD，SSD 的价格仍然相对较高，尤其是大容量版本。

写入次数限制：每个 NAND 闪存单元都有一定数量的写入次数限制。虽然现代 SSD 使用了各种策略来最大化其寿命，但经过大量的写入操作后，某些区域可能会变得不可用。

数据保留期限：对于长时间未使用的 SSD，未经电力供应的数据可能会逐渐失效，尤其是在高温环境下。

TRIM 支持：为了维持高性能，SSD 需要操作系统的支持，以正确地管理已删除或已修改的数据块。这是通过 TRIM 命令实现的，但并非所有操作系统都支持这个命令。

数据恢复：与 HDD 相比，从损坏的 SSD 中恢复数据更为困难，因为一旦数据被删除或损坏，它可能会永久丢失。

兼容性和固件问题：一些早期的 SSD 可能与特定的硬件或软件配置不兼容，需要通过固件更新来解决这些问题。

### 2.2.4　数据存储的未来：新型存储技术与应用前景

随着技术的不断进步和数据需求的爆炸式增长，数据存储技术也在不断进化，以满足更高的性能、效率和持久性的要求。

1. 新型存储技术

3D NAND 技术：与平面 NAND 相比，3D NAND 技术通过垂直堆叠多层单元来增加存储容量，从而提高性能和降低每比特成本。这项技术已经被广泛采用，并预计将继续发展，以支持更多的堆叠层数。

存储类内存（Storage Class Memory，SCM）：是一种介于 DRAM 和 NAND 闪存之间的存储技术，旨在提供接近 DRAM 的速度和 NAND 的持久性。例如，英特尔和迈克龙的 Optane 技术。

磁阻和自旋转存储：这些技术使用电子的自旋（而不是其电荷）来存储数据，可提供比现有技术更高的存储密度和更快的速度。

相变内存（Phase-Change Memory，PCM）：使用材料的不同物理状态（例如结晶态和非结晶态）来存储数据。它提供了比 NAND 更快的读写速度和更好的持久性。

光存储技术：使用光信号来读写数据，有望提供更高的速度和存储密度。例如，全光逻辑和全光交换机可以实现更高速度的数据传输。

DNA 数据存储：科学家正在研究使用 DNA 分子作为数据存储媒介的可能性。理论上，DNA 能提供极高的存储密度，而且数据的持久性可以达到数千年。

量子存储技术：随着量子计算的发展，量子存储技术也得到了关注。它利用量子比特（qubit）来存储和处理数据，有望提供前所未有的计算和存储能力。

2. 应用前景

大数据和人工智能（Artificial Intelligence，AI）：随着数据量的持续增长，新型存储技术将能更有效地处理和存储大量数据，从而推动大数据分析和 AI 的发展。

高性能计算：新型存储技术将能满足高性能计算应用的高速和大容量需求。

IoT 和边缘计算：新型存储技术将为 IoT 设备提供更高效和更持久的本地存储，从而支持更复杂的边缘计算应用。

持久的存档和备份：某些新型存储技术，如 DNA 存储，有望提供非常长的数据保留期，非常适合长期存档和备份。

移动设备和消费电子产品：新型存储技术将为移动设备和消费电子产品提供更高的性能和更长的电池续航时间。

## 2.3　输入输出设备：显示器、键盘、鼠标与其他接口

### 2.3.1　显示技术：阴极射线管、液晶显示、有机发光二极管与未来展望

**1. 阴极射线管**

定义：阴极射线管（Cathode Ray Tube，CRT）是早期的显示技术，通过使用电子束击打荧光屏，产生可见光来形成图像。

特点：

优点：高刷新率、无本征输入延迟、颜色准确。

缺点：体积大、重、高能耗、辐射量大。

**2. 液晶显示**

定义：液晶显示（Liquid Crystal Display，LCD）使用液晶及其在电场中的对光线极化性质来控制光的透射或反射，从而产生图像。

特点：

优点：薄、轻、低能耗、可用于各种大小的屏幕。

缺点：有时候可能会出现视角依赖、响应时间不如 CRT。

**3. 有机发光二极管**

定义：有机发光二极管（Organic Light Emitting Diodes，OLED）是一种固态发光二极管，使用有机材料在应用电流时发出光线。

特点：

优点：自发光、无须背光、对比度高、颜色饱满、可实现曲面和可弯曲的显示屏。

缺点：有机材料的使用寿命相对较短、容易受到烧屏现象的影响。

**4. 未来展望**

MicroLED：MicroLED 技术被视为 OLED 的接班人，它使用微型的无机 LED 数组作为像素来发光。它结合了 OLED 的自发光优点和长寿命、高亮度的特点，没有烧屏的问题。

量子点（Quantum Dot）显示技术：量子点是微纳米尺寸的半导体粒子，能发出特定颜色的光。量子点显示技术提供了更好的色彩准确性和更宽的色域。

可折叠和伸展屏幕：随着材料科学的进步，我们将看到更多的可弯曲、可折叠或拉伸的显示屏进入市场。

虚拟现实与增强现实头显：这些技术需要超高的刷新率和极低的延迟，未来的显示技术将更加注重提供沉浸式体验。

透明屏幕：透明显示技术可以将图像显示在看起来像玻璃一样的透明面板上，有望应用于未来的建筑和车辆窗口。

### 2.3.2　输入设备：从机械键盘到触摸屏

输入设备允许用户与计算机或其他数字系统进行交互。随着技术的进步，输入设备从最初的简单机械装置逐渐发展到了现在的高度集成化设备和多功能设备。

1．机械键盘

定义：机械键盘使用物理开关为每个键进行操作。当按键被按下时，物理开关会关闭，从而发送信号。

特点：

优点：耐用、按键反馈明确、可以定制按键力度和声音。

缺点：相对较重、占用空间较大、成本高。

2．薄膜键盘

定义：薄膜键盘使用两层柔性的塑料薄膜，当按键被按下时，这两层薄膜会接触，从而产生电流。

特点：

优点：便宜、轻便、易于制造。

缺点：使用感不如机械键盘、易损坏。

3．鼠标

定义：鼠标是一个小型的手持输入设备，它可以在平滑的表面上滚动，并通过其按钮来发送命令。

技术演变：从球形鼠标到光学鼠标，再到现在的激光鼠标。

4．触摸屏

定义：触摸屏允许用户直接使用手指或专用的触摸笔在屏幕上进行操作。

技术演变：

电阻式触摸屏：依赖于物理压力来检测接触，因此它可以使用任何物体进行操作，如手指或触摸笔。

电容式触摸屏：检测屏幕上的电容变化来确定接触位置，只响应手指或特殊的触摸笔。

红外触摸屏：使用红外传感器来检测接触位置。

5．其他输入设备

轨迹球：类似于倒置的鼠标，用户通过旋转一个暴露在外的球体来移动指针。

触摸板：常见于笔记本电脑，允许用户通过手指滑动来移动指针。

语音输入：允许用户通过语音来控制设备或输入文本。

手势识别：通过摄像头或其他传感器检测用户的身体动作，从而进行操作。

随着技术的进步，输入设备变得更加多样化、便捷、精确，它们为人们提供了更为直观和自然的交互方式。

### 2.3.3　输出设备：打印机、音响、显示器与其他输出设备

输出设备负责将计算机处理的数据以可理解的形式提供给用户。这些设备的多样性和技术进步为用户提供了更加丰富和真实的数字体验。

1．打印机

定义：打印机是一个外部硬件输出设备，用于生成纸质文档或图像。

技术演变：

点阵打印机：通过打印头上的一组针在纸上形成图像或字符。

喷墨打印机：通过喷射微小的墨水滴来创建图像或文字。

激光打印机：使用激光来绘制图像或文字，然后通过热过程将其转移到纸上。

3D 打印机：通过添加制造技术，分层创建三维物体。

**2. 音响**

定义：音响设备将数字信号转换为声音，供用户收听。

技术演变：

模拟音响：使用传统的扬声器和放大器技术。

数字音响：先对音频信号进行数字化处理，再将其转换为声音。

环绕声系统：提供多个扬声器，为用户提供沉浸式听觉体验。

**3. 显示器**

定义：显示器或屏幕是一种输出设备，将计算机生成的图像或文本显示给用户。

技术演变：如 2.3.1 节所述，从阴极射线管到液晶显示和 OLED 等。

**4. 其他输出设备**

投影仪：可以将计算机的屏幕图像投射到大屏幕上，适用于大型展示或会议。

触觉反馈设备：提供物理反馈给用户，例如震动或力反馈，使得互动体验更为真实。

增强现实和虚拟现实设备：这些设备混合或创建全新的环境，为用户提供沉浸式体验。

随着技术的发展，输出设备正朝着更高的分辨率、更真实的沉浸体验和更高的效率方向发展。不仅如此，新型输出技术还能为用户提供更加直观和富有创意的交互方式。

## 2.3.4　现代接口技术：USB、Thunderbolt 与其他快速数据传输技术

接口技术在计算机领域中至关重要，因为它们允许各种设备之间进行数据交换。随着技术的进步，接口技术也在追求更高的数据传输速度、更小的形状和更高的兼容性。

**1. USB**

定义：USB（Universal Serial Bus，通用串行总线）是一种工业标准，用于定义电缆、连接器和通信协议，以实现计算机与其他设备之间的连接与通信。

技术进展：

USB 1.0：提供了 1.5Mbps 的低速速度和 12Mbps 的全速速度。

USB 2.0：增加了高速 480Mbps 的传输速率。

USB 3.0：最大传输速度达到 5Gbps，并引入了全双工数据传输。

USB 3.1：最大传输速度提升到 10Gbps。

USB 3.2：最大传输速度达到 20Gbps。

USB 4.0：融合了 Thunderbolt 3.0 的特点，传输速度最高可达 40Gbps。

类型：Type-A、Type-B、Micro-USB、USB-C 等。

**2. Thunderbolt**

定义：Thunderbolt 是由英特尔与苹果公司共同开发的连接接口，支持数据、视频、音频和电源传输。

技术进展：

Thunderbolt 1：提供了双通道的 10Gbps 的数据传输速度。

Thunderbolt 2：将两个 10Gbps 的通道合并为一个 20Gbps 的通道。

Thunderbolt 3：传输速度最高可达 40Gbps，并支持 USB-C 接口。

Thunderbolt 4：提出了更高的最小性能要求，并增加了额外的特点和功能，如更好的多显

示器支持。

3．其他快速数据传输技术

FireWire（IEEE 1394）：由苹果公司开发，主要用于视频制作和专业音频应用。

SATA（Serial Advanced Technology Attachment，串行先进技术附件）：用于连接硬盘驱动器、固态驱动器和光驱。

NVMe（Non-Volatile Memory Express，非易失性存储器快速接口）：是一个为固态驱动器设计的协议，旨在利用其速度。

HDMI（High-Definition Multimedia Interface，高清晰度多媒体接口）：主要用于传输视频和音频数据到电视和显示器上。

DisplayPort：是一个显示接口标准，用于连接视频源设备到显示器、电视、电脑和其他设备。

随着数据量的增长和对数据实时处理的需求增加，我们可以预见，未来的接口技术将继续追求更高的传输速度和更大的带宽。

# 2.4　网络与现代应用

网络技术已经对我们的生活、工作和娱乐产生了深远的影响，连接了全球的每一个角落。从原始的计算机对话到现代的广泛连接的互联网，网络技术的进步持续推动社会进步。

## 2.4.1　计算机网络的基础

1．局域网

定义：局域网（Local Area Network，LAN）是一种在有限的地理范围内，如办公室或大楼内，连接多台计算机和其他设备的网络。

技术：以太网（Ethernet）是最常用的局域网技术，它使用特殊的电缆和交换机来连接设备。

应用：局域网允许用户分享资源，如打印机、文件和应用程序。

2．广域网

定义：广域网（Wide Area Network，WAN）覆盖了更广泛的地理范围，可以是一个城市、一个国家，甚至是全球。

技术：广域网使用各种技术，如公共交换电话网络、卫星通信和光纤连接。

应用：广域网常常被大型企业和政府机构用于连接分散的办公室和设施。

3．Internet

定义：Internet 是一个全球性的网络，它由数以百万计的私有、公共、学术、商业和政府网络组成，通过各种电子、无线和光纤技术互相连接。

技术：

ARPANET：Internet 的前身，由美国国防部高级研究计划局（Defense Advanced Research Project Agency，DARPA）于 20 世纪 60 年代末开发。

TCP/IP：成为互联网的标准协议，使不同的网络能够相互通信。

WWW（World Wide Web，万维网）：由 Tim Berners-Lee 于 1991 年发明，它使得互联网内容能够通过浏览器访问。

应用：现代的互联网支持各种应用，如 Web 浏览、电子邮件、在线游戏、社交媒体、电子商务等。

随着技术的发展，网络不断演化，从简单的文本传输到复杂的多媒体交互，从有线连接到无线和移动连接。这使得全球的信息、娱乐和服务都触手可及，为个人和企业带来了前所未有的机会。

### 2.4.2　网络协议与模型

网络协议是计算机网络中的规则，允许在网络上的设备进行数据交换。两个最知名的网络模型是 OSI 模型和 TCP/IP 模型。

1. OSI 模型

目的：OSI 模型（Open Systems Interconnection Model）为开发网络协议和描述网络功能提供了一个参考模型。

7 层结构：

物理层：负责定义网络硬件元素之间如何传输数据，如电压、时钟频率。

数据链路层：确保数据在物理网络上的可靠传输，如以太网（Ethernet）。

网络层：负责确定数据的路径选择和逻辑寻址，如 IP 协议。

传输层：提供端到端的通信服务，如 TCP 和 UDP。

会话层：负责建立、管理和终止会话。

表示层：确保一个系统的应用层所发送的信息能被另一个系统的应用层读取，如加密和压缩。

应用层：为用户提供网络服务，如 HTTP 和 FTP。

2. TCP/IP 模型

目的：TCP/IP 模型是实际上广泛使用的网络模型，用于描述多种不同的网络协议的集合。

4 层结构：

网络接口层：相当于 OSI 模型的物理层和数据链路层，负责数据在物理网络上的发送和接收。

网络层：如 IP 协议，负责数据包的逻辑寻址和路径选择。

传输层：如 TCP 和 UDP，负责提供端到端的数据传输。

应用层：包括 OSI 模型的会话层、表示层和应用层，负责为用户提供网络服务。

两个模型的关键区别在于它们的层数和每一层的定义。尽管 OSI 模型为理解网络提供了很好的理论框架，但 TCP/IP 模型（以其核心协议命名）是当今互联网的实际标准。

这两个模型帮助网络工程师和开发人员理解网络操作的不同层次，从而使他们能够设计、实施和诊断网络问题。

### 2.4.3　无线通信技术

无线通信技术已成为我们日常生活中不可或缺的一部分，无论是家中的 Wi-Fi，手机的蓝牙功能，还是正在使用的移动数据网络，这些技术都在不断发展和演变。

1. Wi-Fi

定义：Wi-Fi（Wireless Fidelity）是一种无线局域网络技术，基于 IEEE 802.11 标准。

应用：家庭、办公室和公共场所，如咖啡店、机场等都提供 Wi-Fi，使设备能够接入互联网。

发展：从早期的 802.11b 到如今的 802.11ax（Wi-Fi 6），Wi-Fi 技术在速度、范围和容量上都得到了极大的提高。

**2．蓝牙**

定义：蓝牙是一种短距离无线通信技术，用于低功耗、短距离的数据传输。

应用：最常见的应用包括耳机、键盘、鼠标、健康监测设备等。

发展：从蓝牙 1.0 到最新的蓝牙 5.2，速度、范围和多连接能力都有所增强。

**3．移动通信技术**

从 1G 到 5G：

1G：模拟通信。

2G：数字化的移动通信（如 GSM）支持短消息服务。

3G：提供更高的数据传输速度，支持视频通话和移动数据服务，如 UMTS。

4G（LTE）：更高的数据传输速度，支持高清视频、在线游戏等。

5G：当前的技术具有更高的数据传输速度、更低的延迟和增强的设备连接能力。

**4．其他移动技术**

CDMA、GPRS、EDGE 等无线通信技术的持续发展和普及，不仅改变了我们的工作方式，也深刻地影响了我们的日常生活。它们使得人们可以随时随地连接网络，获取信息，进行通信和娱乐。而在未来，随着物联网、自动驾驶汽车和智能城市等技术的发展，无线通信技术将会发挥更大的作用。

## 2.4.4　网络安全及其挑战

网络安全是确保计算机网络完整性、机密性和可用性的一系列策略和实践。随着我们在生活和工作中对网络的依赖越来越大，网络安全的重要性也相应提高。以下是关于网络安全的关键组件和现代挑战的概述。

**1．防火墙**

定义：防火墙是用于监视和控制进出网络的数据包的网络安全设备或软件。

功能：可以基于预定的安全策略，允许或阻止特定的网络流量。

种类：包括硬件防火墙和软件防火墙，还有更为复杂的下一代防火墙（Next Generation Firewall，NGFW），它们提供更深度的数据包检查和其他安全特性。

**2．虚拟专用网络**

定义：虚拟专用网络（Virtual Private Network，VPN）是一个加密的连接，它允许用户通过公共网络（如互联网）安全地访问私有网络。

用途：除提供远程访问外，VPN 也被用于连接分布在不同地方的数据中心、增强个人上网隐私、绕过地理限制等。

工作原理：通过建立加密的"隧道"，确保数据在传输过程中的安全性和隐私。

**3．入侵检测系统和入侵防御系统**

定义：入侵检测系统（Intrusion Detection System，IDS）和入侵防御系统（Intrusion Prevention System，IPS）监视网络流量以检测和/或阻止恶意活动。

差异：IDS 是被动的，仅检测和提醒恶意活动；而 IPS 则是主动的，可以阻止或减轻恶意活动的攻击。

**4. 恶意软件防护和反病毒解决方案**

用于检测、隔离和清除各种恶意软件，包括病毒、蠕虫、特洛伊木马、勒索软件等。

**5. 挑战与威胁**

零日攻击：这是针对软件的未知漏洞的攻击，通常在开发者有机会开发补丁之前发生。

分布式拒绝服务（Distributed Denial of Service，DDoS）攻击：攻击者利用多个源对目标进行网络攻击，导致网络或系统不胜负荷以至于服务中断。

内部威胁：不满的员工或其他内部人员可能滥用他们的访问权限来损害组织。

物联网设备安全：随着物联网设备的普及，它们已经成为攻击的新目标，因为许多设备缺乏适当的安全措施。

考虑到物理、技术和行政措施，网络安全需要综合的方法。对于组织和个人来说，持续的教育和培训是确保网络安全的关键。

# 第3章 电子技术与基础组件

## 3.1 基本的电子元件

### 3.1.1 电阻

**1. 定义**

电阻是一种两端电压与其间电流成正比的基本电子元件。其主要功能是限制或分割电流，并将电能转化为热能。

工作原理：根据欧姆定律（Ohm's Law），电阻 R 与电流 I 和电压 V 的关系为 V=I×R。当电流通过电阻时，部分电能被转化为热能，这导致了电流的损失或降低。

**2. 种类**

固定电阻：其电阻值是恒定的，不可变的，例如碳膜电阻、金属膜电阻等。

可变电阻：其电阻值可以手动或自动调整，常见的有滑动电阻、电位器等。

特殊电阻：如对温度敏感的热敏电阻、光敏电阻等，它们的电阻值会随外部条件的变化（如温度、光线）而改变。

功率电阻：为大功率应用设计，例如在电源和放大器中。

**3. 应用**

电流限制：在电路中，电阻经常被用来限制电流不超过安全值，例如 LED 驱动电路。

电压分压：使用两个或多个电阻构成的电阻分压器可以产生不同的电压输出。

偏置和调整：在半导体电路中，电阻用于为晶体管提供适当的偏置。

传感：一些特殊的电阻，如热敏电阻和光敏电阻，用于测量温度、光强等。

反馈：在放大器中，电阻为负反馈提供路径，帮助稳定和调整放大器的增益。

电阻是电子电路中不可或缺的基础元件，它们在各种应用中都起到至关重要的作用。从最简单的电流限制到复杂的模拟电路设计，电阻在电子技术中都有着广泛的应用。

### 3.1.2 电容器

**1. 定义**

电容器是一种存储和释放电能的电子元件。它由两个导电的"板"或"片"组成，它们之间夹有一个绝缘物，称为电介质。

**2. 功能**

电能存储：当电压被施加到电容器的两端时，电容器会在其板上累积电荷，从而存储电能。

滤波与去耦：在电源电路中，电容器可以用来平滑输出电压，减少噪声。

电信号耦合与解耦：电容器可以允许交流信号通过，同时阻止直流信号。

相移和定时：在振荡电路和定时电路中，电容器用于确定操作频率。

3. 种类

陶瓷电容器：由陶瓷材料作为电介质，用于高频应用。

电解电容器：有极性，用于大电容值应用，常见于电源滤波。

钽电容器：提供高电容密度，但成本较高。

薄膜电容器：使用薄膜技术，用于精密和高频应用。

超级电容器：提供非常大的电容值，用于能源存储。

4. 应用

电源滤波：在电源电路中，电容器确保电源的稳定输出，减少电压波动。

信号耦合：在放大器和无线电设备中，电容器用于隔离直流偏置，仅传递交流信号。

频率确定：在振荡器和滤波器电路中，电容器与电感器一起确定电路的工作频率。

定时：在如 555 定时器这样的电路中，电容器与电阻一起确定输出脉冲的宽度。

反馈：在放大器中，电容器可以用来引入负反馈，影响放大器的频率响应。

电容器是现代电子电路中的关键元件，它们在从简单的滤波应用到复杂的通信系统中都发挥着重要作用。了解电容器的工作原理、种类和应用是电子技术中的基础知识。

### 3.1.3 二极管

1. 定义

二极管是具有两个电极（阳极和阴极）的电子器件，主要用于只允许单向电流通过的应用。

2. 工作原理

导通状态：当阳极电压高于阴极电压时，二极管导通，允许电流通过。

截止状态：当阴极电压高于阳极电压时，二极管截止，不允许电流通过。

3. 种类

整流二极管：用于将交流电转换为直流电。

发光二极管（Light Emitting Diode，LED）：在二极管导通时发出光，常用于显示和指示灯。

齐纳二极管：在其突变电压附近工作，主要用作电压调节。

肖特基二极管：具有低的正向压降和快速的切换速度，常用于高频应用。

光电二极管：当光照射时产生电流。

4. 应用

整流电路：在电源中，二极管用于将 AC 转换为 DC。

限制电压：齐纳二极管可以用于防止电路中的电压超过特定的值。

指示灯：LED 被广泛用于显示和指示等电路中。

逻辑门：在某些电路设计中，二极管可用于构建简单的逻辑门。

保护电路：二极管可以用于防止电压反向或过高，从而保护敏感的电子设备。

检波：在无线电应用中，二极管用于提取载波信号上的音频或数据信息。

二极管是一个多功能的和关键的电子组件，它在电子电路和电力应用中扮演了许多重要的角色。了解其工作原理和应用对于电子学习和设计至关重要。

### 3.1.4　晶体管

**1. 定义**

晶体管是一种用于放大或切换电子信号和电源的半导体器件。由于它能够放大信号，所以它在电子设备中发挥了至关重要的作用，特别是在信号放大、调制、信号生成和逻辑运算中。

**2. 种类**

双极型晶体管（Bipolar Junction Transistor，BJT）：NPN 型、PNP 型。

场效应晶体管（Field-Effect Transistor，FET）。

JFET（Junction Field-Effect Transistor）：N-通道和 P-通道。

MOSFET（Metal-Oxide-Semiconductor Field-Effect Transistor）：增强型和耗尽型，N-通道和 P-通道。

其他特殊类型：高电子迁移率晶体管（High Electron Mobility Transistor，HEMT）、隧道场效应晶体管（Tunneling Field Effect Transistor，TFET）。

**3. 工作原理**

BJT：当基极和发射极之间施加一个电压时，电流会通过晶体管。控制基极电流可以控制从集电极到发射极的大电流。

FET：控制门极和源极之间的电压可以控制从漏极到源极的电流。FET 主要由电场控制，没有直接的电流流过门极。

**4. 应用**

放大器：用于放大电子信号，如无线电、电视、音响系统中的电子信号。

开关：晶体管可以用作电子开关，对于数字电路和模拟电路非常有用。

逻辑门：在数字电路中，晶体管用于创建逻辑门，这是微处理器和计算机内存的基础。

信号调制与产生：在无线电通信中，晶体管可用于调制和产生 RF 信号。

电源调节：在电源设计中，晶体管用于调节输出电压和电流。

感应器应用：在某些应用中，如压力传感器和温度传感器，晶体管用作传感元件。

晶体管是现代电子技术的基石，它为我们创建了微型化和高度集成的电子设备。了解其工作原理、种类和应用对于电子和通信领域的学习和设计至关重要。

# 3.2　集成电路：从单片机到复杂的 SoC

## 3.2.1　集成电路的起源与在中国的发展

起源：集成电路（Integrated Circuit，IC）是一个将数千到数十亿的晶体管、电阻、电容和其他活动电子元件集成到一个小的硅片上的微型电子器件。集成电路的发明对现代社会产生了深远的影响，它使电子设备变得更小、更快和更便宜。

20 世纪 50 年代末，杰克·基尔比（Jack Kilby）所在的美国得克萨斯州仪器公司和罗伯特·诺伊斯（Robert Noyce）所在的费尔柴尔德半导体公司几乎同时独立地发明了集成电路。这一技术的发明开启了微电子时代，为电子产业的爆炸式增长铺平了道路。

中国的发展：中国开始大规模研究集成电路技术是在 20 世纪 80 年代。在最初的阶段，中国主要依赖于引进国外的技术和设备。但随着时间的推移，尤其是进入 21 世纪，中国在集成电路技术方面取得了长足的进步。

研发和生产能力：近年来，中国已经拥有了多家国际领先的集成电路制造公司，如中芯国际（SMIC）和华虹半导体等。

　　投资增加：随着电子产业的快速增长，中国政府和私营企业在集成电路研究、设计和制造方面的投资也大幅增加。

　　设计能力：除了制造，中国的 IC 设计能力也得到了显著提高。许多国内公司已经设计出高性能的芯片，用于智能手机、数据中心、AI 和其他先进应用。

　　技术创新：中国已经开始在集成电路技术的某些领域取得技术创新，例如 AI 芯片设计和量子计算芯片研发。

　　与国际合作与竞争：尽管在某些关键技术领域还存在差距，但中国的集成电路产业在与国际巨头竞争和合作中崭露头角。

　　集成电路技术的起源和发展是现代社会科技进步的象征。中国在这个领域的努力和进步代表了其在全球半导体产业中持续提高的竞争地位。

### 3.2.2　单片机与微控制器

　　1. 定义与区别

　　单片机：是一个完整的计算机系统，它包含中央处理单元、随机存储器（Random Access Memory，RAM）、只读存储器（Read-Only Memory，ROM）、输入/输出端口、计时器等，所有这些都集成在一个芯片上。它特别适用于需要控制的简单任务，如家用电器、工具和玩具。

　　单片机在设计时有一个特定的应用目标，因此它的功能和扩展性可能受到限制。

　　微控制器是一种更为普遍和广泛的术语，它可以指任何集成了 CPU、内存和 I/O 接口的芯片。单片机实际上是微控制器的一个子集。微控制器被设计用来执行特定的任务，如感测、控制或者特定的数据处理。

　　相对于单片机，微控制器通常有更好的扩展性，可以连接到其他设备和网络。

　　2. 应用

　　单片机和微控制器广泛应用于各种日常设备中：家用电器，如微波炉、洗衣机和电视；汽车中的各种系统，如防抱死制动系统（Antilock Brake System，ABS）、空调控制和发动机管理；工业自动化，如生产线控制和传感器管理；智能家居，如灯光控制、安全系统和自动化窗帘。

　　3. 发展趋势

　　随着技术的进步，单片机和微控制器正在变得更小、更强大和更节能。这使得它们可以被应用到更加复杂和智能的系统中，如物联网设备、健康监测设备和高级机器人技术。

　　此外，现代微控制器经常配备有高级功能，如无线连接、图形处理能力和高级安全特性，这使得它们能够满足现代设备和应用的需求。

### 3.2.3　系统级芯片（SoC）

　　1. 定义

　　系统级芯片（System-on-a-Chip，SoC）指的是一个集成电路芯片上集成了完整的计算机或电子系统。一个典型的 SoC 包含一个或多个中央处理单元、图形处理单元、内存、硬盘控制器、I/O 接口以及其他功能模块。

　　2. 特点

　　集成性：SoC 把多个组件集成在一个芯片上，这有助于减少系统的物理大小和复杂性。

功耗：由于高度集成，SoC通常具有较低的功耗，这使得它们特别适合移动设备和嵌入式系统。

性能：尽管SoC设计为小型和节能，但现代SoC具备足够的处理能力，可以支持复杂的计算任务和高性能应用。

定制性：SoC可以根据特定应用的需要进行定制。

3. 应用

移动设备：大多数智能手机和平板电脑使用SoC，例如苹果的A系列、高通的骁龙和三星的Exynos。

嵌入式系统：从工业机器人到家用电器，SoC在各种设备中提供计算能力。

物联网设备：考虑到尺寸、功耗和成本，SoC是IoT设备的理想选择。

智能家居：如智能音箱、智能灯具等都可能使用SoC来处理输入、运行应用程序和管理连接。

汽车：现代汽车的许多系统，如资讯娱乐系统、先进的驾驶员辅助系统（Advanced Driving Assistance System，ADAS）都使用SoC。

4. 未来展望

随着计算需求的增长和技术的进步，我们可以预期SoC会变得更加强大和多功能。未来的SoC可能会包含更高级的AI和机器学习功能、更高效的能源管理以及更高级的集成传感器。

另外，随着量子计算、神经形态计算和其他新型计算技术的发展，未来的SoC可能会采用完全不同的设计和结构。

# 3.3　嵌入式系统

## 3.3.1　嵌入式系统概述

1. 定义

嵌入式系统是为特定的任务或应用而设计的计算系统，与为多种任务和应用设计的通用计算机相反。它通常不是一个独立的系统，而是一个更大系统的组成部分。这意味着它为特定任务进行优化，而不是多任务处理或大规模的数据处理。

2. 主要特点

专一性：嵌入式系统为特定的任务而设计，通常只执行预定的功能或任务序列。

实时性：许多嵌入式系统必须在特定的时间约束内完成其任务，因此需要实时操作系统。

大小和功耗：由于嵌入式系统通常嵌入到其他设备中，所以它们通常比通用计算机小，并且是为低功耗而设计的。

持续运行：某些嵌入式系统在启动后需要持续运行很长时间。

资源受限：由于成本、大小和功耗的限制，嵌入式系统可能拥有有限的计算资源和存储能力。

3. 组成

微处理器/微控制器：这是嵌入式系统的"大脑"，负责执行代码和处理数据。

内存：存储运行代码和临时数据的地方。可能包括RAM和ROM。

输入/输出接口：允许系统与外部世界进行通信，如传感器、执行器和其他接口。

软件：这是编写特定于应用的代码，可能包括嵌入式操作系统、驱动程序和应用程序。

通信接口：如串行接口、CAN、以太网、Wi-Fi等，用于与其他系统或网络通信。

### 4. 应用领域

家用电器：如微波炉、洗衣机、电视机等。

工业自动化：如可编程逻辑控制器（Programmable Logic Controller，PLC）和工业机器人。

医疗设备：如心电图机、呼吸机等。

消费电子：如智能手机、数码相机、便携式音乐播放器等。

汽车：如 ABS、空调控制、无钥匙进入系统等。

通信设备：如路由器、交换机、基站等。

嵌入式系统已经无处不在，它们在我们的日常生活中起着至关重要的作用，尽管我们可能不经常意识到它们的存在。

## 3.3.2　开发与设计的中国特色

### 1. 市场驱动

快速响应：中国的电子市场特别是硬件市场因其快速的迭代速度而闻名。中国的嵌入式系统设计和开发过程经常需要在非常短的时间内完成，以满足消费者迅速变化的需求。

大规模生产：一旦一个产品被确定为"热门"产品，中国的生产线可以迅速扩大，进行大规模生产，这需要嵌入式系统的设计可以快速从小规模原型生产转移到大规模生产。

### 2. 成本敏感

高性价比：由于中国市场的竞争激烈，产品通常需要具有高性价比。这对嵌入式系统的设计和组件选择提出了挑战，需要在性能和成本之间找到一个平衡。

本地化组件：为了进一步降低成本，许多中国公司倾向于使用国内生产的组件和技术，这有助于降低成本和依赖进口零件的风险。

### 3. 技术创新

国内技术：近年来，随着中国对半导体和电子技术的投资增加，越来越多的国内技术和解决方案在嵌入式系统设计中得到应用。

独特的解决方案：针对中国市场的特定需求，如特殊的支付方式或社交网络集成，嵌入式系统可能需要包括独特的硬件和软件功能。

### 4. 教育与培训

大量工程师：中国拥有庞大的工程师人才库，这为嵌入式系统的设计和开发提供了强大的支持。

与学术界的合作：为了满足快速发展的技术需求，许多公司与中国的大学和研究机构建立了合作关系，以加快研发进程。

### 5. 政府政策与支持

政策鼓励：中国政府为高新技术企业提供了一系列的优惠政策，包括税收减免、研发补贴等，以鼓励技术创新和国内生产。

特色产业园：在全国各地，如深圳、苏州等地，都有专门的电子和技术产业园区，为企业提供资源和便利条件。

## 3.3.3　嵌入式系统的应用领域

嵌入式系统是专为某一特定任务而设计的计算系统，它通常不像通用计算机那样可以执行多种任务。由于其高度专用和优化的特性，嵌入式系统被广泛应用于各种领域。以下是嵌入式系统主要的应用领域。

消费电子：这是最为人们所熟知的领域，其中包括智能手机、数码相机、音响系统、电视、游戏机等。它们都有专门的嵌入式系统来执行特定的任务，如音频解码、图像处理等。

家用电器：洗衣机、微波炉、冰箱等现代家电都采用了嵌入式系统，使其具有智能化的功能，如节能模式、自动计时等。

汽车：现代汽车中有大量的嵌入式系统，用于引擎管理、制动系统、导航、自动驾驶、娱乐系统等。随着汽车技术的进步，这些系统变得越来越复杂。

医疗设备：如心电图机、超声波扫描仪、自动药物分配机等都使用了嵌入式系统来确保准确性和可靠性。

工业自动化：工厂中的机器人、生产线控制系统、传感器网络等都需要嵌入式系统进行高效的操作和管理。

通信：无线路由器、交换机、通信塔、卫星通信设备等都依赖于嵌入式系统来处理和转发数据。

航空航天：飞机、卫星、火箭等都有高度专业化的嵌入式系统，用于导航、控制和数据处理。

智能家居与物联网：从智能灯泡到智能门锁，再到家庭安全系统，都采用了嵌入式系统。随着物联网的发展，越来越多的设备通过互联网连接起来，形成一个巨大的、智能的网络。

能源：太阳能逆变器、风能涡轮机等都使用嵌入式系统进行能量管理和优化。

农业：现代农业设备，如自动播种机、智能灌溉系统等，都利用嵌入式系统进行精确的作业。

# 第4章 软件的进化与影响

## 4.1 软件的演变

### 4.1.1 早期编程阶段

在计算机发展历史的初始阶段，软件的编写是一项复杂且具有挑战性的任务。早期的编程都是直接与硬件交互，使用的是最底层的机器语言或汇编语言。以下是早期编程阶段的一些关键点。

机器语言：在计算机的初创时代，程序员们直接使用机器语言（一系列的 0 和 1）来编程，这要求他们对计算机的工作原理有深入的了解。每种计算机或计算机架构都有其自己的机器语言，这使得编程变得非常具有挑战性。

汇编语言：为了简化机器语言编程的复杂性，汇编语言被引入。它使用符号性的指令替代了机器码，使得代码稍微容易理解一些。尽管如此，编写汇编语言仍然需要对特定硬件架构有深入的了解。

穿孔卡片：在计算机技术的初期，穿孔卡片被用作存储程序的介质。程序员编写代码后，需要将其转化为穿孔的卡片。这些卡片被放入计算机进行读取和执行。

批处理系统：早期的计算机由于硬件限制只能一次执行一个任务。用户提交了任务后，需要等待计算机完成当前的任务后，再执行新的任务。这种方式被称为批处理。

初步的编译器与解释器：随着计算机科学的发展，第一代的编译器和解释器开始出现。这使得程序员可以使用更高级的语言编程，例如 FORTRAN，这大大提高了编程效率。

计算机存储的扩展：随着硬盘和其他存储介质的发展，程序员不再受到存储限制，可以编写更长、更复杂的程序。

这个时期的编程对程序员来说相当具有挑战性，需要他们对底层硬件有着深入的了解。但这也为后来软件行业的爆炸式增长奠定了基础，引领了计算机技术从其简单的起始到如今的高度复杂和先进。

### 4.1.2 编程语言的进步与多样性

随着计算机科学的不断进步，编程语言也经历了快速的演变。从最初的几种到现在的数百种，编程语言已经变得更加多样化和复杂。以下是编程语言进步与多样性的概述。

高级编程语言的出现

（1）FORTRAN（1957 年），是最早的高级编程语言之一，主要用于科学计算。

（2）COBOL（1959 年），主要用于商业应用，它为业务计算设定了新的标准。

结构化编程：在 20 世纪六七十年代，随着 Algol、C、Pascal 等语言的诞生，结构化编程成了主流。这些语言提供了清晰的结构和语法，使程序更易于理解和维护。

面向对象编程：在 20 世纪 80 年代，随着 Smalltalk 和 C++的兴起，面向对象编程（Object Oriented Programming，OOP）开始流行。OOP 提供了一种更加模块化和可重用的方法来组织代码。

Java 和 Python 等现代语言也都支持面向对象的概念，使得开发者可以更容易地设计和构建复杂的应用程序。

脚本语言与动态语言：Perl、Python、Ruby 和 JavaScript 这样的脚本语言开始在 20 世纪 90 年代获得流行，这些脚本语言提供了高度的灵活性，特别是在网页开发和系统管理中。

函数式编程：Haskell、Scala、Erlang 和 Clojure 等语言为函数式编程带来了新的兴趣。这种范式鼓励使用不可变性和一级函数，从而提高代码的简洁性和可读性。

跨平台和混合范式：现代语言如 Go、Rust 和 Kotlin 往往结合了多种编程范式，并支持跨平台开发，这使得开发者可以针对多种应用场景和平台使用同一种语言。

域特定语言（Domain-Specific Language，DSL）：这是为特定问题或行业设计的语言，如 SQL（用于数据库查询）和 HTML（用于网页标记）。

可视化编程和低代码/无代码平台：随着技术的进步，存在一些工具和平台，如 Scratch 或 App Inventor，它们提供了图形界面，使非程序员也能创建应用程序。

编程语言的多样性确保了每个特定应用或问题都有适当的工具来处理。同时，新的编程范式和技术不断出现，反映了行业的不断变化和创新。

## 4.1.3　现代软件开发工具与框架

现代软件开发不仅仅是编写代码，它涉及一个广泛的生态系统，其中包括各种工具、库和框架。这些元素共同为开发人员提供了创建、测试、部署和维护软件应用的能力。以下是现代软件开发工具与框架的概述。

集成开发环境（Integrated Development Environment，IDE）：这是全功能的软件开发工具，集成了代码编辑、构建、测试和调试功能，如 Eclipse、IntelliJ IDEA、Visual Studio 和 Xcode。

版本控制系统：Git、Subversion 和 Mercurial 等工具允许开发者追踪代码的更改、协同工作并管理版本。

构建工具与持续集成：Maven、Gradle 和 Jenkins 等工具帮助自动化软件的构建、测试和部署过程。

包管理器：这些工具如 npm（Node.js）、pip（Python）或 Maven（Java）可以帮助开发者管理和安装所需的软件库。

框架与库：开发者使用框架如 React、Angular、Vue（前端）或 Flask、Django、Spring Boot（后端）来快速开发应用。

库提供了为解决特定问题而预先编写的代码，如 jQuery（JavaScript）或 Pandas（Python）。

测试工具：使用 JUnit（Java）、pytest（Python）或 Mocha（JavaScript）等工具自动化测试代码，确保其可靠性和稳定性。

部署与容器化：Docker 和 Kubernetes 允许开发者创建、部署和管理容器化应用，确保应用在不同环境中的一致性。

云服务与开发平台：Amazon Web Services（AWS）、Google Cloud Platform（GCP）和 Microsoft Azure 等提供了众多的服务，帮助开发者部署、监控和扩展应用。

代码质量与协作工具：通过使用像 SonarQube、ESLint 或 TSLint 这样的工具来保证代码质量。为了促进团队之间的协作，如 JIRA、Trello 或 Slack 等工具成为团队中的重要组成部分。

文档与社区：Doxygen、Sphinx 或 JSDoc 等工具帮助生成和维护软件文档。而 GitHub、Stack

Overflow 和其他社区平台为开发者提供了协作和学习的机会。

随着技术的快速发展，软件开发的工具和框架也在不断地演变，为开发者提供了更多的选择和可能性。这种丰富的生态系统确保了开发的效率和创新。

## 4.2　开源软件的影响与在中国的发展

### 4.2.1　开源软件的根源

开源软件的理念追溯到计算机产业的早期，那时的软件基本上是开放的，软件开发者和用户经常共享和修改代码。但随着商业模式的出现和专有软件的快速发展，这种情况开始发生改变。

自由软件运动：20 世纪 80 年代中期，Richard Stallman 开始了自由软件运动，反对专有软件的限制性实践。他创建了 GNU 项目，目的是开发一个完全自由的操作系统。此外，他还制定了 GNU 通用公共许可证（General Public License，GPL），这是一种保护软件自由的许可证。

开源定义：1998 年，由于对"自由软件"这一术语的困惑和误解，Eric S. Raymond、Bruce Perens 等推动了"开源"这一术语的创建，并为其制定了定义。开源的定义强调了软件的开放性、协作性和可重复使用性。

开放源代码倡议（Open Source Initiative，OSI）：开放源代码倡议组织成立，该组织维护开源定义，并批准开源许可。

### 4.2.2　开源软件在中国的发展

近年来，中国对开源软件的态度发生了巨大变化。一开始，由于知识产权和版权的问题，开源软件在中国的普及受到了限制。但随着时间的推移，情况发生了改变。

政府支持：中国政府已经开始支持和鼓励开源软件的使用，一些城市甚至为开源项目提供资金支持。政府部门和公共服务领域也逐渐接受并使用开源解决方案。

企业参与：许多中国的大型技术公司，如阿里巴巴、腾讯和华为，已经加入了国际开源社区。它们不仅使用开源软件，还为其贡献代码，并推出了自己的开源项目。

开源社区：中国的开源社区正在迅速增长。越来越多的开发者参与到开源项目中，分享他们的知识和技能。

教育与研究：中国的高等教育机构也开始采纳开源软件并将其作为教育和研究工具。

开源会议与活动：在中国，与开源相关的会议和活动越来越多，进一步加强了开源社区的合作与交流。

### 4.2.3　开源与商业的协同

随着开源运动的发展，商业和开源这两个看似截然不同的世界找到了共存和协同的方式。这种共存和协同不仅为商业实体带来了盈利机会，还加速了技术的创新和普及。

商业支持的开源：许多公司如 Red Hat、Canonical 和 MongoDB 都选择以开源为基础提供付费支持、培训和定制服务。在这种模式下，软件本身是免费的，但专业的支持和增值服务需要支付费用。

双重许可策略：一些公司选择对其软件产品采用双重许可策略。这意味着它们提供一个开源版本和一个具有额外功能的商业版本。例如，MySQL 和 Qt 都曾采用这种策略。

云服务与开源：随着云计算的崛起，亚马逊、微软、谷歌等大型技术公司已经开始提供基于开源软件的云服务。这些公司常常在开源基础上建立服务，并为客户提供管理、维护和增值服务。

贡献回归社区：为了维持一个健康的开源生态，很多商业实体积极为开源项目贡献代码。这种做法有助于加强他们与开源社区的关系，并确保开源项目的长期健康和繁荣。

开放标准：为了推广和普及技术，许多公司选择开放他们的技术标准，这样其他开发者和公司可以在此基础上创新。例如，谷歌的 Android 操作系统就是基于 Linux 和其他开源技术开发的。

开源加速创新：开源允许公司基于已有的代码和解决方案构建，这大大减少了研发时间和成本。结果是，产品和服务能够更快地推向市场，技术创新也更为迅速。

商业模型的演变：开源促使传统的软件公司重新审视其商业模型。许多公司现在更注重服务、咨询和解决方案，而不仅仅是软件授权销售。

开源和商业不仅可以并存，还可以互补。两者的协同合作已经在全球范围内创造了巨大的价值，推动了技术的进步和普及。

# 4.3　软件在日常生活中的角色

## 4.3.1　移动应用的革命

在过去的十年里，中国的移动应用市场发生了翻天覆地的变化，不但在数量上呈现爆发式增长，而且在功能和质量上也取得了显著的进步。以下是移动应用在中国的一些关键发展。

爆炸式增长：随着智能手机的普及，越来越多的用户开始使用移动应用。据统计，2021 年，中国的移动应用用户超过 10 亿。

超级应用：微信是中国的社交巨头，但它远不止于此。作为一个"超级应用"，微信已经融合了支付、社交、购物、出行、新闻和许多其他功能，为用户提供了一个集成的生态系统。

移动支付：支付宝和微信支付使中国成为移动支付的全球领导者。这两个应用改变了中国人的支付习惯，使得扫码支付变得无处不在，从大城市的高档餐厅到农村的小商贩都能看到扫码支付。

电商与购物：淘宝、京东、拼多多等移动购物应用不仅改变了中国人的购物习惯，还推动了物流和供应链的现代化。

短视频与直播：抖音和快手等应用引领了短视频和直播的潮流，吸引了数亿用户并催生了一批新的网红和内容创作者。

在线教育：在新冠疫情期间，在线教育应用如作业帮、猿辅导和 VIPKID 等迅速崛起，为学生提供了在线学习的平台。

本地生活与出行：美团、大众点评和滴滴出行等应用改变了人们的生活和出行方式，为用户提供了便捷的、餐饮、娱乐和交通服务。

健康与医疗：随着技术的进步，一些应用如平安好医生和微医开始提供远程医疗咨询、在线预约和药物配送服务。

这只是移动应用在中国的一部分。随着技术的进步和用户需求的变化，未来还将有更多的创新和变革。

## 4.3.2　社交媒体在中国

中国的社交媒体景观与全球有所不同，主要因为国内的特定政策和文化背景。以下是对中国社交媒体的简要概述。

微信：微信是中国最流行的社交平台之一，它超越了传统的即时消息应用，变成了一个多功能的"超级应用"。除文本、图片和视频聊天外，微信还包括朋友圈、微信支付、小程序、微信公众号以及很多其他的商务和娱乐功能。

微博：微博是一个类似于 Twitter 的社交媒体平台，允许用户发布短消息、图片和视频。它是中国最主要的信息和娱乐来源之一，许多名人、企业和政府机构都有自己的微博账号。

抖音：抖音是一个短视频平台，用户可以分享视频。它在国内非常流行，尤其是在年轻人中，为用户提供了表达创意的新途径。

快手：与抖音类似，快手也是一个短视频平台，但它更注重"草根"内容，为普通人提供了一个展示日常生活的舞台。

QQ：腾讯公司的旗舰即时消息应用，与微信一样，也提供了一系列其他功能，如音乐、游戏和社交网络服务。

bilibili：这是一个以年轻人为主要受众的社交视频网站，主要关注二次元文化、动画、漫画和游戏。

知乎：类似于 Quora，是一个知识分享平台，允许用户提问与回答各类问题。

这些平台不仅为用户提供了社交和娱乐的途径，而且在很大程度上影响了中国的公共话题、流行文化和消费习惯。此外，由于中国特定的网络环境，这些平台在内容审核、隐私和数据安全方面面临着独特的挑战和机会。

### 4.3.3　云服务的崛起

随着技术的进步和数据中心的快速扩张，云计算在全球范围内得到了快速发展，中国也不例外。以下是对中国云服务市场的简要概述。

市场规模与增长：近年来，中国的云服务市场呈现出迅猛的增长态势，尤其是随着数字化转型、大数据和人工智能的普及，越来越多的企业开始转向云服务。

主要企业：①阿里云，作为中国最大的云服务提供商，阿里云在市场份额、技术和服务方面都处于领先地位。②腾讯云，随着腾讯在游戏、社交和金融领域的深度布局，其云服务也在中国和全球范围内快速增长。③华为云，尽管华为在国际市场面临挑战，但在国内，其云服务市场持续增长，受益于其在 5G、AI 和物联网领域的技术积累。其他企业，如百度云和京东云，也在特定领域和行业中占有一席之地。

行业应用：云计算在金融、零售、医疗、制造、教育和政府等多个行业中得到了应用。特别是在新冠疫情期间，云计算为远程工作、在线教育和数字医疗提供了关键支持。

政策与法规：中国政府大力支持云计算产业的发展，出台了一系列的政策和措施。同时，随着数据隐私和网络安全问题日益受到关注，相关的法律法规也在不断完善。

挑战与机会：尽管中国的云服务市场呈现出巨大的增长潜力，但服务提供商仍面临着技术、安全、合规和国际竞争等挑战。随着边缘计算、5G、物联网和人工智能的发展，云计算也迎来了无数新的机会。

云服务在中国的崛起是不可避免的，它不仅为企业提供了更多的灵活性和效率，还为创新和数字化转型创造了无限的可能性。

# 第5章 创新背景与驱动力

## 5.1 信息化时代下的社会变革

### 5.1.1 从工业时代走向信息化时代

1. 概念与背景

随着计算机技术的快速发展，全球开始从工业时代进入到信息化时代。这种转变标志着经济和生活方式的巨大变革，其中知识和信息成为主导的生产力。

2. 产业变革

工业时代：焦点主要放在物质资产、生产线、大规模生产和标准化产品上。

信息化时代：强调信息技术的应用、知识的分享和创新、网络连接和全球化。

3. 影响

信息化带动了社会经济的全面进步，包括：新的商业模型和策略，如电商、数字支付、在线广告等；新的工作方式，如远程工作、协同办公和灵活的工作时间；改变了人们的日常生活方式，如在线娱乐、社交网络和在线教育。

4. 中国的转变

中国经历了从劳动密集型产业向高技术和创新驱动的经济的快速转变。政府的政策、庞大的市场规模和创新精神都为这一转变提供了支持。

5. 挑战与机会

虽然信息化为经济发展带来了巨大的机会，但也带来了挑战，如数据隐私、网络安全、技能差距和对传统行业的冲击。

信息化时代为个人和企业提供了无限的机会，同时也带来了新的挑战和责任。

### 5.1.2 数字化时代的特征

随着数字技术的飞速发展，现代社会已经进入了一个全新的数字化时代。以下几点特征对数字化时代的定义进行了总结。

1. 互联网的普及与应用

无处不在的网络连接：互联网已经成为日常生活中不可或缺的部分。从在线购物到远程工作，再到社交媒体和娱乐，它已经渗透到日常生活的各个方面。

数据为王：大数据分析为企业提供了前所未有的市场洞察和决策能力。

2. 物联网的崛起

设备互联：智能家居、可穿戴设备、智能汽车等都通过互联网连接起来，为用户提供了前所未有的便利。

工业 4.0：工业领域的数字化转型，采用智能机器、自动化和数据交换提高生产效率。

3. 智能化的渗透

智能家居：家居自动化系统，如智能灯泡、智能恒温器和语音助手等，使家庭生活变得更加便捷。

智能城市：利用物联网和数据分析技术，提高城市的可持续性、效率和生活质量。这包括智能交通、智能能源管理、环境监测和智能公共服务等。

数字化时代不仅仅是技术的进步，它已经深深地影响了我们的工作、生活和思维方式。从个体到国家，从小型企业到跨国公司，每个人都必须理解并适应这一时代，以充分利用它带来的机会并应对相关的挑战。

## 5.1.3 社会在数字化时代的机遇与挑战

数字化时代带来了一系列的机遇与挑战，它影响着社会结构、经济增长和人们的日常生活方式。

1. 机遇

数字化时代来临代表着新的职业与工作方式的出现。

数字游民：随着互联网的普及，许多人选择成为数字游民，即在旅行或生活在不同的国家和文化的同时维持在线工作。

远程办公：企业和员工发现远程办公不仅可以提高工作效率，还能提供更大的工作灵活性，同时为员工提供更好的工作与生活的平衡。

2. 挑战

1）信息泡沫

定义：由于算法化的社交媒体推送和个性化内容，人们往往只看到与自己观点相似的信息，这导致了信息的偏见和极化。

应对策略：增强信息和媒体素养教育，鼓励多元化的信息来源，及时校验和核实信息。

2）数字化鸿沟

定义：在社会中，有一部分人可以轻松获得和使用数字技术，而另一部分人却被排除在外，无法享受数字技术带来的好处。

应对策略：扩大基础设施投资，提高公众的数字技能培训，以及通过公共和私人合作来提供更加经济的设备和服务。

3）网络安全

定义：由于数字技术的广泛使用，个人和企业的数据安全受到威胁，黑客攻击、数据泄露和隐私入侵等问题层出不穷。

应对策略：增加对网络安全的投资，为员工和公众提供网络安全培训，强化数据保护法规，鼓励企业采用更安全的技术实践。

虽然数字化时代为社会带来了许多机遇，但也带来了不少挑战。对于政府、企业和公众来说，理解这些挑战并制定相应的应对策略是至关重要的。

# 5.2　技术的瓶颈与未来

## 5.2.1　量子计算与前沿探索

### 1. 量子计算的工作原理

量子比特（qubit）：不同于经典计算中的二进制比特（0 和 1），量子比特可以同时处于 0、1 和 2 等状态中，这被称为叠加。

量子纠缠：两个或更多的量子比特在一种特殊的关系中，使得一个量子比特的状态可以决定另一个量子比特的状态，即使它们彼此相隔很远。

量子门：允许我们操作 qubit 的工具。这些操作可以是简单的，例如改变一个 qubit 的状态；或是复杂的，涉及多个 qubit 之间的纠缠。

### 2. 目前的研究动态

多家技术巨头，如 IBM、谷歌和微软，正在积极开展量子计算机的研究，并宣称已经达到了"量子优势"，意味着对于某些任务，量子计算机可以超越传统计算机的计算能力。

不少大学和研究机构也在这一领域进行深入的基础研究。

量子算法的发展，如 Shor's 算法，可有效分解大整数，这对于某些加密技术可能是致命的。

### 3. 量子计算在未来可能带来的加密与安全颠覆

加密的威胁：许多现代加密技术都基于某些数学问题的困难性，如大数因式分解。量子计算机有潜力在短时间内解决这些问题，使得目前的加密技术变得不再安全。

量子安全密码学：为应对加密的威胁，研究者正在开发新的加密技术，这些技术可以抵挡量子计算机的攻击，这被称为量子安全密码学。

新的应用领域：除了安全领域，量子计算还可能为其他领域带来革命性的变革，例如材料科学、生物学和金融模型。

尽管量子计算带来了对当前加密技术的威胁，但它同时也为我们打开了一个新世界的大门，有潜力带来前所未有的计算能力和新的应用领域。对于安全领域，我们必须提前准备，开发新的防御策略和技术，以应对量子计算的挑战。

## 5.2.2　AI 的机遇与挑战

### 1. AI 在不同领域的应用

医疗：AI 用于疾病预测、辅助诊断、患者管理和个性化治疗方案。

金融：AI 用于风险评估、欺诈检测、自动化投资策略等。

零售和电商：AI 用于预测库存、自动化客户服务、个性化推荐等。

制造：AI 用于预测性维护、产品质量控制、自动化生产流程等。

交通和物流：AI 用于自动驾驶车辆、流量预测和优化、货物追踪等。

### 2. 伦理与实践问题

数据隐私：AI 系统常常需要大量数据进行训练，这可能会威胁到个人隐私。

偏见与公平性：如果训练数据包含偏见，AI 系统可能会放大这些偏见，导致不公平的决策。

责任与问责制：当 AI 系统出错时，如何确定责任尤为重要。

3. AI 的决策机制与透明度

黑箱问题：很多先进的 AI 模型（如深度学习）的工作机制对外部观察者来说是不透明的。

可解释 AI：研究者正在探索方法来增强 AI 决策的透明度和可解释性，使得非专家也能理解 AI 如何和为什么做出特定决策。

4. 与人类的互动与协作

增强型人工智能：不是取代人类，而是增强人类能力的 AI，如协助医生进行诊断。

社交机器人：设计用于与人交互的机器人，如家庭助手机器人、客服机器人等。

人工智能与人类合作：在许多任务中，结合 AI 和人类的能力可以达到比单独使用任何一个更好的效果。

AI 为我们带来了巨大的机遇，可以在多个领域提高效率、提供新的服务和创新。然而，它也带来了伦理和实践的挑战，需要我们仔细考虑如何制定政策和实践准则，确保 AI 的发展是有益的、公平的，并尊重每个人的权利。

## 5.2.3　技术发展下的社会议题

1. 平衡数据隐私与技术进步

1）挑战

数据泄露：随着大数据和 AI 技术的应用，公司收集了大量的用户数据，可能导致隐私泄露。

技术利用：技术可以用来监控或操纵用户，如精准广告、政治操纵等。

2）策略与解决方案

立法保护：制定严格的数据保护法律和规定，如欧盟的通用数据保护条例。

技术进步：使用隐私增强技术，如差分隐私、端到端加密等，保护用户数据。

用户教育：教育用户了解隐私设置，让他们有能力控制自己的数据。

2. 技术对环境的长期影响

1）挑战

资源消耗：高科技产品可能需要稀有资源，这些资源的开采可能会对环境造成伤害。

废弃物问题：电子垃圾增加，处理不当可能导致有毒物质泄漏。

能源消耗：大数据中心需要大量的电力。

2）策略与解决方案

循环经济：鼓励产品的再利用和循环，减少浪费。

绿色技术：发展低功耗技术，推进绿色数据中心，利用可再生能源。

生态设计：在设计产品时考虑其整个生命周期对环境的影响。

3. 科技持续性发展的重要性

定义：确保今天的科技进步不会危害到未来几代人的福祉。

实施策略包括以下几方面。

研发与创新：不断研发新的环保技术和解决方案，使技术进步更加可持续。

政策制定：制定鼓励可持续技术发展的政策，为公司提供税收优惠或其他激励。

公众参与：教育公众了解技术对环境的影响，鼓励他们做出环保选择。

随着技术的快速发展，我们面临着许多前所未有的问题，同时也为我们提供了解决这些问题的机会。我们需要认识到这些问题，并采取合适的措施，确保科技发展的同时，也能保护我们的环境和社会。

# 5.3 开放与合作：推动技术创新的核心力量

## 5.3.1 开源文化的崛起

**1．追溯开源文化的根源**

早期历史：在计算机技术初期，软件被默认为是开放的。程序员在学术环境中共享代码和解决方案，这有助于他们解决问题并改进代码。

Richard Stallman 与 GNU：1983 年，Richard Stallman 启动了 GNU 项目，其目标是创建一个完全自由的操作系统。1985 年，他成立了自由软件基金会（Free Software Foundation，FSF），并提出了自由软件的定义。

开放源代码倡议：1998 年，部分开发者提出了"开源"这一术语，以区别于"自由软件"并创建了开放源代码倡议组织。

**2．开源哲学与变革**

合作与分享：开源的核心理念是通过共享和合作，集思广益来解决问题和改进技术。

透明性与信任：开源代码可以被公众审查，这增加了其可信度，也使得潜在的安全隐患更容易被发现和修复。

自主权与控制：用户不再依赖特定的供应商，他们可以根据自己的需求修改和优化开源软件。

**3．开源如何加速技术的进步与广泛传播**

全球合作：由于代码是开放的，全球各地的开发者都可以为项目做出贡献，这促进了知识和技术的迅速传播。

创新的加速器：企业和开发者可以在已有的开源项目基础上进行创新，而不是从零开始，这大大减少了开发时间和成本。

教育与学习：开源软件为学习者提供了宝贵的资源，他们可以研究真实的代码，学习并实践编程技能。

开源文化不仅改变了软件开发的方式，也影响了技术、教育和商业的多个方面。通过开放和合作，我们能够更快速地、更有效地推进技术创新，共同应对新的挑战。

## 5.3.2 社群与合作的力量

**1．技术社区的形成机制**

共同的目标和兴趣：技术社区的核心是一个共同的兴趣或目标，比如开发一个新的开源项目、解决一个特定的技术难题或者学习某个技术领域的知识。

平台与工具：随着互联网的发展，GitHub、Stack Overflow 和 Reddit 等平台为技术爱好者提供了聚集、讨论和合作的场所。

活动与会议：线下的技术大会、hackathons 和研讨会等活动，也为社区成员提供了相互认识和合作的机会。

**2．技术社区的维护与发展**

积极的社区管理：一个成功的技术社区需要积极的、透明的并且有经验的管理，以确保讨论的质量、解决冲突并鼓励新成员。

持续的学习与分享：技术是不断进步的，社区需要鼓励成员分享新的知识、技术和解决方案。

奖励与认可：为社区的积极贡献者提供某种形式的奖励或认可，如贡献者徽章、特权或公开的荣誉。

3．如何鼓励参与创新

简单的入门指南：为新成员提供易于理解的入门资源和指南，使他们能够快速参与到项目中。

建立 mentor 制度：经验丰富的成员可以指导新成员，帮助他们快速融入社区和项目。

创建安全的创新环境：鼓励成员提出新的想法和解决方案，即使他们可能与现有的观点或方案不一致。

4．从 Linux 到 Python，探索合作模式在大型项目中的实际效果

Linux：由 Linus Torvalds 启动的 Linux 项目是开源协作的杰出例子。全球的开发者共同为 Linux 的内核做出贡献，通过邮件列表、代码审查和版本控制系统进行合作。Linux 的成功证明了大型的开源项目可以通过全球范围的协作而成功。

Python：Python 是另一个广泛使用的开源项目。Python 社区采用 Python Enhancement Proposals（PEP）的方式来建议新的特性或改进，这确保了一个透明的、有序的和高效的决策过程，允许来自全球的开发者参与和贡献。

社群和合作是技术创新的强大动力。技术社区为成员提供了学习、合作和创新的机会。通过有效的合作模式，如 Linux 和 Python 所展示的大型项目，可以成功地聚集全球的智慧和力量。

## 5.3.3　创新的开源商业模式和策略

1．在保持开源精神的同时，构建成功的商业模式

双轨战略：许多公司采用双轨战略，提供免费的开源版本以及更多高级功能和增强服务的商业版本。例如，数据库公司如 MongoDB 和 Elastic 都提供了这样的模型，免费版为社区用户，而企业版为需要高级功能和服务的付费用户。

提供服务与支持：另一种成功的商业模型是提供专门的开源软件服务和支持。例如，Red Hat 为企业提供了 Linux 发行版的商业支持。

云服务与开源的结合：随着云计算的兴起，很多公司开始提供基于开源技术的云服务，例如 AWS 的 Kubernetes 服务（EKS）和 Azure 的 PostgreSQL 服务。

插件与拓展市场：开源平台可以通过提供插件或拓展市场来盈利，允许第三方开发者销售他们的增强功能或工具。例如，VS Code 和 Elasticsearch 都有活跃的插件生态系统。

2．开源协议如何与知识产权相结合，鼓励技术创新而不牺牲作者权益

选择合适的开源许可证：存在多种开源许可证，如 MIT、GPL 和 Apache，每种都有其特定的使用条款和约束。选择合适的许可证可以确保作者的权益得到保护，同时鼓励共享和创新。

贡献者许可协议（Contributor License Agreement，CLA）：当其他开发者为开源项目做出贡献时，CLA 可以确保原作者或项目维护者拥有合法的使用和再分发这些贡献的权利，这也为项目的长远发展和商业化提供了保障。

公开与专有的结合：开源项目可以选择将核心代码开源，同时将某些高级功能或专有技术作为商业产品出售。这种模式可以确保项目的开放性和创新，同时还能为创作者或公司带来收入。

开源与商业并不是相互排斥的。通过创新的商业模式和策略，公司和个人都可以在维护开源精神的同时实现商业成功。选择合适的开源协议和策略也可以确保作者权益得到保护，同时鼓励社区创新与共享。

第 2 部分

---

# 实用技能与工具

# 第6章 编程与软件开发基础

## 6.1 编程语言的选择

### 6.1.1 Python：特点与应用领域

1. Python 的历史与特性

历史：Python 由 Guido van Rossum 在 1989 年的圣诞假期设计完成，第一个正式版本——Python 0.9.0 在 1991 年发布。Python 是一个高级的、通用的解释型编程语言，以具有简洁的、易读的和广泛的标准库著称。

特性：

简洁易读：Python 的语法简单直观，使得代码容易编写和维护。

动态类型：Python 是动态类型的语言，意味着在运行时可以更改变量的类型。

扩展性：可以轻松地调用 C、C++等语言编写的代码。

多范式：支持面向对象、过程式以及函数式编程。

丰富的库：Python 有一个广泛的标准库，提供各种模块和函数支持文件操作、系统调用、网络通信等。

2. Python 在数据科学、AI、网络开发中的应用

数据科学：Python 通过库如 Pandas、NumPy 和 Matplotlib 成为数据分析和数据可视化的主要工具。

AI：Python 的 TensorFlow、PyTorch 和 Keras 等库使其成为深度学习和 AI 研究的首选。

网络开发：Flask 和 Django 等框架支持 Python 进行网络开发，帮助开发者轻松创建 Web 应用。

3. Python 在中国的应用

爬虫：Python 通过 BeautifulSoup、Scrapy 等库，成为爬虫开发的热门选择，使数据采集变得容易。

自动化：Python 简单的语法和丰富的库使其成为自动化脚本和任务的理想选择。

AI 框架：PaddlePaddle 是一个在中国发展起来的深度学习框架，由百度研究团队开发。与 TensorFlow 和 PyTorch 等框架相比，它针对中国的开发者和企业提供了更多本地化的支持和资源。

Python 因其易读性、灵活性和强大的库而受到广大开发者的喜爱。无论是数据科学、AI 还是网络开发，Python 都展现了其广泛的应用潜力。在中国，Python 也随着各种本地化工具和框架的发展，日益受到企业和开发者的关注和使用。

### 6.1.2 Java：跨平台的力量

1. Java 的设计理念与应用背景

（1）设计理念：

"一次编写，到处运行"：Java 的这一设计理念意味着开发者可以编写一次 Java 代码并在任何支持 Java 的平台上运行，这得益于 Java 的虚拟机（Java Virtual Machine，JVM）技术。

面向对象：Java 是一个纯粹的面向对象编程语言，其所有的功能都是围绕对象进行设计的。

安全性：Java 为其应用程序提供了多层防护，包括编译时的类型检查、运行时的异常处理、垃圾收集器等。

性能与高效性：尽管 Java 是一种解释型语言，但通过即时编译（Just-in-time，JIT）技术，Java 能够实现与编译型语言相近的性能。

（2）应用背景：Java 最初由 Sun Microsystems 在 1995 年设计，目的是支持多种设备上的互联网应用。它很快被认为是 Web 应用开发的主要语言，同时在企业级应用、移动端、桌面端等多个领域都有广泛应用。

2. 从桌面应用到 Android：Java 的广泛应用

桌面应用：Java 提供了 Swing 和 JavaFX 等库和框架，支持高级的桌面应用程序开发。

Android 开发：自 Android 操作系统推出以来，Java 成为其主要的开发语言。通过 Android SDK，开发者可以使用 Java 开发出高质量的手机应用程序。

3. 国内主流的 Java 应用与开发框架

Spring Boot：Spring Boot 是一个开放源代码的 Java-based 框架，用于创建独立的、生产级的基于 Spring 的应用程序。它旨在简化 Spring 应用的初始设置和开发过程。

MyBatis：MyBatis 是一个流行的持久层框架，用于连接数据库并执行 SQL 查询。

Apache Dubbo：一个高性能、轻量级的 Java RPC 框架，常用于微服务架构中。

Java 因其跨平台的特性、面向对象的设计理念以及强大的开发框架而受到广大开发者的喜爱。从桌面端到移动端，Java 都展现了其广泛的应用潜力。在中国，Java 仍然是最受欢迎的编程语言之一，并且有众多开发框架和社区支持。

### 6.1.3 C++：性能与灵活性

1. C++ 与 C 的关系与特色

（1）关系：C++ 是 C 语言的一个超集，也就是说大多数有效的 C 程序也是有效的 C++ 程序。C++ 在 C 语言的基础上添加了对象导向的特性和一系列的程序库。

（2）特色：

对象导向：C++ 支持封装、继承和多态等核心的面向对象特性。

灵活性：C++ 既可以进行低级的内存操作，也支持高级的面向对象编程。

模板：C++ 的模板功能允许用户为函数或类定义泛型，增加了代码的复用性。

标准模板库（Standard Template Library，STL）：STL 提供了一系列的预定义类和函数，为数据结构和算法提供了强大支持。

2. 在系统开发、游戏制作等领域中的 C++ 应用

系统开发：C++ 因其接近硬件的特性，被广泛用于操作系统、嵌入式系统和性能关键型应

用的开发。

游戏制作：多数高性能的电脑和控制台游戏都是用 C++编写的。C++提供了对硬件资源的直接访问以及快速的执行速度，这对于需要实时响应的游戏来说是至关重要的。

3. 国内的 C++发展趋势与实际应用

教育：在中国的大多数大学中，C++经常作为计算机科学和工程专业的一门基础课程。

工业应用：很多大型企业和研究机构在其核心技术和产品中都使用 C++，尤其是在高性能计算、机器学习和自动驾驶等领域。

游戏开发：随着电子游戏产业在中国的迅速增长，C++作为主要的游戏开发语言在国内的应用也在持续增加。

开源社区：国内有许多 C++的开源社区和项目，如腾讯的 RapidJSON 库等，这些项目为 C++的发展和应用提供了强大的支持。

C++由于其在性能和灵活性上的优势，一直是各种应用领域的首选语言。在中国，C++在教育、工业、游戏和开源社区等多个领域都有着广泛的应用，展现了其强大的生命力。

# 6.2　开发环境设置

## 6.2.1　IDEs 的选择与应用

1. 如何选择适合的开发环境

选择开发环境，要分析其特性是否适合开发者，以下简单介绍 VS Code、IntelliJ IDEA、PyCharm 三种开发环境。

1）VS Code

特点：轻量级、高度可配置、适用于多种语言。

最适合：前端开发、Node.js、Python、Go、Rust 等。

插件生态：VS Code 的插件库包括了几乎所有可能的开发需求，使其成为一个非常强大的工具。

2）IntelliJ IDEA

特点：全功能、集成了很多强大工具、对 Java 支持最佳。

最适合：Java 开发、Kotlin、Scala 等 JVM 语言。

插件生态：InteliiJ IDEA 虽然默认集成了许多功能，但也支持大量的插件，提供了很好的个性化体验。

3）PyCharm

特点：专为 Python 设计、有专业版本和社区版本、集成了 Python 特定的工具。

最适合：Python 开发，特别是大型项目或需要深度代码分析的项目。

插件生态：PyCharm 支持大量的插件，可以进一步扩展其功能，包括数据科学、Web 开发等插件。

2. 国内流行的 IDE 选择

华为 DevEco Studio 是国内流行的 IDE 选择之一。

特点：华为开发的集成开发环境，专门用于 HarmonyOS 应用的开发。

最适合：对于希望开发 HarmonyOS 应用的开发者来说，这是首选的工具。

功能：它提供了模拟器、真机调试、UI 编辑器等一系列针对 HarmonyOS 的专用工具。

选择 IDE 主要取决于开发者的开发需求。在国内，随着华为 HarmonyOS 的推出，DevEco Studio 也逐渐受到开发者的欢迎。无论选择哪种 IDE，都应确保熟悉其功能和工具，以便充分利用它们进行高效的开发工作。

## 6.2.2　虚拟化与容器技术

1. 虚拟机和虚拟化软件

1）虚拟机

简介：虚拟机（Virtual Machine，VM）是一种模拟物理计算机的软件实现，它可以运行完整的操作系统和应用程序，就像它们是在物理硬件上运行的一样。

2）VMware

简介：VMware 是一个行业领先的虚拟化和云计算软件提供商。它的产品系列旨在提供企业级的虚拟化解决方案。

主要产品：vSphere（用于服务器虚拟化）、VMware Workstation（用于桌面虚拟化）、VMware Horizon（用于虚拟桌面基础设施）等。

3）VirtualBox

简介：VirtualBox 是一个开源的虚拟化软件，由 Oracle 公司维护。它支持多种操作系统，允许用户在主机操作系统上创建和运行多个虚拟机。

特点：由于其开源性质，VirtualBox 在个人和小型企业中非常受欢迎。它具有轻量级、易于使用和安装的特点。

2. 容器技术的崛起：Docker 的基本应用与概念

容器技术：与虚拟机不同，容器并不需要模拟完整的硬件和操作系统。相反，它们共享主机的操作系统内核，但在用户空间级别提供隔离。这使得容器比传统的虚拟机更为轻量级和快速。

Docker：

简介：Docker 是一个开源的容器技术平台，允许开发者创建、部署和运行应用程序在轻量级的、独立的容器中。

特点：由于 Docker 容器的轻量级和可移植性，它已经变得非常流行，尤其在微服务架构的开发和部署中。

3. 在中国使用的容器技术：如阿里云容器服务等

阿里云容器服务（ACK）：

简介：ACK 是阿里云提供的容器管理和编排服务。它支持 Kubernetes，并为用户提供了完全托管的 Kubernetes 集群。

特点：ACK 简化了容器的部署、扩展和管理，使企业可以更容易地在云上使用容器技术。阿里云还提供了与其他阿里云服务（如数据库、存储等）的深度集成，进一步增强了容器服务的能力。

随着微服务和云计算的普及，虚拟化和容器技术已经成为现代 IT 基础设施的核心。在中国，大型云服务提供商如阿里云等已经推出了一系列容器解决方案，帮助企业更快速地、灵活地部署和管理应用。

### 6.2.3　跨平台开发工具

**1. Electron、Flutter 等工具的应用与优势**

1）Electron

简介：Electron 是一个使用 JavaScript、HTML 和 CSS 创建原生程序的框架，允许开发者为 Windows、Mac 和 Linux 系统构建桌面应用。

优势：使用 Web 技术构建桌面应用，开发者可以复用前端代码、大量的社区插件与 Node.js 的集成使得可以访问底层系统功能。

应用：著名的应用如 VS Code、Slack、Discord 等都是使用 Electron 构建的。

2）Flutter

简介：Flutter 是谷歌推出的 UI 工具包，用于构建在多个平台上看起来都精美的原生应用，如 iOS、Android、Web 等。

优势：高性能的应用、丰富的组件、热重载支持快速开发。

应用：一些知名企业和应用，如阿里巴巴、Google Ads 等，已经使用 Flutter 进行开发。

**2. 如何实现真正的"一次编写，到处运行"**

统一的 UI/UX 设计：确保应用在所有平台上都有一致的用户体验。

模块化的架构：核心逻辑应当是与平台无关的，而与平台相关的代码应当进行封装和隔离。

适配与测试：虽然目标是"一次编写"，但实际上仍然需要为各个平台做适当的适配和测试，确保应用的稳定性和性能。

**3. 国内的跨平台开发实践与实践方案**

阿里巴巴：作为 Flutter 的早期采用者，阿里巴巴使用 Flutter 为其多个应用提供了跨平台的解决方案。

字节跳动：该公司也采用了 Flutter 技术，为其多款应用提供了一致性和高效的开发体验。

其他实践：随着跨平台技术的成熟和普及，越来越多的中小型企业和团队也开始采用这些技术，以节省成本、提高开发效率并保持一致的用户体验。

跨平台开发工具为开发者提供了极大的便利，允许他们使用相同的代码基础为多个平台构建应用。在中国，许多大型企业已经采纳了这些技术，并在实际应用中取得了成功。

## 6.3　版　本　控　制

### 6.3.1　Git 的核心概念与操作

**1. Git 的基本工作原理：提交、分支、合并等**

提交（Commit）：每次对代码进行更改并保存这些更改都会创建一个新的提交。每个提交都有一个独特的 ID，允许用户引用特定的代码更改。

分支（Branch）：分支允许用户在不影响主线代码的情况下进行并行的开发或功能添加。主分支通常被称为 master 或 main。

合并（Merge）：当功能或修复完成并经过测试时，用户可以将该分支的更改合并回主分支或其他分支。

远程与本地：Git 允许用户在本地和远程仓库（如 GitHub、GitLab 等）之间同步代码。

常用的 Git 命令：

（1）初始化与克隆：git init 和 git clone。

（2）添加与提交：git add 和 git commit。

（3）分支管理：git branch、git checkout 和 git merge。

（4）远程同步：git push、git pull 和 git fetch。

（5）查看历史与状态：git log，git status 和 git diff。

常用的 Git 策略：使用清晰的提交消息，经常提交，避免在 master 或 main 主分支上直接开发，而应使用功能分支。

2. Git 在中国的使用情况与学习资源

1）使用情况

Git 在中国得到了广泛的应用，尤其是在技术社区和开发者中。很多公司以 Git 作为主要的版本控制系统，并将代码托管在如 GitHub、Gitee（码云）等平台上。

2）学习资源

官方文档：Git 的官方文档是学习 Git 的好资源。

在线教程：网上有许多高质量的 Git 教程，包括视频、博客和交互式课程。

书籍：例如，《Pro Git》是一个非常全面的资源，覆盖了从基础到高级的所有内容。

社区与问答：如 Stack Overflow 和国内的 CSDN、掘金等社区，都有大量的 Git 使用者分享他们的知识和经验。

Git 是现代软件开发中的关键工具，为开发者提供了高效的、灵活的版本控制功能。在中国，Git 的应用越来越普及，相关的学习资源也越来越丰富。

### 6.3.2　GitHub：开源与合作的社区

1. 如何在 GitHub 上创建、管理项目

1）创建项目

登录 GitHub 账户，点击右上角的"+"图标，选择"New repository"。填写项目名称、描述、选择是否初始化 README、添加.gitignore 文件和许可证。点击"Create repository"完成创建。

2）管理项目

代码管理：使用 git push 命令上传代码，使用 git pull 或 git clone 命令下载代码。

项目看板：在"Projects"选项中，用户可以创建看板来管理任务和进度。

设置与权限：在"Settings"中，用户可以进行各种配置，如保护分支、添加合作者等。

开源贡献与合作：Pull Request、Issues 等。

Issues：Issues 是项目中的讨论板块，可以用于报告错误、提出新功能或其他项目相关的讨论。

Pull Request（PR）：当用户想为项目贡献代码时，可以创建一个 PR。这通常涉及先 fork 项目，然后在用户的副本上进行更改，最后创建 PR 请求将更改合并到原项目中。

Code Review：在 PR 中，项目维护者或其他合作者可以对代码进行审查，提出修改建议或直接合并。

2. 国内的开源社区

Gitee（码云）：Gitee 是中国的一家流行的代码托管平台，与 GitHub 相似。它为开发者提供了代码托管、协作、项目管理的功能。

Gitee 与 GitHub 之间的区别与联系如下。

服务器位置与速度：由于服务器位置的差异，国内用户可能会发现 Gitee 的速度比 GitHub 更快。

本地化：Gitee 提供了完全的中文界面，更适合不熟悉英文的用户。

内容：虽然两者都有大量的开源项目，但 GitHub 上的国际项目更多，而 Gitee 上可能有更多的面向中国用户的项目。

互操作性：许多开发者在两个平台上都有账户，并可能在两者之间迁移或同步项目。

GitHub 和 Gitee 都为开发者提供了优秀的工具和社区来托管代码、协作和管理项目。选择使用哪个平台取决于个人或组织的需求，但两者都是推动开源和技术创新的关键工具。

### 6.3.3 其他版本控制工具与服务

1. Bitbucket、GitLab 的特性与应用场景

1）Bitbucket

特性：Bitbucket 是 Atlassian 公司提供的代码托管服务，与 Jira、Confluence 等工具整合得非常紧密，支持 Git 和 Mercurial 两种版本控制系统。

应用场景：对于已经使用 Atlassian 系列产品的团队，Bitbucket 是一个自然的选择，因为它可以与 Jira 等工具无缝集成。

2）GitLab

特性：GitLab 是一个开源的 Git 代码仓库管理工具，提供了从代码托管到 CI/CD、代码评审等一整套的开发工具。

应用场景：适用于需要全套 DevOps 工具链的团队，以及希望自建 Git 服务的组织。

2. 集中式与分布式版本控制的对比与选择

1）集中式版本控制（例如：SVN）

优点：简单直观，新用户上手快；服务器单点，管理相对容易。

缺点：每次操作都需要与服务器通信，可能影响效率；单点故障，服务器出问题可能影响工作。

2）分布式版本控制（例如：Git，Mercurial）

优点：每个开发者都有完整的仓库副本，操作通常很快且离线也可以工作；更强大的、灵活的分支和合并功能。

缺点：初学者可能会觉得更复杂；错误可能会因为多个副本而更难纠正。

选择：现代开发趋势更偏向于使用分布式版本控制工具，因为它们提供更高的效率和灵活性。但在某些特定的应用场景或团队习惯中，集中式版本控制工具依然有其价值。

3. 国内企业使用的版本控制工具与实践

很多国内企业为了保证安全和速度，会选择自建版本控制系统。GitLab 因为其开源和全套的 DevOps 工具链特性，成为一个热门选择。

Gitee（码云）也是国内很多企业和开发者的选择之一，尤其是面向中国市场的项目。

除了上述工具，一些大型企业还会根据自己的需求，开发或定制自己的版本控制和代码托管工具。

版本控制工具的选择依赖于团队的具体需求、已有的技术栈、安全性和效率的考量。无论使用哪种工具，重要的是团队能够高效地进行代码合作和管理。

# 第7章 网页与移动应用开发

## 7.1 前 端 开 发

### 7.1.1 基础技术

**1. HTML：网页结构的基石**

定义：超文本标记语言（HyperText Markup Language，HTML）是用于描述网页内容结构的标准标记语言。它定义了用于创建网页的元素，并使用标签来组织这些元素。

元素与标签：HTML 由一系列的元素构成，每个元素通过标签来定义。例如，<h1>标签定义了一级标题，<p>标签定义了段落。

属性：HTML 标签可以有属性，用于提供关于元素的额外信息。例如，<a href="https://example.com">链接</a>中的 href 是一个属性，指定了链接的目标地址。

文档结构：一个典型的 HTML 文档从<!DOCTYPE html>开始，定义文档类型和版本，接着是<html>元素，包含<head>和<body>两个主要部分，其中<head>包含元数据，如标题和链接到样式表，而<body>包含页面的实际内容。

**2. CSS：为网页加上样式**

定义：层叠样式表（Cascading Style Sheets，CSS）是用于描述如何显示 HTML 文件样式的计算机语言。它允许开发者为网页元素定义颜色、字体、布局等样式。

选择器与属性：CSS 通过选择器来指定哪些 HTML 元素应用哪些样式规则。每个规则由一个选择器和一个声明块组成，声明块包含一系列属性和值的对。

外部、内部与内联样式：CSS 可以在 HTML 文档之外的单独文件中定义（外部样式），也可以在 HTML<head>区域的<style>标签中定义（内部样式），或直接在 HTML 元素中通过 style 属性定义（内联样式）。

响应式设计：移动设备的普及，使网站能够适应不同大小的屏幕变得至关重要。使用媒体查询等技术，CSS 可以帮助实现这一目标。

**3. JavaScript：实现网页的动态功能**

定义：JavaScript 是一种轻量级、解释型的编程语言，用于给网页增加动态功能，如动画、表单验证和与后端服务器的交互。

脚本与事件：JavaScript 代码通常嵌入在 HTML 文档中，可以在页面加载时执行，或响应某个事件，如按钮点击。

DOM 操作：文档对象模型（Document Object Model，DOM）是一个对文档结构的抽象表示。通过 JavaScript，开发者可以查询、修改和添加 DOM 元素，实现页面内容的动态更新。

框架与库：随着前端开发变得越来越复杂，许多 JavaScript 库和框架应运而生，如 jQuery、React 和 Vue.js，帮助开发者更高效地构建复杂的前端应用。

HTML、CSS 和 JavaScript 是前端开发的三大核心技术，它们分别负责内容、样式和功能。掌握这三个技术是成为前端开发者的基础。

## 7.1.2　现代前端框架与库

### 1. React

定义：React 是由 Facebook 开发的一个 JavaScript 库，用于构建用户界面，尤其是单页应用。它注重组件化的开发模式，使得开发者能够创建可重用的 UI 组件。

虚拟 DOM：React 的一个核心特点是使用虚拟 DOM 进行高效的 DOM 更新。这使得 React 应用在渲染性能上具有很大优势。

在中国的应用：在中国，React 已经在许多大型电商和社交平台中广泛应用，例如淘宝、京东和今日头条等。

### 2. Vue.js

定义：Vue.js 是由前谷歌工程师尤雨溪创建的开源 JavaScript 框架，用于构建用户界面和单页应用。

特点：Vue.js 强调的是渐进式设计，意味着开发者可以选择性地使用其功能，从简单的数据绑定到完整的组件系统。

在中国的应用：Vue.js 在国内获得了广大的支持和应用，很多初创公司和个人开发者喜欢使用 Vue.js 进行快速开发。同时，尤雨溪的影响力使得 Vue.js 有大量的粉丝和活跃的社区。

### 3. 其他前端框架与库

Bootstrap：是最流行的开源 CSS 框架，用于响应式、移动优先的 Web 开发。

Angular：是由谷歌开发的一个开源 Web 应用框架，提供了许多开箱即用的功能，如双向数据绑定和依赖注入。

Svelte：是一个新兴的 JavaScript 框架，与 React 和 Vue.js 不同，Svelte 在编译时进行了优化，提供了更高的性能和更简洁的语法。

Element UI：是一个为 Vue.js 设计的高质量 UI 组件库，广受国内开发者喜爱。

Ant Design：是基于 React 的一个设计体系，由蚂蚁金服团队开发，提供了一套完整的中后台设计规范和组件。

随着 Web 技术的不断发展，前端框架和库也日新月异。选择合适的前端框架和库可以大大提高开发效率和产品质量，在中国，国内外的技术都得到了广泛的应用和融合。

## 7.1.3　前端工具与实践

### 1. Webpack & Babel

1）Webpack

定义：Webpack 是一个模块打包器。在现代前端开发中，模块化的代码组织方式变得越来越普遍，Webpack 可以将这些模块打包成一个或多个合适的 bundle。

特点：

（1）代码拆分。允许开发者创建多个 bundle，实现按需加载。

（2）加载器。Webpack 提供了加载器的概念，可以处理不同的文件类型，如 CSS、图片或其他静态资源。

（3）插件系统。开发者可以使用或编写插件来满足特定的构建需求。

随着前端开发复杂度的增加，Webpack 在中国获得了广泛的关注和使用。很多线上教程和社区都致力于为开发者提供 Webpack 的最佳实践指导。

2）Babel

Babel 是一个被广泛使用的 JavaScript 编译器，使开发者可以使用最新的 ES6/ES7/ES8 特性，而 Babel 会将其编译为目标环境可运行的代码。

鉴于 Babel 的重要性，国内有很多相关教程，尤其是与 Webpack 结合使用的实践教程。

### 2. 响应式设计

定义：响应式设计是一种 Web 设计方法，目的是使网站在各种设备上（从桌面显示器到移动电话）都能提供良好的用户体验。

特点：

（1）流式布局。使用相对单位如百分比而不是固定单位。

（2）媒体查询。根据不同的设备特性，如其宽度、高度或方向，应用不同的样式。

（3）可灵活的图片。确保图片在不同的设备上都保持其相对大小。

随着移动互联网的普及，响应式设计在国内得到了广泛的应用。无论是大型电商平台还是中小型企业，都在积极地采用响应式设计来适配各种设备，以提供最佳的用户体验。

前端开发不仅是编写代码，更涉及如何组织、构建和优化代码，以及如何确保产品在各种设备上都能提供一致的用户体验。这也是为什么前端工程化工具和响应式设计变得越来越重要的原因。

## 7.2　后　端　开　发

### 7.2.1　选择合适的后端语言与框架

#### 1. Node.js

定义：Node.js 是一个基于 Chrome V8 引擎的 JavaScript 运行环境。Node.js 使用事件驱动、非阻塞 I/O 模型，使其轻量又高效。

应用场景：Node.js 特别适用于需要高并发处理的场景，例如即时聊天应用、在线游戏、实时数据处理等。

在中国：随着 JavaScript 的普及，Node.js 在国内得到了广泛的应用，尤其在前后端统一开发模式和 MEAN（MongoDB、Express.js、Angular、Node.js）技术栈中。

#### 2. Django

定义：Django 是一个高级的 Python Web 框架，采用 MVC 架构，旨在快速开发数据库驱动的 Web 应用。

特点：Django 提供了许多内置功能，如 ORM、后台管理、表单处理等，这使得开发人员可以专注于应用逻辑而不是常见的 Web 开发问题。

在中国：Django 在国内得到了很多初创公司的喜爱，因为它可以帮助他们快速地构建原型并将其转化为完全功能的应用。

#### 3. Flask

定义：Flask 是一个微型的 Python Web 框架，它给了开发者足够的灵活性来选择如何实现应用，而不是像 Django 那样为开发者做很多决策。

应用场景：由于其轻量级的特性，Flask 尤其适合小型项目、个人应用或构建微服务。

Flask 的简单性和灵活性吸引了许多国内开发者，尤其是那些寻求快速构建和部署应用的开发者。

选择合适的后端语言与框架取决于项目的需求、预期的并发量，以及开发者的个人或团队经验。在众多的后端技术中，Node.js、Django 和 Flask 都有其独特的优势和应用场景。

## 7.2.2　数据库技术与选择

1. 关系型数据库

定义：关系型数据库是基于关系模型来创建的，数据以表格的形式存储，每个表有多个列，并且每一行是一个独立的数据项。

1）MySQL

特点：MySQL 是一个开源的关系型数据库管理系统，以其高性能、可靠性和易用性而闻名。

应用：由于其开源的特性，MySQL 在全球范围内都有广泛应用，尤其是在网站和 Web 应用中。

2）PostgreSQL

特点：PostgreSQL 是一个强大的开源对象关系数据库系统，拥有超过 15 年的活跃开发历史，确保了其持续、可靠且高性能的运行。

应用：常被用于大型应用和数据分析。

3）达梦

特点：达梦是中国自主研发的关系型数据库，支持多种数据模型和高并发的、高可用的大规模并行处理。

应用：在国内政府、金融、能源等关键行业中得到了广泛应用。

4）华为 GaussDB

特点：GaussDB 是华为推出的企业级关系型数据库，具有自适应、自优化的特点。

应用：被用于云计算、大数据等场景。

2. 非关系型数据库

定义：非关系型数据库不依赖于传统的行/列/表结构，通常更灵活，适合处理大量不同类型的数据。

1）MongoDB

特点：MongoDB 是一个开源的文档型数据库，特别适用于处理大量没有固定结构的数据。

应用：在实时应用、内容管理和物联网中有广泛应用。

2）Redis

特点：Redis 是一个开源的内存数据结构存储，可以作为数据库、缓存和消息中间件使用。

应用：广泛用于提高应用的读取速度，通常将热点数据存储在内存中。

3）Tikv

特点：Tikv 是一个开源的分布式事务键值数据库，提供强一致性的读写。

应用：在需要高可用、高并发和分布式事务的场景中使用。

数据库选择取决于项目的数据需求、并发要求和系统结构。关系型数据库更适合有固定结构的数据存储，而非关系型数据库适合大量的、灵活的或不断变化的数据集。

## 7.2.3　API 设计与开发

### 1. RESTful API 的原则与实践

定义：RESTful API 是一种通过 HTTP 协议访问的 Web API，它遵循 REST（Representational State Transfer）架构风格。REST 是基于标准的 HTTP 方法（如 GET、POST、PUT、DELETE）和状态码。

原则：

（1）无状态性。每个请求都应该包含所有的信息，使得服务器能够理解和处理该请求，不应该依赖于先前的请求。

（2）客户端—服务器架构。通过一个统一的接口将客户端与服务器分离。

（3）可缓存。响应应该被定义为可缓存或不可缓存。

（4）分层系统。将 API 分成不同的层次，每层只负责一个特定的功能。

实践：使用具有明确语义的 HTTP 方法；为资源使用清晰和一致的命名；提供有用的错误信息；返回适当的 HTTP 状态码。

### 2. GraphQL：现代应用的 API 查询语言

定义：GraphQL 是由 Facebook 开发的一种 API 查询语言，它允许客户端明确地指定它们需要的数据，从而使数据获取更加高效。

优点：

（1）灵活性。客户端可以请求它们所需要的确切数据，无须多余或过少的信息。

（2）强类型。每个 GraphQL 查询都被明确定义，并有一个固定的返回类型。

（3）实时更新。使用 subscriptions 支持实时数据。

应用：许多现代 Web 应用和移动应用都选择使用 GraphQL 来满足他们复杂的、变化快速的数据需求。

### 3. 国内常见的 API 验证与授权方法

1）OAuth 2.0

定义：OAuth 2.0 是一个授权框架，它允许第三方应用在用户的代表上访问账户信息，而无须将用户名和密码暴露给第三方应用。

应用：在国内，许多大型互联网公司如阿里巴巴、腾讯等都提供了基于 OAuth 2.0 的授权服务。

2）JWT

定义：（JSON Web Tokens，JWT）是一种开放标准，用于在两个方之间安全地传输信息。它通常用于身份验证和授权。

优点：自包含，意味着有效负载中包含所有必要的信息，不需要查询数据库，从而减少依赖性。

应用：在很多现代 Web 应用中，尤其是当使用前后端分离的架构时，JWT 成为主流的认证方法。

在设计 API 时，重要的是确保它既可用又安全。随着技术的发展，有了更多的工具和方法可以帮助开发者实现这一目标。

## 7.3　移动应用开发

### 7.3.1　Android 应用开发

1. Android Studio 的核心功能与使用

定义：Android Studio 是谷歌官方为 Android 应用开发推出的集成开发环境（Integrated Development Environment，IDE）。

核心功能：

（1）模拟器，测试在各种设备和屏幕尺寸上的应用表现。

（2）Profiler，检测应用的性能并找出性能瓶颈。

（3）Layout Inspector，查看应用的 UI 元素和布局结构。

（4）代码编辑器，具有智能代码完成、实时预览和快速修复功能的代码编辑器。

构建工具：集成的 Gradle 构建系统。

使用：借助 Android Studio，开发者可以轻松地为 Android 平台设计、编写、测试和发布应用。

2. Kotlin：现代 Android 开发的选择

定义：Kotlin 是一种在 JVM 上运行的静态类型编程语言，由 JetBrains 开发。

优势：

（1）简洁性。减少模板代码，使代码更简洁。

（2）可互操作性。完全与 Java 代码兼容。

（3）现代化特性。如扩展函数、空安全等。

（4）表达力。强大的标准库和语言特性使得代码更加简洁且功能强大。

与 Java 的对比：语法简洁，减少了大量的模板代码；增加了很多对程序员友好的特性，如数据类、扩展函数等；强大的空值安全性；Kotlin 代码可以与 Java 代码在同一项目中无缝工作。

3. 国内 Android 市场的特点

多样化的应用商店：不同于其他国家的单一应用商店模式，中国有多家公司拥有自己的应用商店，如华为应用市场、小米应用商店、OPPO 应用商店等。

权限要求：由于国内特殊的监管和政策，应用可能需要满足一些特定的权限要求，如获取用户的位置信息、读取联系人等。

本地化与适应性：由于国内 Android 设备的多样性，开发者需要确保他们的应用能在各种硬件和软件配置上正常运行。

在国内，Android 开发不仅需要掌握技术和工具，还需要对市场的特点和要求有深入的了解，以确保应用的成功推出和传播。

### 7.3.2　iOS 应用开发

1. 使用 Swift 与 Objective-C 进行 iOS 开发

1）Swift

定义：Swift 是苹果公司在 2014 年推出的编程语言，用于 iOS、macOS、watchOS 和 tvOS 的应用开发。

特点：

（1）现代化。Swift 采纳了最先进的编程概念和设计，并优化了代码的简洁性和性能。

（2）安全性。语言设计强调了错误预防，如强类型和空值检查。

（3）性能。经过优化的编译器和语言特性，Swift 的执行性能与 C++相近。

2）Objective-C

定义：Objective-C 是苹果公司在 iOS 和 MacOS 开发中使用的较早的编程语言，基于 C 语言，并加入了面向对象的特性。

特点：

（1）成熟。在苹果公司的生态系统中使用了很长时间，有大量的库和文档。

（2）动态性。具有动态运行时灵活的消息传递系统。

（3）与 Swift 的互操作性。Objective-C 和 Swift 可以在同一项目中协同工作。

2. Xcode：Apple 的官方开发工具

功能：

（1）代码编辑器，支持多种编程语言，包括 Swift 和 Objective-C。

（2）模拟器，可以模拟各种 iOS 设备运行应用。

（3）调试器，提供详细的应用性能和错误信息。

（4）Interface Builder，图形化的 UI 设计工具。

（5）资料和配置管理，方便的签名、配置和发布应用的工具。

3. 国内 iOS 开发的特点与挑战

1）App Store 的审核

与其他国家和地区相比，中国的 App Store 对于应用的内容和功能有更严格的审核标准。需要符合中国的法律法规和政策，例如数据存储、内容审查等。

2）支付集成

国内的 iOS 开发者需要集成多种支付方式，如支付宝、微信支付等。与 Apple 的 In-App Purchase 规则保持一致，以避免审核问题。

本地化：除了语言本地化，还需要考虑到中国用户的文化和习惯，优化 UI 和用户体验。

在中国，iOS 开发者不仅需要精通技术和工具，还需要对国内市场的特性和规定有充分的了解，确保应用顺利上线并获得用户认可。

## 7.3.3　跨平台移动应用开发

1. React Native：使用 JavaScript 开发原生应用

定义：React Native 是由 Facebook 开发的框架，允许开发者使用 JavaScript 和 React 来开发跨平台的移动应用，同时能够接近原生应用的性能。

特点：

（1）高效的性能。虽然使用 JavaScript 开发，但大部分 UI 组件都会转化为原生代码，从而接近原生应用的性能。

（2）热重载。在开发过程中，可以实时预览代码更改的效果，无须完全重新编译应用。

（3）广大的社区支持。拥有大量的第三方库、插件和开发工具。

京东、百度等企业的使用经验：

（1）京东，使用 React Native 进行了其移动端应用的部分开发，有效提高了开发速度和应用性能。

（2）百度，在多个移动应用项目中采用 React Native，强调了其开发效率和跨平台的优势。

2. Flutter：谷歌的 UI 工具包

定义：Flutter 是谷歌推出的开源 UI 软件开发工具包，旨在为开发者提供快速的、流畅的跨平台移动、桌面和 Web 应用开发工具。

特点：

（1）Dart 语言。Flutter 使用 Dart 编程语言，这是一个由谷歌开发的现代编程语言，专为 Flutter 优化。

（2）自带丰富的 UI 组件。Flutter 提供了大量的预设 UI 组件，帮助开发者快速搭建应用。

（3）高性能渲染引擎。Flutter 使用 Skia 为其核心渲染引擎，保证了应用的流畅性和速度。

国内的应用实践方案：

（1）阿里巴巴：在某些项目中使用 Flutter 进行开发，特别是在快速迭代和原型开发阶段。

（2）腾讯：在某些移动应用项目中采用了 Flutter，以提高开发效率和跨平台的兼容性。

跨平台开发工具如 React Native 和 Flutter 为开发者提供了更加灵活的、高效的开发方式，同时也得到了众多大型企业的青睐和应用。

# 第8章 数据库技术与大数据

## 8.1 关系型数据库

### 8.1.1 关系型数据库的基础

1. 数据模型与关系模型

定义：数据模型是描述数据、数据结构、数据之间的关系以及数据处理操作的抽象工具。而关系模型则是一种数据模型，其中数据以表格的形式组织。

特点：每个表格在关系模型中表示一个关系。表的行称为元组，列表示属性或特性。

模型中的数据表、主键、外键及其他约束条件如下所述。

数据表：由一系列的行和列组成，存储特定类型的数据。例如，学生数据表可以存储学生的 ID、姓名、年龄等信息。

主键：表中的某一列或几列的组合，用于唯一标识表中的每一行数据。如学生 ID 可以是学生表的主键。

外键：在一个表中的字段，其值对应另一个表的主键。它用于建立和维护两个表之间的关联。

其他约束条件：如唯一性约束、非空约束、检查约束等，用于确保数据的完整性和准确性。

2. 常见的优化与设计方法

索引：数据库中的数据结构，用于加速表中数据的检索速度。可以想象为书籍的目录。

规范化：是一个系统化的过程，通过分解数据表来消除数据冗余和不需要的依赖性，确保数据的逻辑完整性和准确性。

关系型数据库的基础知识包括了数据模型与关系模型的理解、如何定义和使用主键与外键以及如何优化和设计高效的数据库系统。这些知识对于任何涉及数据库设计和开发的项目来说都是至关重要的。

### 8.1.2 流行的关系型数据库系统

1. MySQL

描述：MySQL 是一个开源的关系型数据库管理系统，因其性能高、可靠性好、易于使用等特点而广受欢迎。

特点：支持多种存储引擎，有广泛的社区支持和大量的第三方工具。

应用场景：在中国，许多大型互联网公司，如阿里巴巴等，都采用 MySQL 作为其核心的数据库系统。

2. PostgreSQL

描述：PostgreSQL 是一个强大的开源对象—关系型数据库系统，提供了 SQL 语言以及许多现代数据库的特性。

特点：支持复杂的查询、外键、视图、事务处理等。它还提供了多种编程语言的接口，包括 C/C++、Java、.Net、Perl、Python 等。

应用场景：由于其灵活性和稳定性，被广泛用于复杂的数据库解决方案中。

3. Microsoft SQL Server

描述：Microsoft SQL Server 是一个关系型数据库管理系统，提供了大量的企业级功能。

特点：支持大型数据仓库、OLAP、数据挖掘等功能。集成了 Microsoft 的其他产品，如.NET、Office 等。

4. Oracle Database

描述：Oracle Database 是业界领先的关系型数据库系统，被广大企业用作关键业务的数据存储。

特点：支持大数据、云存储、高可用性、灾难恢复等功能。

5. 国内发展的数据库

达梦：达梦数据库是一种国产关系型数据库，广泛应用于政府、金融、能源等领域。

华为 GaussDB：华为推出的企业级关系型数据库，支持 AI 和大数据处理。

各种关系型数据库系统的特点、性能和使用场景有所不同，选择合适的数据库系统是确保项目成功的关键。

### 8.1.3 SQL 基础

结构化查询语言（Structured Query Language，SQL）是用于管理关系数据库的标准编程语言。由于其跨多种数据库平台的应用，SQL 已成为数据操作的核心。

1. 数据定义语言

描述：数据定义语言（Data Definition Language，DDL）涉及定义或更改表的结构，以及与数据表相关的对象如索引、约束等。

CREATE：用于创建新的表、数据库、索引等对象。

示例：CREATE TABLE students (id INT, name VARCHAR(50));

ALTER：用于修改现有的数据库对象。

示例：ALTER TABLE students ADD COLUMN age INT;

DROP：用于删除数据库、表或其他对象。

示例：DROP TABLE students;

2. 数据操纵语言

描述：数据操纵语言（Data Manipulation Language，DML）是用于与数据库中的数据进行交互的语言，包括插入（INSERT）、查询（SELECT）、更新（UPDATE）和删除（DELETE）数据记录。DML 提供了对数据进行操纵和操作的语法和命令。

INSERT：用于将数据插入表中。

示例：INSERT INTO students (id, name) VALUES (1, 'Li Wei');

SELECT：用于从表中查询数据。

示例：SELECT * FROM students WHERE age > 20;

UPDATE：用于修改表中的数据。

示例：UPDATE students SET age = 21 WHERE name = 'Li Wei';

DELETE：用于从表中删除数据。

示例：DELETE FROM students WHERE id = 1;

### 3. 存储过程、触发器和视图

存储过程：是为了完成特定功能的 SQL 语句集，用户可以通过存储过程来调用执行。

优点：提高了数据处理的速度，因为存储过程比单独的 SQL 语句更快。

触发器：是自动执行的 SQL 语句集，当满足某个指定的条件时会被触发。

用途：常用于维护数据库的完整性。

视图：是基于 SQL 语句的结果集的可视化表。虽然它可以像普通表一样使用，但它不存储实际数据，只是显示数据的一种逻辑表示。

优点：提供了数据的逻辑层，可以保护实际数据，同时也简化了复杂查询的操作。

掌握 SQL 是进行关系数据库操作的基础，而深入理解 DDL 和 DML 以及存储过程、触发器和视图的概念，可以帮助数据库管理员和开发人员更高效地管理和查询数据。

# 8.2　非关系型数据库

## 8.2.1　NoSQL 数据库的特点

非关系型数据库（Not Only SQL，NoSQL）是一类设计用于超大规模数据存储的数据库系统。与传统的关系型数据库相比，NoSQL 数据库提供了一种更为灵活的、可扩展的数据管理机制。以下是 NoSQL 的主要特点。

### 1. 数据模型

键值对：这是最简单的 NoSQL 数据库类型。每个键在数据库中都是唯一的，与之关联的值可以是简单或复杂的数据结构。Redis 和 Riak 就是这类数据库的例子。

列族：这些数据库用于存储和管理大量与列有关的数据。数据按列族来存储，而不是按行。Cassandra 和 HBase 是这类数据库的代表。

文档：文档型数据库存储的是类似于 JSON 或 XML 的文档。MongoDB 是最受欢迎的文档型数据库之一。

图形：适用于需要表示和查询数据之间的连接关系的应用场景。Neo4j 和 OrientDB 是典型的图形数据库。

### 2. 为何选择 NoSQL

扩展性：NoSQL 数据库通常采用分布式系统架构，这意味着当数据增长时，可以通过简单地增加更多的机器到集群中来扩展系统。

灵活性：与固定的关系型数据模型相比，NoSQL 允许用户存储结构化、半结构化或多结构化的数据。这为应用开发提供了更大的灵活性，尤其是在数据模型频繁变化的情况下。

高性能：由于其简化的设计、水平扩展和能够使用分布式架构，NoSQL 数据库通常能提供更高的读写性能。

高可用性与容错性：许多 NoSQL 数据库通过数据复制和分片机制提供了高可用性和故障容错。

NoSQL 数据库适应了当今数据密集型、高并发和高可用性的应用需求。它提供了一种不同于传统关系型数据库的方式来存储和检索数据，特别是在需要快速迭代和灵活的数据模型的场景中。

## 8.2.2　主要的 NoSQL 数据库

NoSQL 数据库的兴起满足了现代互联网业务的多样化需求。以下是一些主要的 NoSQL 数据库及其在国内的应用。

### 1. MongoDB

MongoDB 是一个开源的文档导向数据库。它的存储数据为 BSON 格式，这是一个二进制的 JSON 格式。由于其灵活性和扩展性，它在国内的初创公司中非常受欢迎。与传统的关系型数据库相比，MongoDB 更容易扩展和修改数据模型，这对于快速发展的业务来说是非常有利的。

应用：MongoDB 在内容管理、电商、物联网和实时分析等多种应用场景中都有广泛的应用。

### 2. Cassandra

Cassandra 是一个高可用性和可扩展性的开源列族存储系统。它是为了满足大规模数据分发的需要而设计的，可以在多个节点上无缝扩展，无单点故障。

应用：由于其分布式特性，Cassandra 在大型企业和互联网公司中用于时间序列数据、监控系统、在线应用和广告技术等场景。

### 3. Redis

Redis 是一个开源的、内存中的数据结构存储系统，它可以用作数据库、缓存和消息代理。由于其高性能和低延迟的特性，Redis 经常用于需要快速访问数据的场景。

应用：Redis 广泛用于 Web 应用的会话管理、排行榜、实时分析和广告投放等场景。许多国内的互联网公司使用 Redis 来增强其应用的性能。

### 4. Neo4j

Neo4j 是一个高性能的、企业级的图形数据库。它可以有效地存储和查询与数据项之间的关系，特别适合处理高度关联的数据。

应用：Neo4j 在推荐系统、社交网络、知识图谱和欺诈检测等领域中都有应用。例如，电商平台可能使用 Neo4j 来推荐相关产品，社交网络使用它来找到用户间的连接。

NoSQL 数据库为现代应用提供了多种选择，每种数据库都有其独特的特点和应用场景。选择合适的数据库是确保应用性能和可扩展性的关键。

# 8.3　大数据技术

随着数字时代的到来，数据的快速增长和多样化给企业和组织带来了无数的机遇和挑战。大数据技术为处理、分析和利用这些海量数据提供了工具和方法。

## 8.3.1　大数据的定义与挑战

### 1. 3V 模型

当我们谈论大数据时，最常引用的是 3V 模型，以下简叙 3V 模型的体量、速度和多样性。

体量（Volume）：这涉及数据的规模。由于各种原因，社交媒体、物联网和移动设备等，每天都有数百 TB 甚至 PB 的数据产生。

速度（Velocity）：数据产生和处理的速度。实时分析、监控和决策需要在短时间内处理大量数据。

多样性（Variety）：数据可以是结构化的、半结构化的或非结构化的，来源也可能是文本、图片、声音或视频。

2．挑战

大数据的处理涉及数据的存储、分析、搜索、共享、传输、查询、更新和可视化等各种挑战。随着数据量的增长，传统的技术和方法变得不再适应，新的技术和方法应运而生。

安全性和隐私是另外的挑战，尤其是在金融和医疗保健等领域，对数据的处理和存储有严格的法规要求。

3．应用与价值

大数据为各行各业带来了巨大的价值。

金融：通过对交易数据的分析，金融机构可以进行风险评估、欺诈检测和智能投资建议。

电商：数据驱动的推荐引擎可以帮助电商平台向客户推荐产品，从而提高转化率。用户行为数据分析还可以帮助企业优化其供应链和定价策略。

广告：广告商通过对用户的在线行为和兴趣的分析，可以投放更具针对性和吸引力的广告，从而提高广告的投资回报率。

大数据为组织提供了洞察力，帮助它们更好地了解其客户、优化运营和开发新的产品或服务。然而，为了充分利用大数据的潜力，组织需要投资正确的技术、人才和流程。

## 8.3.2　Hadoop 生态系统

Hadoop 生态系统是大数据技术领域中的重要玩家，它是一个开源框架，专为分布式存储和处理大量数据而设计。随着时间的推移，Hadoop 生态系统已经涵盖了许多组件，满足了各种数据处理需求。

### 1. Hadoop Distributed File System

Hadoop Distributed File System（HDFS）是 Hadoop 的基础存储系统，它是为大型数据集在硬件商品集群上设计的分布式文件系统。它具有高容错性、可扩展性和高传输速度。

在大型互联网公司的应用：HDFS 在许多大型互联网公司中得到广泛应用，如阿里巴巴、腾讯和百度等，它们使用 HDFS 来存储和管理 PB 级数据。

### 2. MapReduce

MapReduce 是 Hadoop 的核心计算模型，它将大数据处理分解为两个主要阶段：Map 和 Reduce。Map 阶段处理输入数据并创建一组中间键值对，而 Reduce 阶段则对中间键值对进行处理并生成输出数据。

在互联网业务的实践：MapReduce 被广泛用于各种互联网业务场景，如日志分析、数据清洗、大数据统计和复杂的算法计算等。

### 3．其他组件

Hadoop 生态系统包括许多其他组件，以满足各种数据处理需求。

Hive：一个建立在 Hadoop 之上的数据仓库工具，允许用户使用类似 SQL 的查询语言（HiveQL）查询数据。在国内，许多大型互联网公司使用 Hive 进行数据分析和报告。

Pig：一个高级的脚本语言，设计用于处理和分析大量数据。它提供了一个平台，允许用户快速开发 MapReduce 任务。

HBase：是一个分布式、可扩展、大数据存储系统，它建立在 Hadoop 之上，并为其提供实时数据读取和写入功能。HBase 在国内的大型互联网公司中，如阿里巴巴和腾讯，被用于实时应用，如消息系统、用户行为分析和实时推荐系统等。

　　Hadoop 生态系统提供了一套完整的工具和组件，可以帮助组织从大数据中获取价值。在中国，许多大型互联网公司和初创公司都采用了 Hadoop 生态系统来处理和分析他们的大数据。

### 8.3.3　Spark 及其生态系统

　　Apache Spark 是大数据处理领域中的一个重要框架，专为大规模数据处理而设计。与 Hadoop 相比，Spark 提供了更快速的数据处理能力，尤其是对于内存计算。以下是 Spark 及其生态系统的相关概念和主要组成部分。

　　1. 基础概念

　　弹性分布式数据集（Resilient Distributed Dataset，RDD）：RDD 是 Spark 中的基本数据结构，它是一个不可变的、分布式的对象集合。RDD 可以并行处理，并且可以容错。

　　Dataframe：基于 RDD 的一个高级 API，它提供了一个分布式的数据表抽象，允许用户使用 SQL-like 查询并进行数据操作。

　　Dataset：是 Dataframe API 的扩展，结合了 RDD 的强类型和 Dataframe 的优化执行引擎。

　　实时处理的优势：由于 Spark 可以进行内存计算，它尤其适用于实时数据处理任务、如流处理和交互式查询。

　　2. Spark 的模块

　　Spark SQL：允许用户使用 SQL 查询 Spark 数据结构（如 Dataframe 和 Dataset）并与其他数据源进行交互，如 Hive、Avro 和 Parquet 等。

　　Spark Streaming：用于处理实时数据流。它可以从多种数据源接收数据，如 Kafka、Flume 和 HDFS 等，并提供 API 进行数据流的处理和分析。

　　MLlib：Spark 的机器学习库，提供了一系列常见的机器学习算法和实用程序，如分类、回归、聚类和推荐等。

　　GraphX：是 Spark 的图处理框架，提供了 API 和算法来处理大规模的图数据。

　　各大互联网企业的应用实践方案：许多大型互联网公司已经在其业务中采用 Spark。例如，阿里巴巴使用 Spark 进行实时数据处理和分析；腾讯使用 Spark 处理其社交网络数据；滴滴使用 Spark 进行实时路径优化和乘客分配。

　　Spark 及其生态系统为大规模数据处理提供了强大而灵活的工具，尤其是对于实时处理和高级分析。在中国，许多大型互联网公司都采用了 Spark 来处理和分析大数据，获取业务洞见。

# 第9章 硬件设计与嵌入式系统

## 9.1 电 路 设 计

### 9.1.1 电路设计基础

电路原理图与物理布局:电路设计通常从电路原理图开始,这是一个电子元件与其相互连接的图形表示。在这一阶段,工程师需要确保电路功能上的正确性和完整性。而物理布局涉及元件在印刷电路板(Printed Circuit Board,PCB)上的实际放置,以及电路之间的布线。在中国,很多教育机构和大学都开设了相关的课程,强调实际操作和基于国内标准的最佳实践。

PCB 的设计流程:

(1)设计输入。在此阶段,工程师收集所有与设计相关的要求和约束,如功能要求、性能目标和成本限制。

(2)原理图设计。选择和连接电子元件,以形成完整的电路原理图。

(3)物理布局。基于电路原理图,确定电子元件的实际位置并进行布线。

(4)验证与仿真。在实际制造之前,使用专业软件对设计进行电气和热仿真,确保其满足所有要求。

(5)制造与测试。PCB 制造完成后,进行实际的功能测试和验证。

关键考虑因素:

(1)EMC/EMI(电磁兼容性/电磁干扰)。设计时要考虑如何减少电磁干扰的来源,以及如何提高电路的免疫能力,防止外部电磁干扰。

(2)热设计。随着设备功耗的增加,热管理成为一个重要的考虑因素。工程师需要确保电路的有效冷却,防止过热。

这部分为电路设计的基础入门。随着技术的发展和行业需求的变化,电路设计不断迭代和进化。在中国,随着制造业的增长和技术的进步,电路设计的标准和实践也在不断地发展和完善。

### 9.1.2 电子设计自动化工具

1. Eagle

简介:Eagle 是一款在国内外都非常受欢迎的 PCB 设计工具。它提供了从电路原理图到物理布局的全套设计工具,并且拥有丰富的元件库。

特点与应用:Eagle 以其直观的用户界面和强大的功能而受到许多设计师和电子爱好者的喜欢。其库管理功能和模块化设计使其成为中小型项目的理想选择。Eagle 也有一个活跃的社区,提供了大量的教程和资源。

### 2. KiCad

简介：KiCad 是一个开源的 PCB 设计软件，拥有一套完整的原理图设计和 PCB 布局工具。

特点与应用：作为一个开源项目，KiCad 得到了全球设计社区的广泛支持，拥有大量的元件库和扩展功能。其跨平台特性使得 Linux、Windows 和 macOS 的用户都可以使用。

### 3. Altium Designer

简介：Altium Designer 是一款高端的 PCB 设计软件，提供了从前期的概念设计到后期的生产制造的全流程解决方案。

特点与应用：在中国，由于其强大的功能和完善的本地化支持，Altium Designer 得到了大量企业和设计师的喜爱。其支持的高速设计、3D 可视化和多层 PCB 设计使其适用于各种复杂和高性能的电路设计。

### 4. OrCAD

简介：OrCAD 是一套 EDA 工具的集合，主要用于电路设计、仿真和 PCB 布局。

特点与应用：OrCAD 提供了各种工具和模块，包括 PSpice 模拟、原理图捕捉和 PCB 设计。其广泛的应用背景使其在工业和教育领域都有大量用户。

### 5. FusionEDA

简介：FusionEDA 是中国国产的一款电子设计自动化（Electronic Design Automation，EDA）工具，针对国内的需求和标准进行了优化。

特点与应用：FusionEDA 不仅满足了国内企业的设计需求，还提供了丰富的本地化支持和服务。其对中国特定的制造工艺和标准的适配使其在国内市场上有一定的竞争优势。

EDA 工具是电路设计师的主要工作工具，其功能和性能直接影响到设计的效率和质量。在中国，随着技术的进步和市场的发展，国内外的 EDA 工具都得到了广泛的应用和认可。

## 9.2　微 控 制 器

### 9.2.1　微控制器的基础

#### 1. 微控制器与微处理器的区别与应用场景

微控制器（Microcontroller Unit，MCU）通常是一个单片的集成电路，它包括处理器、存储器、输入/输出端口以及其他外围设备。微控制器设计为执行特定任务，如读取传感器数据或控制其他设备，因此它们常用在嵌入式系统和产品中。

微处理器（Central Process Unit，CPU）则主要是一个中央处理单元，它可能需要额外的组件，如 RAM、ROM 和其他外围接口来构建一个完整的系统。微处理器通常用在需求较高的计算任务上，如个人电脑、服务器等。

应用场景：微控制器通常用于具有专门功能的设备，例如家用电器、玩具、机器人等，而微处理器则主要用于高性能的计算应用。

#### 2. 常见的微控制器系列

STC：STC 是中国生产的一系列微控制器，由于其高性价比和易用性，STC 微控制器在国内得到了广泛应用。

AVR：AVR 是 Atmel 公司的微控制器系列，广泛用于教学、研发和消费品。其低功耗、高性能的特点使其在嵌入式系统中很受欢迎。

PIC：PIC 微控制器是 Microchip 公司的产品，广泛应用于工业控制、家用电器和其他嵌入式系统中。PIC 系列提供了丰富的外设和易用的开发工具。

GD32：GD32 是中国公司 GigaDevice 生产的 32 位微控制器系列。GD32 微控制器基于 ARM Cortex-M 核，为国内市场提供了一种高性能、低功耗的选择。

微控制器是嵌入式系统和智能硬件开发的核心组件，不同的微控制器系列根据其特点和性能被选择用于不同的应用场景。在中国，随着技术的发展和市场的增长，国产微控制器也逐渐获得了认可和广泛应用。

### 9.2.2　流行的微控制器开发平台

1. Arduino

描述：Arduino 是一个开源的微控制器开发平台，基于简单的硬件和软件。它提供了多种型号的开发板，每种开发板都有其特定的功能和应用领域。

在国内的应用：在中国，Arduino 因其低成本、易用性和丰富的社区支持，在教育、DIY 和原型设计领域得到了广泛的应用。很多学校和研发机构都使用 Arduino 进行初级硬件教学和项目开发。

2. Raspberry Pi

描述：Raspberry Pi 是一个微型的计算机开发板，虽然其大小只有信用卡那么大，但功能却十分强大。Raspberry Pi 可以运行 Linux 操作系统，并具有 USB、HDMI、GPIO 等接口。

在国内的应用：在中国，Raspberry Pi 不仅在教育领域得到广泛应用，还被用于许多商业项目，如数字广告机、家用媒体中心和智能控制系统等。其低成本和强大的功能使其在中小型项目中特别受欢迎。

3. ESP8266，ESP32

描述：ESP8266 和 ESP32 是由乐鑫信息科技（Espressif Systems）开发的微控制器。它们的特点是集成了 Wi-Fi 功能，使得开发者能够轻松地将项目连接到网络中。

在国内的应用：ESP8266 和 ESP32 在国内的 IoT 和智能家居领域得到了广泛的应用。例如，智能插座、气候监控系统和远程控制的设备都可能使用这些微控制器。其高度集成的网络功能、低功耗和低成本特点，使它们成为连接设备到互联网的首选解决方案。

这些微控制器开发平台的共同之处是，它们为开发者提供了一个平台，使其可以快速地、简便地开发和测试项目。在中国，这些平台因其可靠性、易用性和社区支持而得到了广泛的应用。

## 9.3　嵌入式系统开发

### 9.3.1　嵌入式系统概述

1. 嵌入式系统的定义与特点

定义：嵌入式系统是为特定的任务而设计的计算系统，通常不需要像通用计算机那样进行频繁的用户交互。它们通常是专用的，用于特定应用或功能的系统，而不是多用途的计算。

特点：

（1）专用性。嵌入式系统为特定的任务而设计，如手机、ATM 机或汽车的 ABS 系统。

（2）实时性。许多嵌入式系统需要在实时或准实时的约束下工作，如心率监测器或汽车空气袋系统。

（3）资源限制。这些系统可能有有限的内存、存储或处理能力，因此必须经过精心设计以满足性能要求。

（4）持续运行。许多嵌入式系统设计为长时间运行，甚至持续不断地运行，如路由器或工厂机器。

（5）与硬件交互。嵌入式系统通常直接与硬件交互、控制或监控外部设备或系统。

2. 嵌入式系统在现代工业与消费电子产品中的应用

嵌入式系统在现代工业和消费电子产品中无处不在。从家用电器（如洗衣机、微波炉）到汽车、飞机和医疗设备，它们都有嵌入式系统的身影。随着 IoT 的崛起，嵌入式系统的应用还在持续增长。

嵌入式系统与传统计算机系统的差异有如下几个方面。

用途：嵌入式系统为特定任务而设计，而传统计算机是多任务、多功能的。

界面：许多嵌入式系统可能没有用户界面或只有一个简单的用户界面，而传统计算机通常有丰富的用户界面。

操作系统：虽然许多嵌入式系统运行简化的操作系统或无操作系统，但传统计算机通常运行功能完整的操作系统，如 Windows、macOS 或 Linux。

硬件资源：嵌入式系统通常有有限的硬件资源（如 CPU、RAM、存储等），而传统计算机在这些方面资源丰富。

交互方式：嵌入式系统主要通过传感器、执行器或其他硬件接口与外界交互，而传统计算机主要通过键盘、鼠标、显示器等与外界进行交互。

## 9.3.2 实时操作系统

定义：实时操作系统（Real Time Operating System，RTOS）是专为实时应用程序而设计的操作系统，它可以在特定的时间内保证对特定事件的响应。这意味着系统可以确保在给定的时间限制内执行任务或响应外部事件，这对于需要严格的时间约束的应用非常重要。

优势：

（1）可预测性。RTOS 为任务提供确定的响应时间。

（2）多任务处理。允许多个任务同时运行，确保高优先级的任务首先被执行。

（3）低延迟。在外部事件或中断发生时，RTOS 能够快速响应。

（4）资源管理。有效地管理有限的系统资源，如 CPU、内存和 I/O。

（5）增加了可靠性。通过确保关键任务在规定的时间内完成，提高了系统的可靠性。

RTOS 在现代嵌入式设计中的重要性：由于现代嵌入式系统的复杂性持续增加，并且对于许多应用来说，如汽车、航空、医疗和工业控制，时间约束变得更加严格，因此 RTOS 在嵌入式设计中的重要性也随之增加。RTOS 可以确保系统及时响应，满足实时性要求，并提供稳定的性能。

国内外流行的 RTOS 有以下几种。

FreeRTOS：是一个流行的开源 RTOS，适用于各种微控制器和处理器平台。它的设计简单、模块化，并且可配置高度。

RT-Thread：是一个来自中国的开源 RTOS，具有丰富的中间件组件和工具链，特别受国内开发者的喜爱。

AliOS：由阿里巴巴推出的开源 RTOS，专为 IoT 设备和云应用设计。它支持多种硬件平台，并与阿里云服务紧密集成。

### 9.3.3 嵌入式编程与优化

1. 针对嵌入式环境的 C/C++编程技巧与最佳实践

资源使用：由于嵌入式系统的资源有限，因此要注意有效地管理内存和处理器时间。

错误处理：在嵌入式系统中，错误处理和异常管理非常关键，因为系统可能需要在无人值守的环境中运行很长时间。

可维护性：由于硬件和软件环境的特殊性，代码应该简单、模块化，易于理解和维护。

直接访问硬件：学习如何直接与硬件通信，例如使用寄存器进行 I/O 操作。

节能：了解如何使用低功耗模式和其他技术来延长电池寿命。

2. 考虑到系统资源限制进行性能和内存优化

避免动态内存分配：动态内存分配可能导致内存碎片。在可能的情况下，预先分配固定大小的缓冲区。

优化循环和算法：使用有效的数据结构和算法来减少 CPU 负载。

减少中断处理的时间：在中断服务程序中，只执行必要的任务，然后迅速返回。

使用查找表：替代计算密集型的运算。

数据压缩：为了节省存储空间和提高数据传输速度，可以使用数据压缩技术。

3. 嵌入式开发工具链及其在国内的应用情况

GCC for ARM：为 ARM 架构提供的 GNU 编译器集，广泛应用于多种嵌入式系统的开发。

Keil MDK：在国内很受欢迎的嵌入式开发工具，特别是对于基于 ARM Cortex-M 系列的微控制器。

IAR Embedded Workbench：是另一个流行的嵌入式开发工具，提供高度优化的 C/C++编译器和调试器。

J-Link 和 ST-Link：这些硬件调试器在国内广泛应用，为开发者提供实时调试功能。

# 第10章 网络与云计算

## 10.1 计算机网络基础

### 10.1.1 网络的起源与发展

从 ARPANET 到今天的互联网

ARPANET：20 世纪 60 年代，美国国防高级研究计划局推出的 ARPANET 是第一个大型的分组交换网络。它是今天的互联网的前身。

TCP/IP 协议：20 世纪 80 年代初，ARPANET 转移到 TCP/IP 协议，这为今天的互联网提供了基础。

WWW 和浏览器：20 世纪 90 年代初，Tim Berners-Lee 发明了万维网，随后出现了第一个 Web 浏览器 Mosaic，这使得互联网变得对用户更加友好。

商业化和全球化：20 世纪 90 年代中后期，互联网开始商业化，出现了一系列新的技术、应用和服务，如电子邮件、即时消息、电子商务和搜索引擎。

宽带和移动互联网：21 世纪初，宽带互联网接入开始普及，后来随着智能手机的出现，移动互联网得到了快速发展。

Web 2.0：与传统的静态 Web 页面不同，Web 2.0 强调用户参与、社交网络和富应用。

物联网和 5G：近年来，物联网技术使得大量设备连接到互联网，而 5G 技术为更高的速度和更低的延迟提供了基础。

通过回顾网络的起源和发展，我们可以看到互联网技术是如何从一个小型的研究项目逐渐发展成为今天这个全球连接数十亿设备的庞大系统的。

### 10.1.2 网络模型

1. OSI 七层模型

1）物理层

定义：处理与物理媒体直接连接有关的内容。

功能：传输比特流，确定接口的电压、时钟频率和物理连接的针脚。

2）数据链路层

定义：在通信实体之间提供数据链路的建立、维护和终止。

功能：帧的封装、物理寻址、错误检测与修复、流控制。

3）网络层

定义：决定数据的路径选择和转发。

功能：逻辑寻址、路由选择、IP 协议。

4）传输层

定义：从源到目的端提供可靠的、透明的数据传输。

功能：端到端的消息传输、流控制、错误恢复，例如 TCP 和 UDP 协议。

5）会话层

定义：负责建立、维护和终止会话。

功能：数据交换的控制、对话管理。

6）表示层

定义：解决用户与计算机之间信息表示的差异问题。

功能：数据格式转换、数据加密与解密、字符集转换。

7）应用层

定义：为应用程序提供网络服务。

功能：确保通信系统的可用性。

2. TCP/IP 模型

1）应用层

对应 OSI 模型的应用层、表示层和会话层，负责为应用程序提供网络服务。

2）传输层

对应 OSI 模型的传输层，提供端到端的消息传输、流控制、错误恢复，例如 TCP 和 UDP。

3）互联网层

对应 OSI 模型的网络层，决定数据的路径选择和转发，如 IP 协议。

4）网络接口层

对应 OSI 模型的数据链路层和物理层，处理与物理媒体的直接连接和数据链路的建立、维护。

3. 对比

层数：OSI 模型分为七层，而 TCP/IP 模型通常分为四层。

复杂性：OSI 模型更加详细和复杂。

应用：TCP/IP 模型基于实际的协议设计，而 OSI 模型主要是理论上的参考模型。

开发历史：OSI 模型在 TCP/IP 之前被定义，但 TCP/IP 模型更早得到广泛应用。

适应性：OSI 模型试图覆盖所有可能的网络功能，而 TCP/IP 模型则针对互联网应用进行优化。

尽管这两种模型在结构上有所不同，但它们都为网络通信提供了一个框架，帮助我们更好地理解网络的工作原理。

### 10.1.3　常见的网络协议

1. 传输控制协议（Transmission Control Protocal，TCP）

分类：传输层协议。

特点：①连接导向；②提供可靠的数据传输；③使用三次握手建立连接，四次挥手断开连接；④拥有流控制、拥塞控制和错误恢复功能。

2. 用户数据报协议（User Datagram Protocol，UDP）

分类：传输层协议。

特点：①无连接；②提供快速的、不可靠的数据传输；③不保证数据的到达或顺序。

3. 互联网协议（Internet Protocol，IP）

分类：网络层协议。

特点：①负责将数据从源机器发送到目标机器；②提供逻辑寻址功能，每个设备都有一个唯一的 IP 地址。

4. 互联网控制消息协议（Internet Control Message Protocol，ICMP）

分类：网络层协议。

特点：①用于在 IP 主机或网关之间传递控制消息；②如"ping"使用 ICMP 来检测网络连接状态。

5. 超文本传输协议（Hypertext Transfer Protocol，HTTP）

分类：应用层协议。

特点：①用于传输 Web 页面的标准协议；②基于请求–响应模型。

6. 文件传输协议（File Transfer Protocol，FTP）

分类：应用层协议。

特点：①用于从一个主机向另一个主机传输文件；②支持二进制和 ASCII 模式的数据传输。

7. 域名系统（Domain Name System，DNS）

分类：应用层协议。

特点：①将域名映射到 IP 地址；②允许用户使用易于记忆的域名，而不是数字 IP 地址；③这些协议为互联网的运行提供了基础，并允许各种应用和服务在全球范围内进行通信和互操作。

# 10.2　云服务与国内应用

## 10.2.1　云计算概述

云计算是一种将计算能力（如服务器、存储、数据库、网络、软件、分析等）作为服务通过互联网提供的方法。用户无须知道背后的物理基础设施和复杂的配置，只需要根据需求来租用计算资源。

1. 云计算的优势

云计算的优势有以下几点。

灵活性：快速扩展和收缩资源，以满足业务需求。

成本效益：减少了前期的硬件投资，只支付实际使用的资源费用。

高可用性：云服务提供商通常在多个地理位置有数据中心，可以实现灾难恢复和高可用性。

易于管理：通过网络界面，用户可以在任何地方管理他们的资源。

最新技术：用户可以迅速获得最新的硬件和软件技术。

安全：许多云服务提供商提供先进的安全性功能，如加密、安全网络、身份验证等。

2. 云计算的三种服务模式

云计算的三种服务模型包括 IaaS、PaaS 和 SaaS。

1）基础设施即服务（Infrastructure as a Service，IaaS）

提供基础的计算资源，如虚拟机、存储和网络。用户可以在此基础上部署和运行各种软件。

例子：阿里云的 ECS、腾讯云的 CVM 等。

2）平台即服务（Platform as a Service，PaaS）

提供软件开发和运行的环境，允许开发人员构建、部署和运行应用程序，而无须关心底层基础设施。

例子：阿里云的 WebApp 服务、华为的 AppEngine 等。

3）软件即服务（Software as a Service，SaaS）

提供在线应用程序或软件，用户通过浏览器直接访问，无须安装和维护。

例子：阿里巴巴的钉钉、腾讯的企业微信等。

在国内，随着数字化转型的进程，各种企业都在大力采用云服务，以提高业务效率、降低成本和推动创新，这也促使了国内云服务市场的迅猛增长。

## 10.2.2　中国的主流云服务平台

1. 阿里云

核心服务：

（1）ECS。提供按需分配的计算能力。

（2）OSS。稳定的、可靠的对象存储服务。

（3）RDS。管理型关系数据库。

（4）CDN。全球内容分发优化访问速度。

（5）安全。如 DDoS 防护、Web 防火墙等。

特点：

（1）广泛的地理覆盖，尤其在亚太地区。

（2）丰富的行业解决方案。

（3）强大的生态系统。

2. 腾讯云

主要产品：

（1）CVM。虚拟服务器服务。

（2）COS。高速对象存储。

（3）TencentDB。支持多种数据库。

（4）AI。如语音识别、图像分析等。

特点：

（1）游戏、社交和媒体领域解决方案。

（2）全球数据中心网络。

（3）开放的生态系统整合。

3. 华为云

服务概览：

（1）ECS。可扩展云服务器。

（2）OBS。非结构化数据存储。

（3）AI。Ascend 系列 AI 处理器。

与其他平台对比：

（1）硬件和网络技术上的优势。

（2）Ascend 芯片的 AI 计算能力。

（3）在企业市场和公共服务领域更具优势。

三家公司都为客户提供一站式云服务解决方案，并持续进行创新，以满足市场需求。

### 10.2.3　国内的数据中心和服务器选择

随着中国在数字经济和互联网产业的快速崛起，数据中心和服务器的需求也日益增长。在选择数据中心和服务器时，有几个关键的考虑因素和趋势。

地理位置：一线城市如北京、上海、广州和深圳通常是首选，因为它们的互联网基础设施完善，网络连接丰富。但由于高成本和土地限制，二线城市和三线城市也开始受到青睐，特别是在电力资源丰富的地区。

可靠性：中国的数据中心行业逐渐遵循国际标准，如 Uptime Institute 的 Tier 分类。企业通常会选择 Tier III 或更高级别的数据中心，以确保高可用性和冗余。

绿色和可持续性：由于能源消耗和环境问题，绿色数据中心越来越受到重视。是否使用可再生能源、高效冷却系统和其他节能技术是选择数据中心的主要考虑因素。

安全性：数据中心必须遵循严格的安全标准，包括物理安全、网络安全和数据保护。

服务器选择方面包括品牌、配置、性价比。

品牌：在国内，除全球知名的品牌如戴尔、惠普、IBM 外，华为、浪潮和曙光等国产品牌也获得了广泛的认可。

配置：根据应用需求，如计算密集型、存储密集型或 GPU 加速来选择。

性价比：国产服务器通常提供与进口品牌相似的性能，但价格更具竞争力。

随着技术进步和市场竞争，中国的数据中心和服务器行业为企业和开发者提供了多样化和高性价比的选择。

# 10.3　虚拟化与容器化

### 10.3.1　虚拟化技术在中国的应用

虚拟化技术允许在单一的物理硬件上运行多个操作系统和应用实例。这一技术在全球范围内已被广泛应用，而在中国，其发展和应用也有独特的轨迹。

数据中心和云服务：随着云计算的兴起，大型云服务提供商，如阿里云、腾讯云和华为云，都广泛采用虚拟化技术以实现资源的灵活分配和优化。

对于传统数据中心，虚拟化技术帮助企业更好地利用硬件资源，降低成本并提高应用的可用性。

国产虚拟化解决方案：除了全球知名的 Vmware、Microsoft Hyper-V 和 Citrix 等虚拟化解决方案，中国也发展出了自己的产品，例如天翼云、华为的 FusionSphere 等。

桌面虚拟化（Virtual Desktop Infrastructure，VDI）：在教育、政府和大型企业部门，为了实现桌面管理的中心化和安全性，VDI 方案得到了广泛应用。

中国的 VDI 市场也见证了不少国产虚拟化解决方案的崛起，这些方案旨在满足特定的本地需求和法规。

网络功能虚拟化（Network Functions Virtualization，NFV）：通信行业在转型为 5G 时，开始大量采用 NFV 来虚拟化网络功能和服务。中国的通信巨头，如中国移动、中国联通和中国电信，都在他们的网络中实施了 NFV 技术。

数据安全和合规性：由于数据安全和合规性的要求，很多关键行业（如金融、医疗和政府）

在采用虚拟化技术时需要进行严格的安全评估和本地化调整。

容器技术与虚拟技术的融合：近年来，容器技术，特别是 Docker 和 Kubernetes，在中国的企业和开发者社区中获得了广泛关注。很多企业开始探索将虚拟技术与容器技术相结合，以充分利用两者的优点。

### 10.3.2　容器技术及其在中国的应用

容器技术，尤其是 Docker 和 Kubernetes，为开发者和运维人员提供了一个轻量、灵活且一致的环境，使应用能够在不同的部署环境中无缝运行。在全球范围内，容器技术的应用已经相当成熟，而在中国，这一技术也得到了广泛的采纳和应用。

开发与部署：容器技术简化了应用的打包、分发和部署过程。在中国的开发者社区中，Docker 等工具已经成为日常开发和测试的标配。

云服务厂商，如阿里云、华为云和腾讯云，提供了容器服务，使客户能够轻松部署和扩展容器化应用。

国产容器技术：除了 Docker 和 Kubernetes 这两个国际上广受欢迎的开源项目，中国还拥有一系列国产的容器技术和平台，如 DaoCloud、QingCloud 等。

这些国产平台经常针对中国市场的特定需求进行优化，如提供更好的网络性能、更加灵活的计费模式等。

微服务架构：容器技术与微服务架构相辅相成。中国的互联网巨头，如阿里巴巴、腾讯和京东，都在其复杂的应用环境中采纳了微服务架构，并大量使用容器技术进行支撑。

AI 和大数据：容器技术为 AI 和大数据应用提供了一种标准化的运行环境，确保了在不同环境中的一致性。在中国，许多 AI 初创公司和研究机构都在使用容器技术来部署和运行他们的 AI 模型和算法。

边缘计算与 IoT：随着 IoT 和边缘计算的兴起，容器技术在这两个领域也开始发挥作用。容器技术提供了一种在资源受限的设备上运行应用的轻量级方法，而在中国，不少 IoT 企业已经开始探索和实践这一方向。

### 10.3.3　容器编排与在中国的管理实践

容器编排主要是指管理容器的生命周期，确保其高可用性和扩展性的技术。它涉及多容器应用的部署、网络配置、负载均衡、服务发现等问题。其中，Kubernetes（K8s）是目前最受欢迎的容器编排工具。

Kubernetes 在中国：由于 Kubernetes 的开放性、灵活性和健壮性，它在中国已经被广泛采纳。大型互联网公司如阿里巴巴、腾讯、百度和网易云等都在内部大规模部署 Kubernetes 集群。

阿里云、华为云和腾讯云等云服务提供商提供了 Kubernetes 的托管服务，简化了用户的部署和管理流程。

国产容器编排技术：除了 Kubernetes，中国还有一些国产的容器编排工具，如腾讯云的 TKE、阿里云的 ACK 等。这些工具为中国的企业提供了本地化的支持和优化。

其中，一些解决方案也结合了中国的业务特色和监管要求，为企业提供定制化服务。

管理与实践：在中国，容器编排技术和容器编排工具的应用不仅局限于互联网公司。许多传统行业，如金融、零售、医疗和制造业，也开始探索和应用这些技术和工具。

随着 DevOps 文化在中国的逐渐普及，容器编排技术在持续集成和持续部署（CI/CD）中发挥着越来越重要的作用。

社区与合作：中国拥有一个活跃的 Kubernetes 和容器编排技术社区，许多开发者和企业积极参与到开源项目中，为全球社区做出了贡献。

同时，一些大型的技术会议和研讨会，如 KubeCon + CloudNativeCon China 也在中国举办，进一步推动了容器编排技术的交流和合作。

挑战与未来：尽管容器编排技术在中国得到了广泛的应用，但企业仍然面临一些挑战，如数据安全、网络隔离和合规性等。

但随着技术的进一步成熟和行业最佳实践的形成，预计容器编排技术在中国的应用将持续深入，覆盖更多的行业和场景。

# 第11章　人工智能与机器学习

## 11.1　机器学习基础

### 11.1.1　什么是机器学习

定义：机器学习是人工智能的一个分支，它允许计算机通过数据学习并进行预测或决策，而不是通过明确的编程来执行任务。它主要依赖于统计技术，允许机器在数据输入时改进某些任务的执行。

机器学习与传统编程之间有着很大的差异。

传统编程：开发者明确为计算机编写指令，告诉它如何完成特定任务。输入数据和程序代码会产生输出结果。

机器学习：开发者提供大量的数据和期望的输出结果，然后机器学习算法尝试找到数据和输出结果之间的关系，从而在给定新的数据时，可以预测相应的输出结果。

机器学习的主要类型：

（1）监督学习。这是最常用的类型，其中模型从带有标签的数据中学习。一旦模型经过训练，它可以开始为新的、未标记的数据做出预测或决策。常见的监督学习任务有回归（预测连续值）和分类（预测离散标签）。

（2）非监督学习。在这种情况下，训练数据没有标签，算法试图在数据中找到结构，如通过聚类或降维。它主要用于数据探索和识别数据中的模式或结构。

（3）强化学习。在这里，模型（称为代理）学习如何在环境中采取行动，以最大化某些概念的奖励。强化学习常用于游戏、机器人技术和某些在线优化问题，其中模型必须在不完全知道所有细节的情况下做出决策。

### 11.1.2　主要的机器学习算法

1. 决策树

概念：决策树是一种用于分类和回归的监督学习算法。它使用树结构来表示决策和决策结果。

优点：易于理解和解释，因为它可以可视化为实际的树结构。

缺点：容易过拟合，尤其是在深树中。

2. 支持向量机

概念：支持向量机（Support Vector Machine，SVM）是一种分类器，其目标是找到一个超平面，以最大化类别间的边距。

优点：在高维数据上效果良好，适用于非线性问题。

缺点：对大型数据集不太适用，因为训练时间可能会很长。

3. 逻辑回归

概念：尽管其名为"回归"，但逻辑回归主要用于二分类问题。它估计了数据属于某个特定类别的概率。

优点：结果是概率输出，可以调整分类阈值；易于实现。

缺点：假设数据的特征空间是线性可分的，可能不适用于所有数据集。

4. 聚类算法

概念：聚类是非监督学习中的任务，旨在将数据点组织成几个彼此相似的群组或"簇"。

常见算法：

K 均值：分配数据点到 K 个簇中，使得簇内的方差最小。

DBSCAN：基于数据点的密度进行聚类。

层次聚类：创建一个数据点的树状分层结构。

5. 降维算法

概念：降维旨在减少数据集的维数，同时尽量保留其关键特征。

常见算法：

主成分分析（Principal Components Analysis，PCA）：通过正交变换将相关变量转化为一组与线性无关的变量。

线性判别分析（Linear Discriminant Analysis，LDA）：最大化类之间的距离并最小化类之间的距离。

t-SNE：用于可视化高维数据。

这些算法只是机器学习众多算法中的一部分。选择哪种算法取决于数据的特点、问题的性质和所需的结果。

## 11.1.3　神经网络与深度学习

1. 从感知机到多层感知机

感知机：是最早的人工神经网络之一，由 Frank Rosenblatt 于 1957 年提出。它是一种线性分类器，基于一个或多个输入，产生一个输出。

多层感知机（Multi-Layer Perceptron，MLP）：是一个前馈神经网络，由多个神经层组成。与单层的感知机相比，MLP 可以捕捉和学习数据的非线性关系。

2. 卷积神经网络

概念：卷积神经网络（Convolutional Neural Network，CNN）是一种特别适用于图像识别和处理的深度学习模型。

特点：由卷积层、池化层和全连接层组成。这些层都是网络的隐含层，负责从输入图像中自动学习和提取高级特征。

应用：除图像识别外，还广泛应用于视频分析、图像生成等任务。

3. 循环神经网络

概念：循环神经网络（Recurrent Neural Network，RNN）是一类适用于序列数据（如时间序列或文本）的神经网络。

特点：RNN 具有"记忆"功能，可以保存前一个时间步的信息。但在处理长序列时，它可能会遇到梯度消失或爆炸的问题。

变种：如长短时记忆网络（Long Short Term Memory，LSTM）和门控循环单元（Gated Recurrent Unit，GRU）能更好地处理长序列。

4. 变换器架构

概念：变换器（Transformer）是 2017 年提出的一种新型神经网络架构，尤其适用于 NLP 任务。

特点：利用自注意力机制，变换器可以同时考虑序列中的所有单词，而不是像 RNN 那样逐个处理。

应用：BERT、GPT、T5 等现代 NLP 模型都基于变换器架构。

# 11.2 开 发 框 架

## 11.2.1 TensorFlow 简介

### 1. TensorFlow 的历史与发展

起源：TensorFlow 是由 Google Brain 团队开发的开源机器学习框架。它最初是为了支持谷歌内部的研究和生产需求而设计的，后来在 2015 年被公开发布。

发展：自发布以来，TensorFlow 已经经历了多个版本的迭代和更新。随着社区的支持，它迅速成为最受欢迎的深度学习框架之一。

扩展：TensorFlow 不仅有一个基于 Python 的框架，还有 TensorFlow.js（用于 Web 应用）、TensorFlow Lite（用于移动和嵌入式设备）以及 TensorFlow Extended（用于端到端的机器学习生产流程）。

### 2. 基础操作与 TensorFlow 2.x 的特点

1）基础操作

张量（Tensor）：TensorFlow 的核心概念是张量，它可以看作是一个多维数组或列表。例如，向量是 1D 张量，矩阵是 2D 张量。

计算图：在 TensorFlow 1.x 中，模型的所有操作都在一个计算图中定义，然后使用一个会话来执行。这种延迟执行允许进行优化，但也使调试变得复杂。

自动微分：TensorFlow 可以自动计算梯度，这对于神经网络的反向传播训练至关重要。

2）TensorFlow 2.x 的特点

即刻执行（Eager Execution）：TensorFlow 2.x 默认启用即刻执行，这使得其行为更接近传统的编程方式，提供了更直观的接口并简化了调试。

Keras 集成：TensorFlow 2.x 选择 Keras 作为其官方高级 API，使得模型定义、训练和评估变得简单。

模型保存和部署：TensorFlow 2.x 提供了工具和格式，如 SavedModel，使模型的保存和部署变得简单，无论是在服务器、Web 还是移动设备上。

API 清理：一些过时或冗余的 API 在 TensorFlow 2.x 中被移除或替换，使得 API 更加整洁。

## 11.2.2 PyTorch 概览

### 1. PyTorch 的特色与优势

用户友好：PyTorch 的语法和操作非常接近 Python 原生，这使得它对于 Python 开发者来说非常直观和容易上手。

动态计算图：不同于其他深度学习框架的静态计算图，PyTorch 使用了动态计算图（也称为即刻执行）。这意味着计算图在每次迭代时都会重新构建，提供了更大的灵活性。

强大的自动梯度系统：PyTorch 提供了一个叫作 autograd 的模块，它能够自动地为张量操作计算导数，这在神经网络中的反向传播过程中非常有用。

原生支持 CUDA：GPU 的支持使得 PyTorch 能够进行快速数值计算，特别是对于大型数据或模型。

广泛的库和工具：有许多为 PyTorch 开发的工具和库，如 TorchVision（用于计算机视觉任务）。

研究友好：由于其灵活性，PyTorch 被认为更适合学术研究和原型设计。

2. 动态计算图与 PyTorch 的灵活性

动态计算图：与静态计算图相对，动态计算图在每次操作时都会立即执行。这意味着不需要先定义完整的计算图，然后再运行它。每一个操作都会立即得到结果。

灵活性的优势：动态计算图的特点使得 PyTorch 在处理变长输入、修改网络结构或试验新的想法时具有极大的灵活性。例如，为了实现一个特定的循环结构或条件分支，开发者可以直接使用 Python 的循环和条件语句，无须任何特殊的框架操作。

调试：使用 Python 原生的调试工具（如 pdb）对 PyTorch 模型进行调试是非常直接的，因为模型的行为就像常规 Python 代码一样。

PyTorch 的动态计算图提供了一种直观的、灵活的且强大的方式来构建和试验深度学习模型，特别是在需要频繁修改和迭代模型的研究环境中。

## 11.2.3　其他机器学习与深度学习框架

### 1. Keras

描述：Keras 是一个高级神经网络 API，由 Python 编写，能够以 TensorFlow、CNTK 或 Theano 作为后端运行。它旨在使深度学习模型的构建和实验变得快速和简单。

优点：用户友好、模块化、易于扩展，与主流深度学习后端兼容。

适用情境：当需要一个能够快速原型化，支持常见网络层、优化器等，并且不需要高度定制的框架时，Keras 是一个不错的选择。

### 2. Caffe

描述：Caffe 是由 Berkeley Vision and Learning Center （BVLC）开发的深度学习框架，特别注重速度和模块性。

优点：快速，适用于卷积神经网络，广泛应用于工业应用中。

适用情境：适用于需要在真实时间中处理大量数据的任务（如图像分类），或者需要与 C++ 接口对接的应用。

### 3. MXNet

描述：MXNet 是一个用于深度学习的开源框架，支持多种编程语言，如 Python、Scala、R、Java 等。

优点：灵活性高，支持符号式和命令式编程，易于扩展，支持多 GPU 和多服务器。

适用情境：当需要一个支持多种编程语言、可以轻松扩展并在多个平台上运行的深度学习框架时，MXNet 是一个很好的选择。

4. 框架的选择与适用情境

项目需求：根据项目的具体需求（例如，是否需要实时性、是否需要处理大量数据、是否需要特定的网络结构等），选择适合的框架。

灵活性与复杂性：例如，PyTorch 和 TensorFlow 提供高度的灵活性和控制力，但可能需要更多的代码；而 Keras 则提供了一个更高级、更简洁的 API。

社区和支持：一个拥有活跃社区和丰富文档的框架，如 TensorFlow 或 PyTorch，能够为开发者提供更多的资源和支持。

性能：在某些应用中，如在移动设备或嵌入式系统上的部署，框架的性能可能是一个关键的考虑因素。

与其他系统的集成：根据项目的其他部分，如前端或后端系统，选择一个可以轻松集成的框架。

# 11.3　AI 在现实世界的应用

## 11.3.1　自然语言处理

自然语言处理是（Natural Language Processing，NLP）人工智能和语言学领域的交叉学科，致力于让机器理解和生成人类语言。近年来，随着深度学习技术的发展，NLP 领域取得了许多突破。

1）词嵌入

描述：词嵌入是一种将词汇映射到固定大小的向量的技术，使得语义上相似的词在向量空间中的距离也相近。例如 Word2Vec、GloVe 和 FastText。

应用：词嵌入被用于各种 NLP 任务中，如文本分类、情感分析、命名实体识别等。

2）语言模型

描述：语言模型试图预测给定一系列词后的下一个词。最近，像 BERT、GPT 和 T5 这样的变革性预训练模型已经重新定义了 NLP 的许多任务。

应用：改进了机器翻译、文本生成、问答系统等任务的性能。

3）机器翻译

描述：机器翻译的目标是自动将一种语言转化为另一种语言。神经机器翻译如 Transformer 结构，现在是这个领域的标准。

应用：如 Google Translate、Bing Translator 等服务。

4）聊天机器人

描述：聊天机器人可以模仿人类与用户进行交互。基于规则的系统已经过时，现在的机器人更多地依赖于 NLP 技术。

应用：客户支持、个人助理、娱乐等。

5）情感分析

描述：情感分析旨在自动确定给定文本的情感，如正面、负面或中性。

应用：品牌监控、电影或产品评论、市场研究等。

6）文本生成

描述：文本生成涉及自动产生文本内容，通常基于某种输入。

应用：新闻摘要、创意写作、广告内容创作等。

随着技术的进步，自然语言处理正在成为日常生活中不可或缺的部分，从简单的语音助手到复杂的新闻生成系统，其应用前景是无穷无尽的。

## 11.3.2　计算机视觉

计算机视觉是人工智能的一个分支，专注于使机器可以从图像或视频中提取信息。随着深度学习技术的发展，计算机视觉已经取得了巨大的进步，并在多种实际应用中得到了广泛应用。

1）图像分类

描述：图像分类的目标是确定一个图像属于哪一个预定的类别。

应用：照片排序、医学图像分析、自动标签生成等。

2）目标检测

描述：与图像分类不同，目标检测不仅要确定图像中的对象类别，还要找出对象的确切位置，通常以边界框的形式。

应用：视频监控、自动驾驶汽车、移动机器人等。

3）语义分割

描述：语义分割旨在对图像中的每一个像素进行分类。

应用：自动驾驶、医学图像分析、增强现实等。

4）面部识别

描述：面部识别技术识别并验证图像或视频中个体的身份。

应用：手机解锁、安全监控、支付系统等。

5）风格迁移

描述：风格迁移是指将一个图像的风格应用到另一个图像上，而不改变其内容。

应用：艺术创作、图片编辑、广告设计等。

6）GANs（生成对抗网络）

描述：GANs 是由两个网络组成的模型，一个生成器和一个鉴别器，它们一起工作以产生高质量的生成图像。

应用：图像生成、超分辨率、艺术创作、数据增强等。

计算机视觉为各种行业提供了无数的机会，从医疗、娱乐到汽车工业，它正在改变我们与世界的互动方式。

## 11.3.3　其他应用领域

人工智能及其子领域，如深度学习和强化学习，已经被广泛应用于各种领域，不仅改变了这些领域的工作方式，还提供了新的机会和挑战。

1）语音识别与合成

描述：语音识别技术将人类的声音转换为文本，而语音合成则相反，将文本转换为声音。

应用：虚拟助手（如 Siri、Google Assistant）、自动语音翻译、语音控制系统等。

2）强化学习在游戏和机器人技术中的应用

描述：强化学习是机器学习的一个子领域，目标是让机器通过与环境互动来学习。

应用：游戏如 AlphaGo、OpenAI 的 Dota2 AI、游戏 AI 的训练等；机器人技术如机器人导航、机械臂操作、无人驾驶等。

3）医学影像诊断

描述：使用 AI 技术分析医学图像，以帮助医生进行更准确的诊断。

应用：癌症检测、视网膜病变诊断、肺炎识别等。

4）股票预测

描述：使用 AI 技术和机器学习技术预测股票的价格趋势。

应用：量化交易、投资组合优化、市场情感分析等。

随着技术的不断发展，AI 及其相关技术正被应用于更多的领域，并且其潜力仍然巨大。无论是提高效率、减少错误，还是开发全新的产品和服务，AI 都在为现代社会带来革命性的变化。

# 第 3 部分

# 计算机与电子的创新领域与趋势

# 第 12 章　物联网（IoT）的崛起

## 12.1　IoT 的定义与应用场景

### 12.1.1　什么是物联网

物联网（Internet of Things，IoT）是指在互联网的基础上，通过各种信息传感设备与网络连接起来的物体，形成人与物、物与物之间的智能信息交互的网络。简单地说，IoT 是将各种"物体"通过网络连接起来，使其能够收集、交换和响应数据，而不需要人为干预。

1. 物联网的核心概念

物体：在 IoT 中，物体可以是任何事物，从家用电器、汽车到工业设备。

互联：这些物体通过各种通信技术与网络相连接。

数据交互：物体能够收集、发送和接收数据，实现信息的自由传送。

智能决策：通过分析这些数据，系统可以自动做出决策，如自动调节温度、自动关闭设备等。

2. 物联网与传统互联网的区别

更广泛的连接：传统互联网主要是连接计算机和手机，而 IoT 连接的是各种物体，数量巨大。

数据量：由于连接的物体数量众多，IoT 产生的数据量远超过传统互联网。

安全性问题：由于物联网的广泛应用，它的安全问题也更为复杂。

物联网的兴起为我们的日常生活、工作和娱乐带来了革命性的变化，从智能家居、智能交通到智能医疗和智能城市，它正在重新定义我们与物体之间和物体与物体之间的关系。

### 12.1.2　常见的 IoT 应用领域

1. 工业 IoT：智能工厂与生产线自动化

工业 IoT（Industrial Internet of Things，IIoT）是物联网技术应用于制造业和工业生产中的一部分。通过将传感器、智能设备和软件应用于工厂和生产线，企业可以实现自动化、提高生产效率、减少资源浪费，并进行实时的数据分析和优化。

主要应用包括以下几个方面。

预测性维护：通过对机器数据的实时监控和分析，预测潜在的设备故障并提前进行维护。

智能供应链：利用 IoT 数据，自动跟踪物料需求和库存，确保供应链流畅。

实时监控：追踪生产线的每一步，确保产品质量和生产效率。

能源管理：实时监测和控制设备的能源使用，降低能源消耗。

2. 医疗 IoT

医疗 IoT 是指将物联网技术应用于医疗和健康领域，包括远程患者监控、医疗设备互联和健康数据的集成与分析。

主要应用包括以下几个方面。

远程患者监控：通过连接到医疗设备的传感器，医生可以远程监测患者的健康状况。

可穿戴健康设备：如智能手环、健康跟踪器等，可以实时监测心率、血糖、血压等关键指标。

智能药物管理：利用 IoT 设备跟踪药物使用，提醒患者按时服药。

数据集成与分析：将患者的各种健康数据集成在一起，利用 AI 技术进行分析，为医生提供更全面的诊断信息。

随着技术的进步和应用的普及，IoT 将继续深入各个领域，为我们的生活和工作带来更多的便利和智能化。

## 12.2　智能家居与智慧城市

### 12.2.1　智能家居：从智能灯泡到智能家电

随着物联网技术的不断成熟，智能家居正逐步进入千家万户，为用户带来更加便捷和舒适的生活体验。从简单的智能灯泡到复杂的智能家电，代表了物联网技术的一次次跃进。

智能灯泡：用户可以通过手机应用或语音助手远程控制家中的灯泡，设置不同的亮度、颜色和情境模式，以满足不同场合的需求。

智能家电：如智能空调、智能冰箱、智能洗衣机等。这些智能家电可以通过互联网连接到用户的手机应用，进行远程控制，自动化设置，甚至预测用户的需求。

1. 智能音响与虚拟助手的整合

智能音响如 Amazon Echo、Google Home 和苹果的 HomePod 已经成为许多家庭中不可或缺的部分。这些音响不仅播放音乐，更多的是集成了虚拟助手功能，能够进行语音识别和命令执行。

用户可以直接对音响发出指令，如"播放某首歌""设置一个计时器"或"告诉我今天的天气"。

与其他智能家电设备整合，实现家居自动化，如"关闭客厅的灯"或"设置卧室温度为 22℃"。

2. 家庭自动化系统与场景设置

家庭自动化系统能够根据用户的预设或习惯，自动执行一系列的操作。例如，早上起床时自动开启窗帘、播放音乐和煮咖啡。或者在用户离家时，自动关闭所有家电和锁定门窗。

场景设置：用户可以预设不同的情境模式，如"离家模式""晚上看电影模式"等，一键执行多个操作。

这些智能家居技术不仅提高了生活的便利性，也大大提升了家庭的安全性和能效，代表了未来家居的发展趋势。

### 12.2.2　智慧城市：从智能交通到能源管理

随着全球城市化进程的加速，智慧城市的概念越来越受到各方关注。智慧城市是利用先进的信息技术和物联网技术，对城市运营的各个方面进行智能化管理，从而实现资源的最大化利用，提高城市生活的质量和效率。

智能交通：通过实时数据分析，对交通流量进行预测和管理，减少拥堵，提高出行效率。智能交通灯、自动驾驶公交和智能停车系统都是智能交通的具体体现。

能源管理：采用先进的传感器和数据分析技术，对城市的电力、水和天然气消费进行智能监控和管理，以达到节能减排的目的。例如，智能电表可以实时监测电力消费情况，帮助用户和供电公司更高效地用电。

### 1. 垃圾分类与回收自动化

为了应对日益严重的环境问题，越来越多的城市开始推广垃圾分类。人工智能技术可以帮助实现垃圾分类与回收的自动化。

使用图像识别技术的垃圾分类垃圾桶，能自动识别和分类用户扔进去的垃圾。

通过物联网技术，可以实时监控垃圾桶的填充情况，及时通知清运车辆前来清空。

### 2. 公共安全与监控技术

公共安全是城市管理的重要组成部分。通过采用先进的监控技术，可以有效提高城市的公共安全水平。

通过安装高清摄像头和其他传感器，对公共场所进行 24 小时实时监控。

利用人工智能技术，如人脸识别，自动识别可疑人员或行为，并及时通知警方。

通过数据分析预测和预防潜在的安全隐患，如火灾、交通事故等。

智慧城市不仅是技术的应用，更是一种全新的城市管理和发展理念，有助于提高城市居民的生活质量，同时也为城市的可持续发展打下坚实的基础。

## 12.3　IoT 设备安全与隐私问题

### 12.3.1　IoT 安全挑战：从设备到云端

设备的物理安全：许多物联网设备，如摄像头、传感器等，通常处于易于访问的地方。这使它们容易受到物理攻击，如篡改、破坏或窃取。

不安全的接口：很多物联网设备具有不安全的网络接口和本地接口，可能被攻击者利用来执行恶意操作。

软件和固件的弱点：与其他计算设备一样，物联网设备也可能存在软件和固件的漏洞，使其容易受到远程攻击。

不足的加密：许多物联网设备不支持或未正确实施数据加密，这使得传输的数据容易被拦截和篡改。

更新和修补问题：物联网设备的制造商可能不提供持续的软件更新和安全修补，使得设备长时间处于已知的安全漏洞中。

隐私泄露：设备收集的数据，如用户的行为、位置和习惯等，如果未得到充分保护，就可能会被未经授权的第三方访问或利用。

从设备到云端的数据流：数据在从设备传输到云端的过程中可能会遭受到各种攻击，如中间人攻击、重放攻击等。

为应对这些挑战，各方应该采取综合措施，如设备硬件加密、强制用户更改默认密码、及时提供软件更新和修补等。另外，消费者、制造商和政府也应该共同努力，建立并维护一个安全的物联网生态系统。

### 12.3.2 保护用户隐私与数据完整性

随着物联网设备的日益普及，它们所产生的数据量也在不断增加。这些数据中包含了大量的个人信息，如行为习惯、健康状况、位置信息等。如何确保这些数据的隐私和完整性，已经成为亟待解决的问题。

最小化数据收集：只收集真正必要的数据，避免不必要地存储过多的个人信息。

数据加密：无论数据是在存储时还是在传输时，都应使用强加密算法来确保其安全。

访问控制：确保只有经过授权的用户和设备才能够访问数据，并对所有的访问行为进行日志记录。

持续的安全审核：定期对物联网系统进行安全审核，以确定潜在的安全漏洞和隐私风险。

用户控制与透明度：用户应能够控制自己的数据，包括查看、修改和删除数据。同时，他们应当清楚地知道其数据如何被收集、存储和使用。

数据备份与恢复：定期备份数据，并确保在出现问题时可以迅速恢复。

数据的生命周期管理：明确定义数据的存储期限，并在该期限结束后对其进行销毁。

设备身份验证与数据完整性检查：确保数据来源的设备是可信的，并且其传输的数据没有被篡改。

法规与合规性：遵守所有相关的隐私和数据保护法律、政策和规定。

用户教育与培训：教育用户如何保护自己的隐私和安全，例如通过更改默认密码、定期更新软件和使用安全的网络连接。

物联网设备为我们的生活带来了极大的便利，同时也带来了隐私和安全上的挑战。只有采取上述措施，我们才能充分利用物联网的优势，同时确保个人隐私和数据的安全与完整性。

### 12.3.3 为 IoT 设计的最佳实践和标准

随着 IoT 技术的迅速发展，确保设备、平台和解决方案的安全性和互操作性变得至关重要。为此，产业界和学术界共同制定了一系列的最佳实践和标准，以指导 IoT 领域的开发和部署。

设备身份和认证：为每个设备分配唯一的身份标识；使用安全的方法（如证书）对设备进行身份验证。

安全更新和补丁管理：设计设备以支持远程的、安全的固件和软件更新；保持对已知安全漏洞的监视，并及时发布补丁。

数据加密：使用行业认可的加密算法对数据进行加密；对数据在传输和存储时都应对其进行加密。

设备生命周期管理：考虑设备的整个生命周期，从制造、部署到退役；在设备不再受支持或达到其生命周期结束时，为用户提供明确的指南。

网络安全：使用安全的、标准化的协议，如 TLS/SSL，来保护数据传输；限制非必要的端口和服务，减少攻击面。

物理安全：采取措施防止设备被恶意物理访问或篡改；设计硬件，使其可以检测和响应任何未授权的物理入侵。

隐私保护：仅收集必要的数据，并明确告知用户数据的使用方式；遵循国际隐私标准和法规，如 GDPR。

互操作性与标准：遵循开放的、行业认可的 IoT 标准和协议；测试设备以确保它们可以与其他厂商和平台互操作。

持续的安全评估：定期进行安全审计和风险评估；参与第三方的安全认证和测试。

用户教育与意识：提供用户指南和教育，帮助他们了解如何安全地使用和维护设备；为用户提供工具和资源，以帮助他们保护自己的隐私和数据。

# 12.4  适合大学生创新的 IoT 应用实践方案

## 12.4.1  智能植物监控系统

在当前环境保护和绿色生活理念的倡导下，智能植物监控系统显得尤为重要。对于许多繁忙的人来说，如何有效地照料植物并确保其健康成长是一个挑战。而对于大学生来说，这是一个巨大的创新机会，他们可以利用 IoT 技术设计并创建智能植物监控系统，为此提供解决方案。

1. 基本构成

传感器集合：使用土壤湿度传感器、温度和湿度传感器、光照传感器以及水位传感器等来收集关于植物生长环境的数据。

中央控制单元：一个微控制器，如 Arduino 或 Raspberry Pi，用于接收传感器的数据并处理它。

通信模块：Wi-Fi 或蓝牙模块，允许数据上传到云端或手机应用。

手机/网页应用程序：用户可以在此查看实时数据、历史数据以及得到关于如何照顾植物的建议。

2. 主要特点与功能

实时监控与反馈：用户可以实时查看植物的状态，并通过应用程序得到即时的反馈和建议。

自动灌溉：结合一个简单的水泵，系统可以在检测到土壤干燥时自动进行灌溉。

环境适应性：根据所监测的环境条件，如光照和温度，系统可以为植物提供最佳的生长建议。

疾病预警：通过对数据的分析，系统可以提前警告可能出现的植物疾病或害虫问题。

互动性：结合 AI，系统可以与用户进行简单的互动，如回答关于照顾植物的问题。

3. 创新与参赛建议

数据分析：大学生可以对收集到的数据进行深入分析，找出植物生长的模式，从而为用户提供更准确的建议。

社交功能：在应用程序中增加社交功能，让用户分享他们的植物生长进度，互相学习和交流经验。

扩展性：设计系统时应考虑到扩展性，使其可以轻松地添加更多的传感器和功能。

可持续性：考虑使用太阳能等可再生能源为系统供电，增加其可持续性。

通过这样的系统，大学生不仅可以锻炼自己的技术能力和创新思维，还可以为更多的人提供实用的工具和方法，帮助他们更好地照顾植物。而对于各种技术和创新竞赛，这样的项目也很容易获得评委和公众的关注。

## 12.4.2  宿舍自动化

随着科技的发展，智能家居技术逐渐进入人们的日常生活。而对于在校大学生来说，宿舍是他们日常生活的重要环境，也是他们学习、休息的主要场所。利用 IoT 技术，可以为大学生宿舍创造一系列的自动化和智能化应用场景，提高生活质量和学习效率。

1. 基本构成

传感器集合：温度和湿度传感器、光照传感器、人体红外传感器、声音传感器等。

中央控制单元：如 Arduino 或 Raspberry Pi，用于接收和处理来自传感器的数据。

执行元件：如电机驱动的窗帘、智能灯泡、智能插座等。

通信模块：Wi-Fi、蓝牙或 ZigBee 等模块，使设备和手机应用之间能够进行通信。

手机/网页应用程序：学生可以通过应用程序进行各种设置，查看环境数据，以及控制各种设备。

2. 主要功能与应用场景

自动灯光控制：根据室外光照或室内活动，自动调节宿舍的灯光亮度，如日落时自动开灯，或学生离开宿舍后自动关闭灯光等。

窗帘自动控制：在早晨，窗帘可以根据设定时间自动打开，使自然光进入宿舍；晚上则自动关闭。

温度与湿度调节：通过与空调或电风扇结合，根据当前的温度和湿度自动开关，为学生创造舒适的学习和休息环境。

安全与提醒：利用人体红外传感器，可以在有人闯入时发出提醒；声音传感器可以在宿舍声音过大时，提示学生降低音量。

节能与环保：学生可以通过应用程序查看宿舍的电力消耗情况，从而采取措施节省能源。

3. 创新点与扩展建议

语音助手集成：与智能音响（如 Amazon Echo 或 Google Home）结合，实现语音控制功能。

学习模式：设计特定的"学习模式"，在此模式下，自动调节灯光、温度等，为学生提供最佳的学习环境。

宿舍健康监测：监测宿舍的空气质量、光照等，提醒学生采取适当的措施，如开窗通风。

通过宿舍自动化项目，大学生可以体验到 IoT 技术在实际生活中的应用，也可以为他们提供方便快捷的生活方式，同时增强宿舍的安全性和节能性。

### 12.4.3　校园安全监测系统

校园是学生们学习、生活和交往的地方，保障校园的安全至关重要。运用 IoT 技术，可以为校园创建一个全面的、智能的安全监测系统，及时发现并处理潜在的安全隐患。

1. 基本构成

传感器集合：摄像头、人体红外传感器、烟雾传感器、震动传感器、气体泄漏传感器、声音传感器等。

中央控制单元：用于接收、分析来自传感器的数据，并作出相应的决策。

通信模块：使用 Wi-Fi、蓝牙、ZigBee 或 NB-IoT 等方式，保证数据实时传输。

报警系统：如蜂鸣器、警灯、自动短信或 App 推送通知等。

数据存储与分析平台：记录并分析数据，帮助管理者了解校园安全状况，预测潜在风险。

2. 主要功能与应用场景

入侵监测：使用摄像头和人体红外传感器，监测未经授权的入侵或异常行为，如夜间的非法闯入。

火灾预警：利用烟雾传感器和温度传感器，监测火灾或过热现象，并及时发出预警。

化学实验室安全：气体泄漏传感器可以用于监测实验室中的有害气体泄漏。

建筑结构安全：震动传感器可以用于监测地震或建筑结构的异常震动。

公共噪声监测：声音传感器可以用于监测超出正常范围的噪声，如夜晚的噪声干扰。

3. 创新点与扩展建议

面部识别与学生身份验证：利用摄像头和面部识别技术，确保只有经过授权的学生和教职工才可以进入特定区域。

移动安全巡检机器人：开发能在校园内自动巡检的机器人，结合摄像头和其他传感器进行实时监控。

校园车辆管理：使用 IoT 技术，如自动车牌识别，对校园内的车辆进行管理和追踪。

数据可视化与安全管理平台：为管理者提供一个可视化的平台，展示校园内的各种安全数据和统计信息。

这样的校园安全监测系统不仅可以帮助管理者提高校园的安全水平，还可以为学生提供一个实际的应用场景，让他们更好地了解和应用 IoT 技术。

## 12.4.4　智能停车解决方案

随着汽车数量的增加，在校园内寻找合适的停车位置成为一个问题。智能停车解决方案通过利用 IoT 技术，可以为驾驶员提供实时的停车信息，优化停车流程，并提高停车场的使用效率。

1. 基本构成

停车位检测传感器：通常是地磁传感器或红外传感器，安装在每个停车位上，用于检测该位置是否有车辆。

中央处理与控制单元：收集来自各传感器的数据，进行分析并做出决策。

通信模块：利用 LoRa、Wi-Fi、ZigBee 等方式，实现传感器与中央控制单元之间的数据传输。

用户界面：一个手机应用或网页平台，为驾驶员展示当前的空位信息，并提供导航建议。

数据存储与分析平台：存储停车数据，并进行长期分析，优化停车流程。

2. 主要功能与应用场景

实时停车信息：在用户界面上展示当前的空闲停车位数量和位置。

智能导航：为驾驶员提供到达指定空闲停车位的最佳路径。

预定停车位：允许用户提前预订特定的停车位。

停车计费与支付：自动计算停车费用，并支持移动支付。

历史数据分析：分析停车的高峰时段，帮助管理者优化停车场布局和流程。

3. 创新点与扩展建议

车牌识别系统：自动记录进出停车场的车辆信息，提高安全性。

能源管理：如果停车场配备了充电桩，可以为电动车提供智能充电管理。

环境监测：安装温湿度、PM2.5 等传感器，实时监测停车场的环境情况。

紧急情况响应：结合摄像头和其他传感器，自动监测事故或其他紧急情况，并快速响应。

该智能停车解决方案不仅可以极大地提高学校停车场的使用效率和驾驶员的停车体验，还为学生提供了一个实际的、可以应用 IoT 技术的项目，帮助他们更好地了解和运用这一技术。

### 12.4.5　环境监测站

环境问题日益受到重视，尤其在密集的校园环境中，持续的环境监测变得至关重要。为了提供一个健康的、安全的学习和生活环境，可以在校园各地部署环境监测站，为管理者和学生提供实时的环境数据。

**1．基本构成**

环境传感器：包括空气质量传感器（如 PM2.5、PM10、$CO_2$ 等）、噪声传感器、湿度和温度传感器等。

数据处理单元：收集并处理来自各传感器的数据。

通信模块：使用技术如 LoRa、Wi-Fi 或 NB-IoT，将数据发送到中央数据库或云平台。

电池与太阳能板：为监测站提供持续的电力。

用户界面：一个可供学生和教职工查看实时数据的应用程序或网站。

**2．主要功能与应用场景**

实时监测：提供空气质量、噪声水平、湿度和温度的实时数据。

数据分析与预警：根据历史数据，预测未来的环境状况，并在达到某些阈值时发出预警。

教育与宣传：通过可视化工具教育学生了解环境问题，鼓励他们采取积极行动。

研究与项目：学生可以利用这些数据进行各种研究，开展与环境相关的项目。

**3．创新点与扩展建议**

结合其他数据源：如天气预报，提供更全面的环境分析。

社区参与：鼓励学生参与到监测站的建设和维护中，让他们实践和学习。

拓展到家庭：设计便携式的家用环境监测装置，让学生和教职工在家中也能得到准确的环境数据。

与健康数据结合：结合学生的健康数据，研究环境变化与健康状况之间的关系。

环境监测站项目不仅为校园提供了一个健康的学习环境，同时也为学生提供了宝贵的实践经验，帮助他们更好地理解 IOT 技术和关心我们共同生活的环境。

### 12.4.6　智能教室

智能教室代表了教育环境的下一次变革，结合现代技术，为师生创造了一个更加舒适的、高效的和节能的学习空间。

**1．基本构成**

环境传感器：包括光线传感器、温度和湿度传感器、空气质量传感器等。

自动控制单元：根据传感器数据，自动调节灯光、空调和通风设备。

能源管理系统：监控教室的电力消耗，并进行优化，减少资源浪费。

交互式控制面板：允许教师或学生手动调整环境设置。

通信模块：允许远程控制和监控，例如使用 Wi-Fi 或蓝牙。

**2．主要功能与应用场景**

自动环境调整：根据天气、时间和室内情况自动调整光线、温度和空气质量。

节能管理：在无人时自动关闭设备，实现能源的有效使用。

智能投影与互动：根据光线条件调整投影仪的亮度，或与学生的设备实现互动学习。

实时反馈：通过应用程序或网站为教职工提供教室的实时状态，如是否有人、当前的环境条件等。

**3. 创新点与扩展建议**

集成人脸识别：自动记录学生出勤或缺席情况。

语音助手集成：允许教师通过语音命令控制教室设备。

学习行为分析：部署摄像头，分析学生的行为和表情，为教师提供关于学生学习状况的反馈。

虚拟/增强现实支持：为学生提供沉浸式学习体验，例如通过 VR 眼镜参观古代文明或探索宇宙。

智能教室为现代教育环境提供了无限可能。通过合理部署和管理，它可以为教师提供更多的教学工具，并为学生创造一个更加舒适的和高效的学习环境。

### 12.4.7 体育锻炼助手

在体育锻炼和训练中，尤其是在高等教育机构中，使用科技手段来优化训练和预防伤害变得越来越重要。利用可穿戴技术和物联网技术设计的体育锻炼助手可以实时跟踪和分析学生的运动数据，帮助他们更好地锻炼。

**1. 基本构成**

智能鞋垫：内置多个传感器，如压力传感器、加速度计和陀螺仪，用于监测步态、步频、脚部压力分布等。

数据处理单元：收集并分析来自智能鞋垫的数据。

通信模块：将数据传输到智能手机或其他设备，例如蓝牙。

应用程序：提供可视化的运动数据、建议和反馈。

**2. 主要功能与应用场景**

步态分析：分析学生的跑步或走路步态，为他们提供改善建议，预防运动伤害。

运动评估：分析学生的运动效率，如跑步节奏和脚部接触地面的时间。

训练建议：根据学生的运动数据，提供个性化的训练计划和建议。

伤害预防：检测可能的错误步态或异常压力，提醒学生调整，减少运动伤害的风险。

**3. 创新点与扩展建议**

集成心率监测：通过与其他可穿戴设备（如心率带或智能手表）的集成，提供更全面的健身数据。

语音助手：提供实时的语音反馈和指导，帮助学生在锻炼过程中进行即时调整。

社交功能：允许学生与朋友分享他们的锻炼数据和成就，增加锻炼的乐趣和动力。

虚拟训练：通过增强现实技术或虚拟现实技术，为学生提供虚拟的训练环境，例如模拟的马拉松赛道。

体育锻炼助手通过现代技术为学生提供了更为个性化和高效的锻炼方法，旨在帮助他们实现最佳的运动表现并减少伤害风险。

### 12.4.8 实验室设备管理

在学术和研究环境中，保持实验室设备的最佳运行状态是至关重要的。设备故障或错误操作可能会导致实验数据丢失、时间浪费甚至可能带来安全隐患。利用 IoT 技术进行实验室设备管理可以更有效地维护这些设备并提高实验室的运行效率。

1. 基本构成

传感器模块：在关键设备上部署传感器，如温度传感器、湿度传感器、震动传感器等，实时监测设备状态。

数据处理与存储单元：收集、存储并分析来自传感器的数据。

通信模块：利用 Wi-Fi、蓝牙或其他通信协议将数据传输到集中管理系统。

中央管理系统：一个可视化的平台，供管理员或实验室人员查看设备状态、分析数据并接收通知。

2. 主要功能与应用场景

设备状态监控：实时查看所有关键设备的运行状态，确保其正常运行。

预测性维护：通过分析数据，预测设备可能出现的问题，并提前进行维护。

能源管理：监测设备的能源消耗，优化其运行模式以节省能源。

故障通知：当设备出现异常或需要维护时，自动通知相关人员。

使用统计：收集和分析设备的使用数据，帮助实验室管理人员更好地分配和管理资源。

3. 创新点与扩展建议

RFID 技术：使用 RFID 标签跟踪实验室的设备和耗材，简化库存管理。

远程控制：允许实验室人员远程控制某些设备，如启动、停止或调整参数。

安全特性：加入门禁系统、视频监控等功能，确保实验室的安全。

集成其他系统：与实验室的预约系统、资源管理系统等集成，提供一站式的实验室管理方案。

实验室设备管理系统旨在最大限度地提高设备的可用性和效率，同时确保实验室的安全和秩序。合理利用 IoT 技术，可以显著提高实验室的工作效率并降低运营成本。

## 12.4.9 图书馆智能管理系统

在现代的教育环境中，图书馆仍然是获取知识的中心。尽管数字化资源快速增长，但纸质书籍对于许多学生和教职工来说仍然是不可或缺的。图书馆智能管理系统利用 IoT 技术确保高效地、准确地和方便地管理和存取书籍。

1. 基本构成

传感器模块：将 RFID 标签贴在每本书上，用于追踪和定位。

数据处理与存储单元：收集、存储并分析来自 RFID 读取器的数据。

通信模块：利用 Wi-Fi 或其他通信协议将数据传输到集中管理系统。

中央管理系统：一个可视化的平台，供图书馆管理员和学生查看书籍的位置和状态。

2. 主要功能与应用场景

书籍定位：学生可以在系统中搜索特定书籍，系统会指明该书籍在书架的准确位置。

自动化借还：通过自助服务站点，学生可以自主借书和还书，系统自动更新图书的状态。

存放优化：系统可以建议如何优化书籍的存放，以便于学生寻找和减少空间浪费。

损坏或丢失报告：系统能够自动检测长时间未归还或可能受损的书籍，并通知图书馆管理员。

数据分析：收集关于哪些书籍最受欢迎、书籍的流通情况等数据，帮助图书馆管理员更好地管理资源。

3．创新点与扩展建议

智能书车：设计带有 RFID 读取器的书车，可以在整理书籍时自动检测和更新书籍的位置。

智能导航：利用移动应用，为学生提供从当前位置到目标书籍的最佳路径。

预约与通知系统：允许学生预约特定的书籍，并在书籍可用时接收通知。

环境监测：部署温度和湿度传感器，确保特殊藏书的储存环境处于最佳状态。

语音助手：设计一个语音查询系统，学生可以通过语音指令来查询所需的书籍。

图书馆智能管理系统不仅提供了更高效的和方便的图书管理方式，还极大地增强了学生和教职工的用户体验。在这个数字化的时代，将传统图书馆与现代技术结合是教育创新的重要方向。

## 12.4.10 智能食堂

在大学校园中，食堂是学生日常生活的重要组成部分。智能食堂通过整合现代技术与餐饮服务，不仅可以优化食品供应链，还可以为学生提供更加健康的、高效的且个性化的用餐体验。

1．基本构成

传感器模块：将传感器部署在食堂的各个角落，用于追踪食品的消耗速度和人流动态。

数据处理与存储单元：收集并分析从传感器和其他来源（如点餐系统）收到的数据。

通信模块：利用 Wi-Fi 或其他通信协议，将数据传输到集中管理系统。

中央管理系统：一个可视化平台，供食堂管理人员监控、分析和决策。

2．主要功能与应用场景

食品需求预测：根据过去的数据，预测未来某个时间段的食品需求，从而优化食品准备量，减少浪费。

动态定价：在某些时段，对即将过期或大量剩余的食品采取优惠策略，鼓励学生购买，进一步减少浪费。

健康饮食建议：学生可以通过移动应用程序查看他们的饮食记录，并获得基于营养学的饮食建议。

人流监控与优化：监控食堂内的人流，预测高峰时段，据此调整开放时间或推出优惠策略，以分散人流。

反馈系统：学生可以通过移动应用程序提供对食物的反馈，帮助食堂改进服务。

3．创新点与扩展建议

智能点餐系统：学生可以通过移动应用程序提前点餐，食堂按照预定时间准备好食物，大大减少学生的等待时间。

食材溯源系统：为了确保食品安全，可以为每种食材提供详细的来源信息。

个性化菜单推荐：基于学生的饮食习惯和营养需求，提供个性化的菜单建议。

虚拟现实/增强现实体验：学生可以通过 VR/AR 设备预览食物的外观和营养成分。

绿色环保措施：鼓励学生使用可重复使用的餐具，减少一次性塑料餐具的使用。

智能食堂不仅可以提供更高效的服务，减少食物浪费，还可以为学生提供更健康的、绿色的和科技化的用餐体验。这种模式适应了现代大学生的生活习惯和期望，也是未来高校食堂发展的趋势。

# 第13章　量子计算与未来的计算机

## 13.1　量子计算基础概念

### 13.1.1　传统比特与量子比特

#### 1. 传统比特

在传统计算机中，信息的基本单位是比特（bit）。每个比特可以处于两种状态之一：0 或 1。在物理上，这些状态可以通过电压的高低、磁性的正负等方式来表示。传统的计算机操作，如逻辑门操作（AND、OR、NOT 等），就是基于这些比特状态的变化来进行的。

#### 2. 量子比特

与传统计算不同，量子计算中的信息单位是量子位或量子比特。量子比特的关键特性是，它可以同时处于 0、1 和 2 等各个状态，这种状态被称为叠加态。在物理上，这通常通过某种微观粒子（如电子）的两个量子态来实现，例如电子的自旋向上或向下。

#### 3. 量子比特与传统比特之间主要差异

叠加态：如上所述，传统比特只能是 0 或 1，而量子比特可以是 0、1 或同时是 0 和 1 的叠加。这意味着量子计算机可以同时处理大量的信息。

纠缠：量子比特之间可以存在一种特殊的连接，被称为纠缠。当两个量子比特纠缠时，对一个量子比特的测量会立即决定另一个量子比特的状态，即使它们之间有很大的物理距离。

测量：在传统计算中，检查一个比特的值是直接的。但在量子计算中，由于叠加的特性，当你测量一个量子比特时，它将"坍缩"到 0 或 1 的某个状态，并且在测量之前无法预知会坍缩到哪个状态。

#### 4. 对计算的影响

这些差异使得量子计算机在处理某些问题上拥有超越传统计算机的潜力。例如，量子计算机可以在短时间内因子分解大整数，这对传统计算机来说非常困难。另一个例子是模拟大型量子系统，这对于传统计算机来说也是非常复杂的，但量子计算机有可能在这方面表现得更好。

量子计算为我们提供了一个全新的信息处理范式，有潜力解决许多传统计算机无法有效处理的问题。但同时，它也带来了新的挑战，如稳定性问题、误差率和量子比特的物理实现等。

### 13.1.2　量子叠加与量子纠缠的概念

#### 1. 量子叠加

定义：量子叠加描述的是一个量子系统可以同时处于多个状态的性质。对于一个量子比特来说，这意味着它不仅可以处于 $|0\rangle$ 和 $|1\rangle$ 的状态，还可以处于两者叠加状态。

数学描述：一个量子比特的叠加状态可以表示为：$|\psi\rangle = \alpha|0\rangle + \beta|1\rangle$，其中，$\alpha$ 和 $\beta$ 是复数，

且满足 $|\alpha|^2 + |\beta|^2 = 1$。

重要性：叠加状态是量子计算能力超越经典计算的关键因素之一。由于这种叠加特性，量子计算机可以在同一时刻处理大量的计算路径。

**2. 量子纠缠**

定义：量子纠缠描述的是两个或多个量子系统之间的一种特殊关联，使得一个系统的状态与另一个系统的状态紧密相关，即使这两个系统被分隔得很远。

数学描述：一个简单的纠缠态可以表示为：

$$|\psi\rangle = \frac{1}{\sqrt{2}}\left(|00\rangle + |11\rangle\right)$$

这意味着两个量子比特要么都是 0，要么都是 1，但在测量之前，你不能确定是哪种组合。

重要性：纠缠是量子物理中的一个核心特性，它使得量子比特可以被"同步"在一起，即使它们之间存在很大的距离。纠缠也是某些量子算法和量子通信协议中不可缺少的要素。

**3. 叠加与纠缠的关系**

尽管叠加和纠缠都是量子力学的基本现象，但它们是不同的概念。叠加涉及单个量子系统的多个可能状态，而纠缠涉及两个或更多的量子系统之间的关联。

实用性：这些量子现象对于量子计算机的实用性至关重要。叠加允许量子计算机并行处理大量的计算路径，而纠缠则为复杂的量子算法提供了计算能力，使其能够解决传统计算机难以处理的问题。

## 13.1.3　量子门与量子电路

**1. 量子门**

定义：与经典计算机中的逻辑门（例如 AND、OR 和 NOT 门）相似，量子计算也有操作量子比特的门，被称为量子门。但与经典逻辑门不同的是，量子门可以操作量子比特的叠加态和纠缠态。

常见的量子门：

（1）Pauli-X、Y、Z 门：这些都是单量子比特操作，分别对应于经典的 NOT 门以及更复杂的 Y 和 Z 变换。

（2）Hadamard 门（H 门）：用于创建叠加态的单量子比特门。

（3）CNOT 门：一个两量子比特门，当一个比特为|1>时，它会翻转另一个比特。

（4）T 门、T+门以及 S 门：提供了更复杂的单量子比特相位变换。

性质：量子门是可逆的，意味着每一个量子门都有一个与之相对应的逆操作，能够撤销其效果。

**2. 量子电路**

定义：量子电路是一系列按特定顺序排列的量子门，用于对量子比特执行计算。量子电路的最终输出是通过测量得到的，测量会将量子比特从其叠加态"坍缩"到一个特定的基态（如|0>或|1>）。

构建：构建量子电路的过程通常开始于将所有量子比特设置为|0>状态。接着，通过适当的量子门来创建叠加和纠缠，然后，再进行一系列的量子操作。最后，通过测量量子比特得到输出结果。

与经典计算的差异：与经典计算中的逻辑电路相比，量子电路的一个关键特点是其固有的并行性。由于量子叠加的性质，量子电路能够同时处理多个计算路径。但这并不意味着量子计算机能够"同时"给出所有可能的答案，因为在最终测量时，只能得到其中的一个答案。量子电路的优势在于它可以高效地探索计算空间，并在某些任务上超越经典计算机。

# 13.2　传统计算与量子计算的比较

## 13.2.1　速度和计算能力的对比

搜索问题：Grover 的算法允许量子计算机在 √N 的时间内搜索 N 个项的无序数据库，而传统计算机需要 N 的时间。但是，这并不是指数级的加速。

整数分解：Shor 的算法可以在多项式时间内分解大整数，而对于传统计算机，这是一个指数级难度的问题。这对加密技术具有深远的影响，因为很多现代加密技术都依赖于大整数的分解困难性。

模拟量子系统：模拟大的量子系统对于传统计算机来说是非常困难的，但量子计算机天然适合此类任务。

但是，这并不意味着量子计算机在所有任务上都比传统计算机更快。它们在某些特定的任务上具有优势，但在其他的常规任务上可能并不具有明显的速度优势。此外，量子计算机目前仍处于其发展的初级阶段，因此在可靠性和稳定性方面仍然面临挑战。

量子计算提供了一种全新的计算范式，允许我们处理传统计算机难以解决的问题。然而，两者都有各自的优势，且量子计算机不太可能完全替代传统计算机，而是在某些特定的应用场景中与其并存。

## 13.2.2　量子计算的潜在优势

量子计算机与传统计算机最大的区别在于其基础的计算单元——量子比特。由于量子比特所固有的特性，量子计算机在以下几个方面展现出了潜在的巨大优势：

并行计算能力：由于量子比特的叠加态，量子计算机能够同时处理大量的计算路径。这使得它在某些问题上，如数据库搜索和某些优化问题上，可以显著地超越经典计算机。

解决特定的数学问题：Shor 的算法提供了在多项式时间内分解大整数的方法，这种方法远远快于任何已知的经典算法。这一点对于当前大部分加密系统的安全性来说是致命的，因为它们的安全性很大程度上依赖于大整数的分解困难性。

量子模拟：量子计算机可以有效地模拟其他量子系统，这对于药物开发、材料科学和其他需要理解复杂量子行为的领域来说是极具价值的。

优化问题：某些困难的优化问题，如行程规划和股票投资组合优化，量子计算机有可能提供更好的解决方案。

机器学习与人工智能：量子计算机有可能加速某些机器学习任务，如分类、聚类和特征选择等，从而可能给 AI 领域带来变革。

信息安全：除 Shor 算法可能对现有加密技术造成威胁外，量子计算技术本身也提供了一种新型的、基于量子纠缠的通信安全方法，称为量子密钥分发。

尽管量子计算机在这些领域有潜在的优势，但它们并不是所有问题的"银弹"。在大多数常规任务上，传统计算机仍然更为适用和高效。此外，量子计算机仍处于其发展初期，需要解决很多技术上的挑战，如量子比特的稳定性、错误纠正等，只有解决这些挑战才能实现其完全的潜力。

### 13.2.3　当前的技术挑战和局限性

尽管量子计算展现出了强大的潜力，但它仍然面临许多技术上的挑战和局限性。

量子比特的稳定性：目前的量子比特相对不稳定，容易受到外部环境的干扰，如热、辐射或其他形式的噪声。这种不稳定性导致了更高的错误率。

量子错误纠正：由于量子比特的脆弱性，开发有效的量子错误纠正技术变得至关重要。虽然已经有了一些理论和实验上的进展，但这仍然是一个主要的研究领域。

量子门的精度：在量子计算中，对量子比特进行操作的基本单元是量子门。尽管已取得了进展，但提高量子门操作的精度和可靠性仍然是一个挑战。

硬件构建：量子计算机需要在极低的温度下工作，通常接近绝对零度，以减少热噪声。这需要复杂和昂贵的冷却技术。

可扩展性：构建大型量子计算机系统是一项技术上的挑战，因为这需要管理和纠正更多的量子比特间的相互作用。

软件和算法：尽管已经有了一些针对量子计算机的算法，如 Shor 的算法和 Grover 的搜索算法，但需要更多的创新来充分利用量子计算机的潜力。

与传统计算的互操作性：量子计算机很可能并不会完全替代经典计算机，而是作为一个特殊目的的协处理器。如何在量子计算和经典计算之间有效地进行互操作是另一个问题。

长期存储：目前的量子系统不适合作为长期的数据存储解决方案。存储量子信息需要特殊的环境和条件，而且这些信息可能会在短时间内丧失。

尽管存在这些挑战，但全球许多研究团队和公司都在努力推进量子计算的发展。随着技术的进步，我们可以期待在未来几年内解决其中的一些问题，进一步靠近构建实用的量子计算机。

## 13.3　量子计算机在行业中的潜在应用

### 13.3.1　化学与材料科学的模拟

量子计算机在化学与材料科学领域中有巨大的应用潜力。传统计算机在模拟大型分子和复杂的化学反应时会遇到困难，因为这些模拟涉及大量的电子和原子之间的相互作用，其复杂性超出了经典计算的能力。而量子计算机由于其天然地模拟量子系统的能力，正好适合这些任务。

药物发现：量子计算机能够精确模拟化合物与生物分子的相互作用，这对于药物设计和优化至关重要。例如，模拟蛋白质与潜在药物的结合可以帮助科学家更好地理解药物的作用机制并改进其结构。

新材料设计：量子模拟可以预测和设计新型的超导材料、高效的光伏材料或更强的合金。这些新材料可以应用于多种技术，如更高效的电池、更强的建筑材料或更高效的能源转换技术。

化学反应优化：量子计算机可以帮助科学家理解和优化复杂的化学反应，从而制定更有效的、更经济的生产过程。

催化剂设计：催化剂在许多化工生产中都起到关键作用。量子模拟可以帮助科学家设计出更高效的和特异性的催化剂，减少副反应和生产成本。

在这些应用中，量子计算机的一个重要优势是其能够为研究者提供之前无法获得的深入见解和高精度的模拟结果。而这些深入见解和高精度的模拟结果将直接推动化学和材料科学的创新和进步。

### 13.3.2　优化问题与金融建模

量子计算机具有解决一系列优化问题的潜力，这些问题在经典计算领域中因其复杂性而难以解决。优化问题是许多行业，尤其是金融领域的核心问题，因此量子计算机的应用有望产生重大影响。

组合优化：这是许多实际问题的基础，如物流调度、库存管理和生产线排程。在这些问题中，目标是在众多可能的解决方案中找到最佳的一个。由于解决方案的数量可能会指数级增长，因此这类问题对于传统计算机来说是非常具有挑战性的。而量子计算机可能会为这些问题提供更快的和更有效的解决方案。

金融建模和投资组合优化：金融市场的行为具有固有的复杂性和不确定性。通过量子计算机，投资者能更有效地模拟金融市场，从而更好地预测风险和回报。此外，投资组合优化，即在给定的风险水平下最大化回报，是金融领域的另一个关键问题，量子计算机可以为其提供更快速的解决方案。

定价和风险管理：在金融服务中，衍生品定价和风险管理是核心任务。量子算法可能为此提供更加精确的和快速的方法，特别是在考虑多种复杂因素时。

量子机器学习在金融中的应用：量子机器学习可以加速某些机器学习任务，为金融预测、欺诈检测和客户分析提供更深入的见解。

### 13.3.3　加密和网络安全

量子计算机的出现对现有的密码学体系提出了严峻的挑战。与此同时，它也为网络安全带来了新的机会。

量子威胁：Shor's 算法是一个著名的量子算法，可以在多项式时间内分解大整数，这使得许多现在广泛使用的加密方法，如 RSA 和 ECC，可能会变得容易受到攻击。这种可能性使得现有的公钥密码系统在面对足够强大的量子计算机时变得脆弱。

量子安全密码学：

（1）量子密钥分发。这是一个已经在实践中实现的方法，利用量子力学的原理，确保两方可以分享一个安全的密钥。由于量子纠缠和不确定性原理，任何第三方试图监听密钥的传输都会被检测到。

（2）后量子密码学。这是一个研究领域，致力于开发对量子计算攻击安全的加密算法。这些算法即使在强大的量子计算机面前也仍然是安全的。

量子安全网络：有些公司和研究机构已经开始研究如何建立量子安全的通信网络，其中包括量子密钥分发技术的应用。

随机数生成：由于量子力学的固有不确定性，量子系统可以用作真正的随机数生成器。这种真正的随机性对于加密和安全应用来说是至关重要的。

量子计算对哈希函数的影响：虽然 Shor 的算法对公钥密码系统构成了威胁，但大多数哈希函数和对称加密算法相对来说仍然是安全的，尽管可能需要增加密钥长度或输出大小以提供相同的安全性级别。

# 13.4　适合大学生创新的量子计算应用实践方案

## 13.4.1　量子加密聊天应用

### 1. 背景

随着数字通信的普及，信息安全和隐私保护变得越来越重要。传统的加密技术在未来可能会面临被量子计算机破解的风险。因此，利用量子机制来加密信息是一个前沿和具有挑战性的领域。

### 2. 实现

量子密钥分发：利用量子纠缠和不确定性原理生成加密密钥。这种方法确保如果有第三方试图窃听，两个通信方都会知道。

真随机数生成器：利用量子力学的原理生成真正的随机数，作为加密的密钥或初始化向量。

端到端加密：在客户端实现量子安全加密，确保只有预定的接收方才可以解密和读取消息。

### 3. 功能特点

实时性：尽管涉及量子技术，但该应用仍然需要快速响应，确保用户体验。

云端与本地处理：密钥分发和管理可以在云端完成，而实际的消息加密和解密则在本地完成，确保数据隐私。

多平台支持：除了移动设备，还可以为桌面平台和 Web 平台开发该应用。

### 4. 挑战与机会

技术实现：尽管理论上量子加密是可行的，但在实际应用中还面临很多技术挑战，如量子设备的稳定性、传输距离限制等。

普及和接受度：大众对量子技术的了解有限，需要教育和宣传来推广其应用。

开源与合作：大学生可以通过开源合作的方式，将各自的研究和开发成果整合，共同推动量子加密聊天应用的发展。

量子加密聊天应用是一个具有巨大潜力的创新领域，对于大学生来说，这是一个绝佳的机会来学习和实践前沿技术，同时为未来的通信安全做出贡献。

## 13.4.2　量子游戏设计

### 1. 背景

随着量子计算的发展，公众对于量子力学的兴趣也随之增加。量子游戏设计为开发者提供了一个独特的机会，通过游戏的形式将复杂的量子概念转化为更为直观的和有趣的体验。

### 2. 实现

基于量子概念的游戏机制：量子叠加可以设计为多重可能性的关卡。量子纠缠可以用于玩家之间的互动，当一个玩家的状态发生改变时，另一个玩家的状态也随之改变。

量子视觉效果：模拟量子现象的视觉效果，如波函数坍缩、隧道效应等。

教育与娱乐相结合：在游戏中加入教育元素，帮助玩家理解量子概念，同时保持游戏的趣味性。

3．功能特点

交互性：玩家可以实验性地与量子概念互动，从而更好地理解它们。

挑战性：随着游戏的进行，量子概念的复杂性逐渐增加，给玩家带来挑战。

社交元素：玩家可以与朋友合作，解决基于量子概念的谜题。

4．挑战与机会

技术实现：模拟量子现象可能需要高性能的图形处理能力。

公众的接受度：量子物理是一个深奥的领域，如何简化其概念，同时不失其本质是一个挑战。

市场潜力：随着量子技术的发展和普及，基于量子概念的游戏有可能成为一个新的市场趋势。

量子游戏设计为大学生提供了一个独特的创新机会，不仅可以学习和实践量子物理，还可以探索游戏设计的无限可能性。

### 13.4.3 量子算法模拟器

1．背景

随着量子计算领域的迅速发展，对量子算法的需求和研究也随之增加。然而，真实的量子计算机仍然昂贵且难以获取。因此，一个可以模拟量子计算过程的平台，对学生和研究人员来说，是一个宝贵的工具。

2．实现

可视化界面：用户可以直观地创建和编辑量子电路，观察量子比特的状态。

算法库：内置常见的量子算法和操作，方便用户调用。

灵活性：允许用户编写和测试自己的量子算法。

性能优化：虽然模拟量子计算需要大量的计算资源，但优化的算法可以在常规计算机上高效地模拟中小规模的量子系统。

教育资源：包含量子物理和量子计算的教程和实践方案，帮助新手入门。

3．功能特点

实时反馈：模拟器可以实时显示量子比特的状态，帮助用户理解量子算法的工作原理。

兼容性：支持导入和导出常见的量子编程格式，便于与其他工具和真实的量子计算机交互。

社区支持：提供一个平台，供用户分享和讨论自己的量子算法和应用。

4．挑战与机会

计算资源：大规模的量子系统模拟需要大量的计算资源，这可能限制模拟器的规模和性能。

真实性：模拟器可能无法完全模拟真实的量子计算机，特别是在噪声和误差方面。

教育和普及：通过这个模拟器，可以普及量子计算的知识，吸引更多的学生和研究人员进入这个领域。

量子算法模拟器不仅是一个有价值的研究工具，还是一个教育和普及量子计算的平台。对于大学生来说，这是一个理解和实践量子算法的好机会。

### 13.4.4 量子学习资源平台

1．背景

随着量子技术的不断发展，对于能够提供有关量子计算学习和实践的平台的需求日益增强。尤其是对于大学生和初学者，他们渴望有一个能够获取知识、进行实践并与同行交流的地方。

**2．实现**

知识库：整合各种量子计算的基础知识、研究文献、视频讲座等，为用户提供全面的学习材料。

在线实验室：提供基于云的量子计算模拟器，让学生可以在线实践量子算法和电路。

社交互动：建立论坛或讨论区，学生和研究人员可以分享自己的研究、讨论问题、寻求合作。

挑战和竞赛：定期组织量子计算挑战赛或项目竞赛，激励学生进行实践和创新。

教育课程：与高校和研究机构合作，提供量子计算的在线课程、实验教学和工作坊。

**3．功能特点**

自适应学习：根据学生的学习进度和兴趣，推荐相关的学习材料和资源。

实时反馈：在在线实验室中，学生可以得到实践的即时反馈，帮助他们更好地理解量子原理。

项目合作：提供平台让学生和研究人员找到志同道合的团队，共同进行项目研究。

资源更新：与全球的量子研究机构合作，确保提供的学习材料和资源始终是最新的。

**4．挑战与机会**

内容的质量控制：确保提供的学习材料和资源是高质量的和权威的。

用户隐私：保护学生和研究人员的隐私，尤其是在社交互动和在线实验室中。

技术支持：确保在线实验室和其他工具始终可用，并为用户提供技术支持。

量子学习资源平台不仅可以满足大学生对量子计算学习的需求，还提供了他们进行实践、交流和合作的机会，是推进量子教育和研究的重要工具。

## 13.4.5　量子硬件优化

**1．背景**

随着量子计算领域的进步，硬件的发展成为关键因素。优化量子硬件可以实现更高的计算速度、更长的相干时间和更低的错误率，从而使量子计算机在实际应用中更具竞争力。

**2．实现**

材料研究：寻找新的超导材料或其他材料，以提高量子比特的性能，如减少噪声、增加相干时间等。

量子门优化：改进量子门的设计，以提高操作的精度和减少错误。

冷却技术：研究新的冷却技术，更有效地达到超低温，从而减少外部噪声的干扰。

连接技术：设计更高效的量子比特互联技术，保持长距离量子纠缠和高速数据传输。

错误纠正：研究新的量子错误纠正码，以减少计算中的错误并提高算法的可靠性。

**3．功能特点**

模块化设计：硬件组件为模块化设计，方便进行升级和替换。

自适应控制：使用机器学习或其他技术进行实时监控和自适应控制，以优化硬件性能。

持续监测：持续监测硬件的状态，预测潜在问题，并及时进行维护或调整。

与算法结合：与量子算法研究者紧密合作，针对特定应用进行硬件优化。

**4．挑战与机会**

技术限制：在目前的技术水平下，量子硬件的优化仍面临许多技术挑战。

跨学科合作：量子硬件优化需要物理、工程、计算机科学等多学科的合作。

持续投资：为了不断进行硬件研究和开发，需要持续的资金和资源投入。

量子硬件优化是量子计算领域的核心研究方向，为大学生提供了一个广阔的创新和研究空间，鼓励他们通过硬件研究为量子计算的发展做出贡献。

### 13.4.6　量子编程教程

1．背景

随着量子计算的兴起，量子编程成为新的研究热点。然而，当前市场上缺乏大量的高质量量子编程教材和教程。为大学生提供这样的资源可以帮助他们更好地理解和利用量子计算。

2．实现

基础入门：介绍量子编程的基本概念，如量子位、量子门和量子算法。

各大量子编程语言教程：包括 Qiskit（IBM）、QuTiP、Cirq（Google）、Forest（Rigetti）等。

实际实践方案：通过实际的编程实践方案，帮助学生了解如何构建和测试量子程序。

高级主题：探索量子算法、量子纠错、量子模拟等高级概念。

在线平台：创建一个在线教学平台，供学生实时编程和测试他们的量子代码。

3．功能特点

互动性强：教程应包含大量的互动元素，如在线练习、模拟器和实时反馈。

持续更新：随着量子计算领域的发展，教程应该定期更新。

跨平台：支持多种操作系统和设备，如电脑、手机和平板。

社区互助：创建一个学习者社区，供学生提问、分享和协作。

4．挑战与机会

技术复杂性：量子编程具有固有的复杂性，编写易于理解的教程是一个挑战。

资源限制：实时的量子模拟和编程需要大量的计算资源。

持续教育：随着量子技术的进步，教程需要持续更新以保持其相关性。

### 13.4.7　量子计算机视觉应用

1．背景

计算机视觉在近年来取得了巨大的进展，但随着数据的增长和复杂性的提高，传统计算方法可能会遇到瓶颈。量子计算机具有并行性和高计算能力，可能为计算机视觉领域提供新的研究方向和方法。

2．实现

量子图像编码：研究如何利用量子位来高效地编码图像信息，可能比传统的位更加高效。

量子图像处理算法：利用量子计算的并行性，研究新的图像增强、滤波和分割技术。

量子机器学习集成：将量子计算与深度学习或其他机器学习算法结合，以提高图像识别、物体检测和场景分析的准确性。

应用开发：为量子计算机开发实用的计算机视觉应用，如高效的人脸识别系统、无人驾驶汽车的视觉感知系统等。

3．功能特点

高并行性：量子计算可以同时处理大量信息，使得图像处理更加迅速。

高精度：量子计算可能提高某些计算密集型任务的准确性。

资源优化：通过量子技术，可以减少所需的存储空间和计算资源。

4. 挑战与机会

技术成熟度：量子技术仍然处于发展阶段，如何有效地应用于计算机视觉是一个挑战。

硬件限制：目前的量子计算机可能无法处理大规模的图像数据。

交叉学科研究：此项目需要计算机视觉、量子计算和机器学习领域的专家共同合作。

对于大学生而言，量子计算机视觉应用是一个充满挑战和机会的研究领域，一个探索未来计算技术的平台，并为计算机视觉领域带来新的创新。

## 13.4.8　量子搜索引擎优化

1. 背景

随着量子计算技术的发展，计算能力和速度的大幅度提高使得搜索引擎也有可能面临巨大的变革。传统的搜索引擎优化技术可能需要与时俱进，以适应新的量子搜索引擎的特点。

2. 实现

量子索引技术：利用量子计算的特性，创建新的索引方法来更快速地检索和排序网页。

量子相关性评分：研究如何使用量子算法来评估网页与查询之间的相关性，从而提高搜索结果的精确度。

并行搜索优化：使用量子并行处理能力，对多个查询或多个数据库同时进行搜索，以提高搜索效率。

量子数据加密与安全：保证用户的搜索隐私和数据安全。

3. 功能特点

搜索速度：利用量子并行性，可以实现更快的搜索速度和更短的响应时间。

增强的相关性：量子算法可能为相关性评分带来新的维度，提供更加精确的和相关的搜索结果。

数据安全：利用量子加密技术，提供更高级别的数据保护。

4. 挑战与机会

算法研究：量子搜索算法，如 Grover's algorithm，已经提出，但如何将它们与现有的搜索技术集成是一个挑战。

硬件问题：量子计算机目前仍处于早期阶段，其稳定性和规模都有限。

量子计算与经典计算结合：可能需要设计新的框架和平台，将量子计算和经典计算结合，提供连贯的搜索体验。

量子搜索引擎优化为大学生和研究人员提供了一个全新的研究领域，他们可以探索如何利用量子技术来改进和优化搜索引擎，以满足未来的需求。

## 13.4.9　量子音频处理

1. 背景

音频信号处理涉及各种算法和技术，用于分析、处理、恢复和增强音频信号。随着量子计算技术的发展，量子算法有潜力在音频处理中提供更高的精度和更快的速度。

2. 实现

量子噪声消除：使用量子算法对音频信号进行噪声消除，可能比传统方法更有效。

量子音频压缩：研究使用量子原理进行音频压缩的方法，可能实现更高的压缩比率，同时保持音质。

量子频谱分析：使用量子算法进行音频的频谱分析，可能提供更快的计算速度和更高的分辨率。

量子音效增强：利用量子算法对音频信号进行增强，以提供更丰富的音频体验。

3. 功能特点

提高效率：量子并行性允许对多个音频样本或频道同时进行处理，以提高效率。

增强精确度：量子算法在某些情况下可能提供比经典算法更高的精确度。

创新音效：量子原理可能导致全新的音效处理技术，为音乐和其他音频内容创造新的听觉体验。

4. 挑战与机会

算法开发：尽管有一些为量子计算机设计的基础算法，但在音频处理方面的研究还相对较少。

量子硬件的限制：目前的量子计算机还面临稳定性和可扩展性的挑战。

量子技术与传统技术的集成：可能需要开发新的框架和工具，将量子音频处理技术与传统音频处理技术结合起来。

对于大学生和研究者，量子音频处理提供了一个全新的探索领域，他们可以尝试发掘量子技术在音频技术领域的未来应用和潜在价值。

## 13.4.10　量子天气预测系统

1. 背景

天气预测系统依赖于复杂的模型和大量数据来生成预测。考虑到量子计算机在处理大量数据和复杂问题时的潜在优势，它们有可能为未来的天气预测提供更高的准确性。

2. 实现

量子数据分析：利用量子算法分析和处理大量气象数据，提高数据处理速度和准确性。

量子模拟：模拟大气、海洋和陆地交互作用的复杂系统，可能比传统方法更快、更准确。

量子优化问题：针对特定地区或情境的优化天气预测，如风暴路径预测或雨量预测。

长期预测：使用量子计算提高长期天气和气候预测的准确性。

3. 功能特点

提高准确性：由于量子计算机的并行处理能力，它们可能提供比传统方法更准确的天气预测。

快速响应：量子计算机的计算速度可能为紧急天气事件（如飓风或洪水）提供更快的预警。

大数据处理：量子计算机在处理大数据方面的能力可能超越传统计算机，这对于气象数据分析尤为重要。

4. 挑战与机会

算法研究：需要进一步研究和开发针对气象预测的量子算法。

量子硬件发展：现有的量子计算机技术可能还不足以支持复杂的气象模拟和预测，但随着技术的进步, 这一局面可能会改变。

量子与经典的融合: 将量子预测方法与经典预测方法结合, 可能会产生更为准确的和高效的天气预测系统。

对于大学生和研究人员, 量子天气预测系统提供了一个探索量子计算如何改进传统天气预测的机会, 这是一个充满挑战和机会的前沿研究领域。

# 第14章 增强现实与虚拟现实

## 14.1 AR 与 VR 的基础技术

### 14.1.1 AR 与 VR 的定义与区别

1. AR

定义：增强现实是一种技术，通过在真实世界中添加数字信息（如图像、声音、文本等），增强用户对真实世界的感知。在 AR 中，用户仍然与现实世界互动，但他们会看到和/或听到超出现实的元素。

示例：使用智能手机看到街景，并在屏幕上显示店铺信息，或使用 AR 眼镜看到道路上的导航指示。

2. VR

定义：虚拟现实是一个完全由计算机生成的环境，用户通过 VR 头盔完全沉浸其中，与这个生成的环境互动。与现实世界相比，这是一种完全独立的体验。

示例：使用 VR 头盔玩一个三维游戏，或体验一个模拟的度假地点。

3. 区别

现实与虚拟的交互：在 AR 中，数字元素增强了真实世界的体验，而在 VR 中，用户完全沉浸在一个由计算机生成的环境中。

设备和技术：AR 通常使用智能手机、平板电脑或 AR 眼镜。而 VR 需要专门的头盔，可能还有其他感测器或手柄。

用途：AR 常用于信息展示、导航、培训等，与真实世界紧密相关的任务。VR 则常用于娱乐、模拟和培训，在一个受控的环境中提供完全沉浸的体验。

开发复杂性：AR 需要与真实世界的物理环境交互，可能涉及物体识别和跟踪技术。而 VR 则主要是创建和渲染一个虚拟世界。

这两种技术在过去几年中都取得了显著的进展，但它们服务于不同的需求和应用场景。尽管有所不同，但它们都为创造令人信服的数字体验提供了无尽的可能性。

### 14.1.2 显示技术：头戴式显示器与透镜技术

1. 头戴式显示器

1）定义

头戴式显示器是一种穿戴在头上，使屏幕直接放在用户眼前的设备。它可以是用于 VR 的完全沉浸式显示器，或用于 AR 的半透明显示屏。

2）技术特点

分辨率：为了提供沉浸式体验，头戴式显示器通常需要高分辨率屏幕。

刷新率：高的刷新率可以减少运动模糊并提供更加真实的视觉体验。

视场：一个广泛的视场可以提供更广阔的视角，使体验更为沉浸。

跟踪能力：对于互动应用，头戴式显示器需要能够准确地跟踪用户的头部运动。

2．透镜技术

1）定义

透镜用于头戴式显示器中，它们把显示器的图像调焦到用户的眼睛上，增强了沉浸感。

2）技术特点

光学透镜：大多数头戴式显示器使用光学透镜，如菲涅尔透镜，来放大显示器上的图像并调整焦点。

调节能力：为适应不同用户的视力和眼睛距离，某些设备提供调节透镜位置的能力。

遮挡和反射：为了提供最佳的视觉体验，透镜需要减少外部光源的反射和遮挡。

蓝光过滤：考虑到长时间使用可能对眼睛产生影响，一些透镜具有蓝光过滤功能。

头戴式显示器和透镜技术都是 AR 和 VR 体验中的关键组件。为了提供一个令人信服的沉浸式体验，这些技术都必须优化并结合使用。随着技术的发展，我们可以期待这些设备将变得更加轻便、舒适并提供更高质量的视觉体验。

### 14.1.3　传感器与追踪：定位、移动追踪与深度感知

AR 与 VR 的魔力在于人们可以利用它们的能力与现实世界互动。为了实现这一点，这些系统需要一系列的传感器来追踪用户的移动并获取周围环境的信息。

1．定位和移动追踪

惯性测量单元（Inertial Measurement Units，IMU）：IMU 是一种常见的传感器，通常包含陀螺仪、加速度计和磁力计，用于追踪设备的方向、速度和位置变化。

外部跟踪器：例如 HTC Vive 使用的 Lighthouse 系统，通过红外激光发射器和传感器准确追踪用户的头部和手部位置。

视觉定位：一些设备使用摄像头来识别和追踪物理标记或环境特征，如 Oculus Rift 的 Constellation 跟踪系统。

2．深度感知

立体摄像头：这些摄像头捕捉两个稍有差异的图像，模拟人类的立体视觉，可以用来测量物体之间的距离。

Time-of-Flight（ToF）传感器：通过发送光信号并测量其返回时间来计算物体之间的距离。例如，Microsoft 的 Kinect 就是一个使用 ToF 技术的传感器。

结构光传感器：发送一组已知的光模式（如点阵），然后通过分析反射回来的模式变形来确定物体的形状和位置。

3．其他传感器

摄像头：用于捕获环境图像，对于 AR 尤为重要，因为它需要融合虚拟和现实的图像。

环境光传感器：检测周围的光亮度，有助于调整显示器的亮度，使其与真实环境相匹配。

触摸传感器和手势识别：这些可以被用于用户的交互和导航。

传感器技术是 AR 和 VR 体验的核心。随着技术的进步，这些传感器不断缩小、成本降低、精度提高，使得沉浸式体验更加真实和互动。正确的传感器组合和算法优化可以提供无缝的、准确的和高度响应的虚拟体验。

### 14.1.4　交互界面：手势识别、语音控制与触觉反馈

随着 AR 和 VR 技术的快速发展，用户与虚拟世界的交互方式也在不断地演变。一系列的创新交互技术被开发出来，为用户提供了更为沉浸和自然的体验。

1. 手势识别

摄像头和传感器：通过捕获和分析用户的手部和身体动作，某些设备能够识别和解读用户的手势。例如，Leap Motion 就是一个能够识别详细手势的外部设备。

手套和可穿戴设备：如 VR 手套，它们配备了传感器，可以检测用户的手指和手部动作。

2. 语音控制

内置麦克风：许多头戴式设备都配有麦克风，可以识别和解析用户的语音命令。与虚拟助手（如 Apple 的 Siri、Google 助手、Amazon 的 Alexa）相结合，这些设备可以实现高效的语音交互。

3. 触觉反馈

触觉手套和衣物：它们使用电子和机械系统来模拟触觉体验，使用户能够"感觉"到虚拟世界中的物体或互动。

触觉控制器：例如 HTC Vive 和 Oculus Rift 的控制器都有震动功能，可以为用户提供有关其在虚拟环境中行为的实时反馈。

触觉地板和平台：例如 Virtuix Omni，是一个可以模拟用户在虚拟空间中走动的体感平台，并提供相关的触觉反馈。

这些交互技术的融合为用户提供了一个多感官的沉浸式体验。有效的交互不仅依赖于视觉和听觉，还包括触觉和其他感觉，这使得用户更加深入地参与到虚拟环境中。随着技术的进步，我们可以期待未来的 AR 和 VR 体验将更加真实、互动和引人入胜。

# 14.2　AR 与 VR 技术在不同领域的应用

### 14.2.1　娱乐与游戏：沉浸式体验与交互设计

1. 沉浸式体验

AR 和 VR 技术在娱乐与游戏领域的最大吸引力在于其能提供沉浸式的体验。这种体验让用户感觉自己真的身处其中，而不仅仅是玩一个游戏或观看一个视频。

VR 游戏：比如 "Beat Saber" 或 "Skyrim VR" 这样的游戏，它们让玩家完全沉浸在一个全新的、全方位的虚拟环境中。

AR 游戏：如 "Pokémon Go"，这种游戏利用真实的环境，并在其中叠加虚拟元素，为玩家提供了一个新颖的和独特的体验。

2. 交互设计

与传统的游戏和娱乐体验不同，AR 和 VR 要求完全不同的交互设计。

物体交互：在 VR 中，玩家可以"实际"抓取、扔、移动或与虚拟物体互动，这要求更加直观的和自然的交互设计。

空间导航：在大多数 VR 游戏和应用中，玩家可以在三维空间中移动。设计师需要考虑如何让玩家在没有真实移动的情况下在虚拟空间中导航。

多用户交互：许多 VR 游戏和应用支持多用户模式，需要考虑如何在虚拟空间中呈现其他

玩家，并提供有效的玩家之间的交互方式。

3．实践方案

社交 VR：像"VRChat"这样的应用允许玩家在虚拟空间中与其他玩家交互，分享体验，甚至创建自己的虚拟环境。

音乐和舞蹈：应用如"Dance Central VR"使玩家能够在虚拟环境中跳舞，并与虚拟角色或其他真实玩家互动。

电影和故事叙述：一些新兴的 VR 体验，如"Henry"或"The Invisible Hours"，为观众提供了一种新的、沉浸式的叙述方式，让他们真正成为故事的一部分。

随着技术的进步，AR 和 VR 在娱乐和游戏领域的应用将变得更加丰富和多样。沉浸式体验和交互设计是这些应用成功的关键，为用户提供了前所未有的沉浸感和参与度。

### 14.2.2　医疗与健康：遥控手术、治疗与训练

AR 和 VR 技术在医疗领域中的应用为患者和医生都带来了革命性的变化。以下是一些主要的应用场景。

1．遥控手术

远程手术：通过使用精确的 VR 模拟与远程操作的机器人臂，外科医生可以从远处对患者进行手术。这在疫情或其他特殊情况下特别有用。

提高的精确度：通过 AR 技术，医生在进行手术时可以实时看到超声、MRI 或 CT 扫描的图像重叠在患者的身体上，提高手术的精确度。

2．治疗

认知行为疗法：VR 被用于治疗焦虑、恐惧和创伤后应激障碍（Post-Traumatic Stress Disorder，PTSD）。患者在受控的虚拟环境中面对他们的恐惧，帮助患者克服心理障碍。

物理治疗与康复：利用 VR 环境为患者提供模拟的物理治疗练习，使康复过程更加有趣且可量化。

疼痛管理：研究表明，沉浸在 VR 环境中可以帮助患者减轻疼痛感，特别是在进行痛苦的医疗程序时，如换药。

3．训练

模拟手术：新手医生和医学生使用 VR 进行模拟手术训练，无风险地练习复杂的手术技巧。

诊断训练：AR 技术可以用于模拟疾病症状，帮助医学生学习如何诊断和处理各种医疗情况。

患者教育：AR 和 VR 可以帮助患者更好地理解他们的疾病或治疗方案，提高他们对治疗的遵循度。

AR 和 VR 技术为医疗领域带来了巨大的机会。这些技术不仅可以提高医疗服务的质量和精确度，还可以为患者提供更好的治疗体验，同时还为新手医生和医学生提供了宝贵的培训资源。随着技术的进步和广泛采纳，预计未来这些应用将更加普及。

### 14.2.3　教育与培训：虚拟课堂、实地旅行与模拟训练

AR 与 VR 在教育与培训领域中所提供的无限可能性正在重新定义传统的学习方式。这些技术为学生和培训者提供了更为沉浸式的学习体验，帮助他们更加深入地理解复杂的概念。

1. 虚拟课堂

全球互动：VR允许学生与来自世界各地的教师和其他学生互动，无须走出家门。

定制化学习环境：学生可以选择最适合他们的学习虚拟环境，无论是宁静的图书馆、热带雨林，还是宇宙中的空间站。

实时反馈：教师可以通过VR环境即时跟踪学生的进度并提供反馈。

2. 实地旅行

历史与文化：学生可以使用VR"访问"古代罗马或中世纪的城堡，亲自体验历史和文化。

自然科学探索：通过VR，学生可以潜入海洋、爬上喜马拉雅山脉或探索沙漠，全方位学习生态和地理知识。

全球观：让学生"前往"世界各地，了解不同的文化和生活方式。

3. 模拟训练

危险场景训练：例如，消防员、医生或军人可以在没有真实危险的虚拟环境中进行训练。

技能培训：如手术模拟、飞行模拟等，使学员在实际操作前能够获得充分的实践。

复杂任务解决：企业员工可以通过模拟练习如何处理复杂的机器故障或其他专业任务。

AR与VR为教育与培训提供了创新的工具，使得学习过程更为生动、实用且有趣。而这只是开始，随着技术的不断进步，未来的应用场景将更加丰富和高效。这种革命性的教育方式为学生、教育者和培训者打开了新的可能性，有望全面提升学习的质量和体验。

## 14.2.4 设计与建筑：三维建模、虚拟漫游与项目审查

AR与VR已经逐渐成为设计和建筑行业的重要工具。这些技术的应用不仅增加了项目的效率，也提高了设计的准确性和创新性。

1. 三维建模

实时修改与优化：利用AR和VR技术，设计师可以在虚拟环境中即时修改和优化模型，更直观地评估各种设计选择。

模型交互：设计师和客户可以直接"进入"模型，更加直观地理解和体验空间。

材料与纹理模拟：通过AR和VR，可以模拟不同材料和纹理的效果，助力决策。

2. 虚拟漫游

客户体验：客户可以在建筑项目开始前"步入"虚拟建筑中，感受空间和设计。

设计验证：通过VR，设计师可以从多个角度和尺度验证其设计，确保其满足需求和规范。

市场营销：在建筑或房地产项目完工前，虚拟漫游可以用作营销工具，吸引潜在客户。

3. 项目审查

协作与沟通：设计团队、客户和承包商可以在一个虚拟环境中共同审查项目，增强沟通和合作。

错误与冲突检测：在虚拟模型中，可以更早地发现和解决设计和施工中的潜在问题。

成本评估：通过与建筑信息模型（Building Information Modeling，BIM）的集成，AR和VR可以帮助估算不同设计决策的成本影响。

AR和VR为设计和建筑行业提供了全新的工作方式和协作模式。这种沉浸式的技术使设计更为人性化、实用，同时也增加了项目的预见性，降低了风险和成本。未来，随着这些技术的不断完善，它们在设计和建筑行业的应用将更加广泛和深入。

### 14.2.5 购物与零售：虚拟试衣、产品展示与导购服务

随着 AR 和 VR 技术的不断发展，购物与零售行业正在经历前所未有的数字化变革。这些沉浸式体验为消费者带来了新的购物方式，同时也为零售商提供了创新的商业机会。

1. 虚拟试衣

实时模拟：消费者可以不需要实际更换衣物，在虚拟空间里试穿不同的衣服、鞋子或配饰，直观地看到穿着效果。

个性化推荐：基于消费者的身体数据和喜好，系统可以推荐合适的款式和尺码。

避免退货：通过虚拟试衣，消费者可以更准确地选择合身的商品，从而降低退货率。

2. 产品展示

三维商品展示：商家可以为消费者展示商品的三维模型，使其从各个角度查看商品细节。

互动体验：消费者可以在虚拟空间中与商品互动，如解构、旋转和缩放。

虚拟店铺：商家可以创建完整的虚拟商店，让消费者在其中自由浏览和选择商品。

3. 导购服务

AR 导航：在实体店内，AR 技术可以为消费者提供导航服务，帮助他们快速找到所需商品。

虚拟导购助手：VR 中的虚拟导购助手可以为消费者提供购物建议、解答疑问或进行结账操作。

商品信息增强：当消费者使用 AR 技术扫描商品时，他们可以获得关于该商品的详细信息、用户评价和其他相关推荐。

AR 和 VR 为购物与零售行业提供了新的体验和交互方式。这不仅使消费者的购物体验更加丰富和便捷，而且也为零售商创造了新的商业价值。预计未来，随着技术的进一步普及，AR 和 VR 在购物与零售行业的应用将更加广泛。

## 14.3 设备发展与未来趋势

### 14.3.1 当前市场上的主流设备

随着 AR 和 VR 技术的日益成熟，各大技术公司纷纷推出了各种设备，以满足市场上不断增长的需求。以下是当前市场上一些主流的 AR 和 VR 设备。

Oculus Rift & Oculus Ques：由 Facebook 旗下的 Oculus VR 公司生产的 VR 设备。Rift 需要连接至 PC 使用，而 Quest 则是一款独立的、无须外部设备即可运行的 VR 头戴式显示器。

HTC Vive & Vive Pro：由 HTC 与 Valve 合作推出的 VR 设备，提供高度沉浸式的体验和精准的定位追踪。

PlayStation VR：由 Sony 推出，专为 PlayStation 4 和 PlayStation 5 游戏主机设计的 VR 设备。

Microsoft HoloLens：是一款 AR 设备，能够将数字内容与实际环境融合在一起。

Magic Leap：一款 AR 设备，专注于为用户提供与虚拟物体的深度交互体验。

Google Daydream & Google Cardboard：谷歌推出的两款 VR 设备，其中 Cardboard 为低成本解决方案，使用纸板和手机来实现；而 Daydream 则是中高端的 VR 解决方案。

Samsung Gear VR：由 Samsung 推出的 VR 设备，需要与其旗下的某些手机型号一起使用。

AR 和 VR 设备的未来趋势有以下几方面。

无线连接：越来越多的 VR 设备开始摆脱有线的束缚，如 Oculus Quest 就是完全无线的。

混合现实（MR）：结合 AR 和 VR 的技术，使得数字与实际世界的融合更加自然。

更高的分辨率和刷新率：提供更清晰、更流畅的体验。

更先进的交互手段：如眼球追踪、手势识别等，使得交互更为自然和直观。

更轻便、更舒适的设计：为用户提供更长时间的使用体验，而不会感到不适。

AR 和 VR 设备在未来仍将持续发展和创新，为用户带来更为丰富和沉浸式的体验。

### 14.3.2　无线技术与自由度的增加

随着技术的进步，无线技术和自由度的增加已经成为 AR 和 VR 设备发展的重要方向。

1. 无线技术

优势：传统的有线 VR 头戴设备虽然可以提供高品质的沉浸式体验，但长时间使用可能会因为有线的束缚而影响舒适度。无线技术可以消除这些束缚，使用户更自由地移动和互动。

技术进步：Wi-Fi 6、5G 等无线通信技术的出现，提供了更低的延迟和更高的带宽，这使得无线 VR 和 AR 体验变得更为流畅。

能源问题：无线设备的一个关键挑战是电池寿命。随着电池技术和能源管理策略的进步，制造商正在努力延长无线设备的使用时间。

2. 自由度的增加

定义：自由度（Degree of Freedom，DoF）在 VR 和 AR 中通常指的是设备能够追踪的用户动作的数量和种类。基本的是三自由度（3 Degree of Freedom，3DoF），追踪用户的头部方向；而六自由度（6 Degree of Freedom，6DoF）不仅追踪方向，还追踪位置。

6DoF 的重要性：6DoF 提供了更为真实和沉浸式的体验，允许用户在虚拟或增强的环境中自由移动。例如，Oculus Quest 就是一款提供 6DoF 体验的无线设备。

传感器进步：近年来，随着 IMU、摄像头和深度传感器等技术的进步，6DoF 追踪变得更为准确和廉价。

控制器：除头部追踪外，现代的 VR 和 AR 系统还配备了能够进行 6DoF 追踪的控制器，允许用户用双手与虚拟世界互动。

结论：随着无线技术和自由度的进步，未来的 AR 和 VR 体验将更为真实、自由和沉浸。设备也将变得更加便携和实用，适应更多的使用场景。

### 14.3.3　触觉反馈与更真实的沉浸体验

触觉反馈技术旨在模拟真实世界中的触觉体验，使用户在虚拟或增强现实环境中感受到物理触摸、振动或温度变化等效果。其目的是提高沉浸感，并为用户创造一个与现实世界更为相似的虚拟体验。

1. 触觉反馈技术的进展

振动反馈：这是目前最常见的触觉反馈形式，例如在 VR 控制器中，当用户碰到一个虚拟对象或执行某个动作时，控制器会产生振动。

力反馈：力反馈设备可以模拟物体的物理阻力，例如在模拟手术或游戏中，当用户试图推动一个虚拟物体时，他会感到一个相反的力。

温度和纹理模拟：有些先进的触觉设备可以模拟温度变化或表面的纹理，例如冷热的感觉或粗糙与光滑的区别。

2. 为沉浸体验增添真实感

多感官交互：通过结合视觉、听觉和触觉反馈，AR 和 VR 设备能为用户提供一个全方位的沉浸式体验。

高度个性化的交互：通过触觉反馈，用户能够根据自己的行为和偏好获得独特的体验，使虚拟世界更加真实和有吸引力。

3. 挑战与未来发展

硬件限制：虽然触觉技术在过去几年中已经取得了很大的进步，但为了实现完全真实的触觉体验，还需要更先进的硬件支持。

软件与内容的配合：为了创建真实的触觉效果，软件开发者和内容创作者需要更加深入地理解并利用触觉反馈技术。

研究与创新：未来，随着科技的进步，我们可以期待触觉技术将更加先进，从而为用户提供更为真实的和深入的沉浸式体验。

触觉反馈正在逐步变得更加先进和真实，为 AR 和 VR 体验增添了更多的真实感和沉浸感。未来，随着技术的不断进步，我们可以期待一个更加真实的多感官沉浸世界。

## 14.3.4　AR/VR 与 AI 的结合：智能化虚拟世界

随着 AR/VR 和 AI 技术的迅速发展，两者的结合为我们创造了一个更为智能的、互动的和个性化的虚拟世界。这种结合不仅可以提供更真实的沉浸体验，还可以根据用户的需求和习惯为其提供定制化的内容。

1. AI 在 AR/VR 中的应用

对象识别和追踪：AI 算法可以帮助 AR 设备实时识别和追踪物体，从而在现实世界中添加虚拟元素。

语音和手势识别：通过 AI，AR/VR 设备能够更准确地识别用户的语音命令和手势，提供更自然的交互体验。

模拟真实的虚拟人物：AI 可以创建逼真的虚拟人物，这些人物可以理解和回应用户的行为，为用户提供更为真实的沉浸体验。

2. 为沉浸体验带来智能化

智能推荐系统：通过分析用户的行为和偏好，AI 可以为其提供定制化的虚拟内容和推荐。

虚拟助手或导游：在虚拟世界中，AI 可以扮演虚拟助手或导游的角色，为用户提供信息和指导。

智能交互：AI 可以预测用户的需求和意图，从而提供更加流畅和直观的交互体验。

3. 挑战与未来发展

数据隐私和安全：为了提供定制化的体验，AI 需要收集和分析大量的用户数据，这涉及数据隐私和安全的问题。

硬件和软件的配合：要实现 AR/VR 设备和 AI 的完美结合，需要更为强大的和高效的硬件支持，以及优化的软件算法。

内容创作和开发：创建高质量的、基于 AI 的 AR/VR 内容是一个挑战，需要内容创作者和技术开发者的紧密合作。

AR/VR 与 AI 的结合正在开启一个新的虚拟时代，为我们带来更为智能的、互动的和个性化的沉浸体验。随着技术的不断进步，我们可以期待一个更为真实的和智能的虚拟世界。

## 14.4 适合大学生创新的 AR/VR 应用实践方案

### 14.4.1 虚拟博物馆

1. 背景

许多大学拥有丰富的历史和艺术遗产，但由于空间和资源的限制，这些宝贵的遗产往往无法得到充分的展示，而用虚拟博物馆创建校园内的虚拟历史或艺术展览则提供了一个新的展示途径。

2. 应用内容

三维扫描：利用 3D 扫描技术将真实的艺术品和文物转化为高质量的三维模型。

虚拟展览厅：在 VR 环境中创建逼真的展览厅环境，允许用户自由漫游，近距离观察艺术品和文物。

交互信息层：利用 AR 技术，当用户靠近某个展品时，可以显示相关的描述、历史背景或故事。

虚拟导游：AI 驱动的虚拟导游可以为用户提供详细的解说，使其获得更深入的知识和体验。

社交分享：允许用户在虚拟博物馆中与朋友互动，分享他们的发现和体验。

3. 技术需求

VR 头戴设备和控制器、3D 扫描工具和软件、AR 开发平台和工具、AI 语音识别和自然语言处理技术。

4. 创新价值

教育与学习：为学生提供了一个新的学习方式，使他们能够更直观地了解艺术和历史。

文化保护：数字化的艺术品和文物不会受到时间和环境的损害，可以长期保存。

推广与传播：虚拟博物馆可以为校外的访客提供访问机会，推广大学的文化和历史。

实施建议：学生可以与艺术和历史专业的教师合作，利用他们的专业知识和资源来创建虚拟博物馆的内容。此外，也可以考虑与当地的博物馆和艺术机构合作，共同推广和分享虚拟博物馆项目。

### 14.4.2 语言学习助手

1. 背景

学习语言不仅仅是记住词汇和语法，实际的交流和应用也是至关重要的。模拟真实的语言环境可以帮助学生更好地理解和应用他们所学的内容。

2. 应用内容

场景模拟：创建各种日常生活场景（如购物、餐厅、机场、工作会议等），使学生能够在这些场景中练习对话。

互动角色：利用 AI 技术创建可以与学生进行交互的虚拟角色，根据学生的回答进行自适应交流。

实时反馈：在对话过程中，为学生提供即时的语音和文本反馈，指出其错误并给出正确答案。

文化体验：模拟不同国家的文化和生活环境，帮助学生更好地了解目标语言的文化背景。

多人模式：允许多个学生一起进入 VR 环境，互相练习对话和交流。

**3. 技术需求**

VR 头戴设备和控制器,语音识别和自然语言处理技术,3D 建模和场景设计软件,AI-driven 对话系统。

**4. 创新价值**

实践与应用:提供一个安全的环境,使学生能够不受压力地进行语言交流。

个性化学习:基于每个学生的学习进度和需求,提供个性化的场景和交互。

文化交流:帮助学生更深入地了解其他国家的文化和习惯。

实施建议:学生可以与语言或外语教学中心合作,利用教师的专业知识来创建真实和有趣的对话场景。此外,可以考虑与其他学校或语言学习机构合作,共同开发和推广这一项目。

### 14.4.3　化学实验模拟

**1. 背景**

化学实验中存在许多危险和复杂的步骤,学生在没有足够的实践经验下进行实验可能会存在风险。通过虚拟现实模拟化学实验,学生可以在安全的环境下多次尝试,直到他们完全理解和掌握实验步骤。

**2. 应用内容**

真实模拟:创建 3D 化学实验环境,如实验室、仪器和试剂,以及各种化学反应。

交互性:允许学生使用虚拟工具(如试管、烧杯、电磁炉等)来模拟实验操作。

实时反馈:模拟化学反应的真实结果,给予学生正确与否的反馈,并在有需要时提供指导和建议。

危险预警:在学生可能犯错误或进行潜在危险操作时,提供预警并解释风险。

理论链接:在实验过程中,链接相关的化学理论知识,帮助学生建立实验与理论之间的联系。

**3. 技术需求**

VR 头戴设备和控制器,3D 建模和模拟软件,物理和化学反应模拟引擎。

**4. 创新价值**

安全教育:在没有真实风险的环境下进行实验,提高学生的安全意识。

增强理解:结合实践和理论,帮助学生更深入地理解化学知识。

灵活学习:学生可以根据自己的进度进行实验,不受时间和地点的限制。

实施建议:学生可以与化学系或实验教学中心合作,利用教师的专业知识来创建真实和有价值的实验场景。此外,可以考虑与化学教育软件公司合作,将现有的化学模拟技术应用到 VR 环境中。

### 14.4.4　历史复原

**1. 背景**

了解历史是认识文明的重要途径,但纸质书籍和照片无法为学生提供一个完整的、真实的历史体验。利用 AR/VR 技术,可以复原古代建筑、事件或整个时代,为学生提供一个沉浸式的历史学习环境。

**2. 应用内容**

古代建筑复原:利用 3D 技术重建已消失或受损的古建筑。学生可以在 VR 环境中参观,或在真实的遗址上使用 AR 技术查看复原的建筑。

历史事件再现：模拟重要的历史事件，如战争、签约、发明等，让学生亲身体验历史的关键时刻。

文化和日常生活展示：展示古代人们的日常生活、习俗和文化，帮助学生更好地理解历史背景。

互动性学习：允许学生与虚拟角色互动，参与模拟的历史事件，提高学习的积极性和深度。

3. 技术需求

AR/VR 头戴设备或智能手机；3D 建模和模拟软件；地理信息系统（GIS）数据，以获取真实地点的精确坐标；历史研究和资源。

4. 创新价值

增强历史教学：为学生提供一个直观的和真实的历史学习环境，帮助他们更好地理解和感受历史。

文化传承：利用 AR/VR 技术保存和展示文化遗产，对后代有重要的教育意义。

促进旅游：为游客提供 AR 导览，丰富他们的旅游体验，并增加旅游景点的吸引力。

实施建议：大学生可以与历史、建筑或地理老师合作，利用教师的专业知识来创建真实和有价值的内容。此外，还可以考虑与博物馆、文化遗址或旅游局合作，将应用推广到更广泛的公众中。

## 14.4.5 虚拟音乐会

1. 背景

音乐会或演唱会为听众提供了一种独特的沉浸式体验，但由于各种原因（如地理位置、成本、时间等）并非每个人都能亲身参与。利用 AR/VR 技术，可以为学生和音乐爱好者提供一种仿佛置身其中的虚拟音乐会体验。

2. 应用内容

虚拟现场体验：利用 360 度摄像技术，在真实的音乐会或演唱会上录制视频，让用户在 VR 环境中感受亲临现场的体验。

互动式演唱：用户可以选择自己的视角，例如站在舞台上、坐在第一排或与音乐家一同表演。

学习和创作：提供虚拟乐器和工作室，用户可以模拟学习或创作音乐。

社交分享：用户可以与朋友一同参与虚拟音乐会，分享自己的体验和创作。

3. 技术需求

AR/VR 头戴设备；360 度摄像机和录音设备；3D 音频技术，为用户提供立体声体验；音乐制作和编辑软件。

4. 创新价值

提供更广泛的访问权限：无论身在何处，只要有适当的设备，每个人都可以参与虚拟音乐会。

教育与培训：为学生提供一个安全的、便捷的平台，学习、练习和分享音乐。

新型的艺术表达：艺术家和音乐家可以利用虚拟现实技术创造全新的音乐体验和表达形式。

实施建议：大学生可以与音乐、艺术或媒体老师合作，获取专业知识和资源。此外，还可以与现场音乐会和演唱会的组织者合作，获得录制和广播的权限，从而更好地传播和推广此应用。

## 14.4.6　建筑设计评估

### 1. 背景

传统的建筑设计往往依赖于二维图纸和小型模型。但这些方法很难为设计者和客户提供一个真实、沉浸式的空间体验。AR/VR 技术可以在早期阶段就让设计者和利益相关者体验和评估建筑设计,提高决策效率。

### 2. 应用内容

虚拟模拟漫游:用户可以在 VR 环境中自由地漫游建筑设计,体验空间的布局、光线、通风等设计。

实时修改与交互:在 AR/VR 环境中,设计师可以直接对设计进行修改,如移动墙壁、改变材料或调整光线。

多人协作:多个用户可以同时进入虚拟空间,进行集体评估、讨论和修改。

模拟不同场景:可以模拟不同的时间、天气和环境条件,评估建筑设计在各种情况下的表现。

### 3. 技术需求

AR/VR 头戴设备及手柄或其他交互工具、建筑设计软件与 VR 渲染工具的集成、多用户协作平台。

### 4. 创新价值

提高决策效率:通过虚拟模拟,可以在早期阶段就发现设计缺陷,节省修改和施工成本。

增强沟通与协作:设计师、客户和其他利益相关者可以在同一个虚拟空间中交流和协作,减少误解和沟通障碍。

提供全新的设计体验:设计师可以在一个更为直观和沉浸的环境中工作,激发创意和创新。

实施建议:大学生可以与建筑学院、设计学院或工程学院合作,获取专业知识和资源。此外,还可以考虑与建筑公司或设计工作室合作,为真实的项目提供虚拟评估服务。

## 14.4.7　虚拟心理治疗

### 1. 背景

心理健康在现代社会中的重要性日益被人们关注,但传统的心理治疗方式可能不适合所有人。有些人可能会感到尴尬、不安或害怕面对面的会话。AR/VR 技术提供了一个新的方法,允许患者在一个安全的、放松的虚拟环境中接受治疗。

### 2. 应用内容

放松环境:模拟宁静的沙滩、静谧的森林或其他放松的场所,帮助用户放松心情,缓解压力和焦虑。

情境模拟:为患有特定恐惧症的患者提供相应的情境模拟,例如恐高、恐闭等,帮助他们在一个控制的环境中面对和克服恐惧。

引导冥想与深呼吸:利用 VR 中的视觉和听觉提示,指导用户进行冥想和深呼吸练习。

互动故事:设计互动的故事或游戏,帮助患者解决现实生活中的问题或冲突。

### 3. 技术需求

AR/VR 头戴设备及音频设备、3D 建模和环境设计工具、心理治疗和干预知识。

4. 创新价值

增加访问性：为那些因地理位置、身体障碍或其他原因难以参与传统治疗的人提供服务。

提高治疗效果：在虚拟环境中，患者可能更愿意放开自己、面对问题和参与治疗。

自定义治疗：每个患者可以根据自己的需求和偏好获得个性化的治疗体验。

实施建议：大学生可以与心理或相关专业的老师合作，获取心理治疗和干预的专业知识。此外，还可以考虑与医院或心理治疗中心合作，进行实际的治疗实验和研究。

## 14.4.8　校园导览

1. 背景

大学校园通常占地面积广阔，对于新生和访客来说，寻找特定的建筑、设施或景点可能是一个挑战。通过 AR 技术，用户可以轻松地获取导航信息，了解校园的历史和文化，并与校园环境进行更丰富的互动。

2. 应用内容

实时导航：通过手机或 AR 眼镜，为用户提供实时的导航指示，帮助他们找到目的地。

信息叠加：当用户对准某个建筑或景点时，AR 应用可以显示与之相关的信息，如建筑的历史、功能等。

互动问答：为新生设置校园知识问答游戏，增加导览的趣味性。

虚拟导游：设计一个虚拟人物，作为导游陪同用户，为他们介绍校园的各个方面。

社交互动：允许用户在 AR 环境中留下笔记或评论，与其他用户分享他们的体验。

3. 技术需求

AR 支持的手机或头戴设备、位置和方向传感器、图像识别和处理技术、3D 建模和动画制作工具。

4. 创新价值

提高访客体验：AR 导览可以提供比传统导览更丰富的和互动的体验，帮助访客更深入地了解和欣赏校园。

方便快捷：用户可以根据自己的节奏和兴趣进行导览，不需要跟随固定的团队或路线。

社交互动：通过 AR 导览，用户可以与其他用户交流和分享，增加社交元素。

实施建议：大学生可以与校园管理部门、学生会和其他学生组织合作，收集校园的相关信息和资料。此外，还可以考虑与专业的 AR 开发公司合作，获取技术支持和培训。

## 14.4.9　体育训练助手

1. 背景

体育训练通常需要特定的环境、设备和教练。AR/VR 技术可以为运动员或运动爱好者提供一个模拟的训练环境，使他们可以在任何地方、任何时间进行高效的训练。

2. 应用内容

技术模拟与纠正：用户可以在虚拟环境中模拟特定的动作或技巧，同时系统可以提供即时反馈，帮助他们纠正错误。

场景模拟：模拟各种真实比赛场景，如篮球比赛、足球比赛等，使运动员可以进行策略训练和情境应对。

竞技对战：用户可以与虚拟对手或其他在线用户进行竞技对战，增强训练的挑战性。

健身指导：提供各种健身动作的模拟与指导，帮助用户进行正确的锻炼。

伤害预防：分析用户的动作，预测可能导致伤害的因素，提供预防建议。

3. 技术需求

AR/VR 支持的头戴设备或手机、动作捕捉和分析技术、3D 建模和动画制作工具。

4. 创新价值

提高训练效果：通过即时反馈和纠正，用户可以更快地掌握技巧和策略。

增加训练趣味性和挑战性：虚拟对战和场景模拟增加了训练的趣味性和挑战性。

节省训练成本：用户不再需要昂贵的设备和场地，只需要一个 AR/VR 设备就可以进行高效的训练。

实施建议：大学生可以与体育老师或体育组织合作，了解训练的需求和挑战。同时，还可以考虑与专业的 AR/VR 开发公司或研究机构合作，获取技术支持和培训。

## 14.4.10　艺术创作平台

1. 背景

传统的艺术创作往往受限于物理空间和材料，而 AR/VR 技术为艺术创作提供了一个无边界的、全新的空间，使艺术家可以突破现实的限制，创作出更为独特的和富有创意的作品。

2. 应用内容

虚拟画室：艺术家可以在虚拟的三维空间中绘画、雕塑和创作，完全摆脱物理材料的限制。

互动展示：观众可以在虚拟的艺术馆中欣赏作品，与之进行互动，甚至进入作品中，体验艺术家的创意。

多人合作：艺术家可以邀请其他人进入同一个虚拟空间，进行即时的合作创作。

艺术教学：教师可以利用虚拟空间，为学生演示技巧、分析作品，或组织模拟的创作实践。

艺术品市场：艺术家可以在虚拟空间中展示和出售自己的作品，吸引更多的观众和买家。

3. 技术需求

AR/VR 支持的头戴设备或手机、3D 建模和渲染工具、虚拟展览厅和画室的设计软件、实时互动和合作功能。

4. 创新价值

拓宽创作边界：AR/VR 技术为艺术创作提供了全新的可能性，使艺术家可以实现之前难以实现的创意。

增强观众体验：观众可以更为沉浸地体验艺术作品，与之进行互动，获得更为深刻的艺术感受。

促进艺术教育：教师可以利用虚拟空间，为学生提供更为生动的和实用的教学内容。

实施建议：大学生可以与艺术学院或艺术组织合作，了解他们的需求和挑战。同时，可以考虑与专业的 AR/VR 开发公司或研究机构合作，获取技术支持和培训。此外，还可以组织线上和线下艺术展览，促进作品的传播和销售。

# 第15章 边缘计算与5G技术

## 15.1 边缘计算的基础与应用

### 15.1.1 边缘计算的定义、关键特性与应用场景

定义：边缘计算是一种分布式计算范式，其核心是将数据处理任务从中央数据中心移至网络的边缘，即接近数据源的地方。这样可以有效减少数据传输的延迟，并提供更快速的响应。

关键特性：

（1）分布式数据处理。边缘计算不是在一个中央节点处理所有数据，而是在网络的边缘，即接近数据产生的地方进行处理。

（2）低延迟。由于数据处理发生在接近数据源的地方，边缘计算能够大大缩短响应时间。

（3）带宽效率。数据在本地处理，而不需要传输到远程服务器，从而节省了带宽。

（4）隐私与安全。数据在本地处理，减少了数据传输和存储的风险，有助于提高数据的隐私和安全。

（5）资源约束。相比中央数据中心，边缘设备的计算、存储和能源资源可能是有限的。

（6）动态性。由于边缘设备可能是移动的，因此边缘计算环境具有高度的动态性。

应用场景：边缘计算的这些特点尤其适合需要实时响应、高带宽或数据隐私性的应用，例如自动驾驶汽车、工业自动化、智能城市、健康监测等。

边缘计算重新定义了数据处理的方式，它强调在数据生成的地方进行处理，以获得更快的响应时间和更高的操作效率。尽管存在资源约束和动态性的挑战，但边缘计算为许多新兴应用提供了一个高效的、灵活的和可靠的计算平台。

### 15.1.2 边缘计算与中心云计算的比较

1. 定义

边缘计算：在数据产生的地方（例如 IoT 设备、传感器、网关等）进行数据处理的计算模式。

中心云计算：集中式的数据处理方式，数据从各种设备传输到远程的数据中心进行处理。

2. 数据处理位置

边缘计算：处理数据的位置接近数据源，即在网络的"边缘"。

中心云计算：在中央数据中心进行数据处理。

3. 延迟

边缘计算：由于接近数据源，能够提供低延迟的数据处理，适合需要实时反应的应用。

中心云计算：可能因为数据传输导致较高的延迟。

4. 带宽与流量

边缘计算：由于在本地处理数据，可以大大减少跨网络的数据传输，从而节省带宽。

中心云计算：所有数据都需要传输到云端，可能会导致较高的网络流量。

5. 安全性与隐私

边缘计算：数据在本地处理，减少了数据的传输，有助于提高数据的隐私和安全。

中心云计算：数据需要在公共网络上传输，可能存在数据泄露或被截获的风险。

6. 资源

边缘计算：边缘设备可能资源受限，如计算能力、存储容量和电量。

中心云计算：中央数据中心拥有强大的计算和存储能力。

7. 扩展性

边缘计算：受限于设备的硬件能力。

中心云计算：云服务通常具有高度的可伸缩性，能够根据需要增加或减少资源。

8. 应用适用性

边缘计算：尤其适用于实时应用、IoT 设备、移动应用等。

中心云计算：适用于大数据分析、复杂的计算任务、存储大量数据等。

边缘计算和中心云计算都有其优势和挑战，根据特定的应用和需求，选择最适合的计算模式是关键。在许多情况下，二者可能会结合使用，从而实现各自的优势。

## 15.1.3　在边缘处理与存储数据的优势

在边缘计算模式中，数据处理和存储是在接近数据产生源的位置进行的，而不是在中心化的云数据中心。这样的模式为多种应用带来了显著的优势。

低延迟：边缘设备可以立即处理数据，大大减少了从设备到数据中心的往返时间，从而为实时或近实时应用提供了必要的速度。

带宽效率：处理和存储数据的本地化可以显著减少跨网络的数据传输，这对于带宽受限或成本高昂的环境尤为重要。

网络可靠性：由于减少了对中心云的依赖，网络中断或延迟的影响被最小化，这对于某些关键应用至关重要。

安全和隐私：本地化处理和存储数据可以减少数据在公共网络上的传输，从而减少了数据泄露或被攻击的风险。

节能：对于某些设备，将数据发送到云端进行处理可能会消耗更多的能量。在边缘进行处理可能会更加节能。

实时分析：对于需要快速决策的应用（如自动驾驶汽车或智能制造），边缘计算可以提供必要的实时数据分析。

数据归约：边缘设备可以对原始数据进行预处理和归约，只将有价值的或相关的信息发送到中心云，从而优化存储和分析过程。

运营持续性：在某些环境中，持续的云连接可能不可行或不可靠。在这些情况下，边缘设备可以继续操作和处理数据，而不依赖于云连接。

满足法规和合规性：在某些情况下，数据可能由于法律或政策原因不能离开某个地理位置或设备。边缘计算允许在满足这些要求的同时进行数据处理。

自适应能力：边缘设备可以根据环境和上下文自适应地进行数据处理，例如，根据当前的网络状态或设备能量来调整其操作。

边缘计算为各种应用和设备提供了一个高效的、迅速响应的和自适应的数据处理和存储方法，尤其在 IoT 和移动设备领域有着广泛的应用前景。

### 15.1.4　边缘计算在物联网、自动驾驶和智慧城市领域的应用

边缘计算的概念和技术在多个领域中都有良好的应用前景，特别是在需要高速的、低延迟的和高效的数据处理场景中。以下是边缘计算在物联网、自动驾驶和智慧城市领域中的一些典型应用。

1. 物联网

实时分析：在农业、制造和能源领域，传感器可以实时监控机器的状态，并在边缘设备上进行数据分析，以预测并避免故障。

安全性和隐私：通过在数据产生的地方进行初步处理，可以保护敏感信息，防止未经授权的访问和数据泄露。

网络效率：只发送对云端分析有价值的数据，减少带宽使用和通信成本。

2. 自动驾驶

实时决策：自动驾驶汽车需要能够在毫秒级别内做出决策。边缘计算可以确保车辆快速响应周围环境的变化，例如，避免障碍物或应对突发情况。

低延迟：与远程数据中心的通信可能会产生延迟，而在车载系统上进行数据处理可以消除这种延迟。

数据归约：考虑到自动驾驶汽车每秒会产生大量数据，边缘计算可以减少需要传输到云端的数据量。

3. 智慧城市

交通管理：通过在交通路口的摄像头和传感器上进行边缘计算，可以实时分析交通流量和情况，并据此优化信号灯的切换。

安全和监控：使用边缘计算对公共场所的视频流进行实时分析，可以迅速识别威胁或异常行为，并采取相应措施。

资源管理：对公共资源如水、电和垃圾处理进行实时监控，优化其分配和使用。

环境监测：通过分布在城市各处的传感器实时监测空气质量、温度和湿度，边缘计算可以迅速做出响应，例如，调整交通流量或通知居民。

边缘计算提供了一个将计算能力靠近数据源的机制，从而使得多个领域能够实现更高的效率、更快的响应速度和更好的用户体验。

## 15.2　5G 技术的发展与影响

### 15.2.1　5G 技术的基础与关键特性

5G，也被称为第五代移动通信技术，是继 4G 之后的新一代无线通信技术。与之前的技术相比，5G 的设计目标是提供更高的下载速度、更低的延迟和更多的连接能力。以下是 5G 技术的一些基础和关键特性。

高速数据传输：5G 的最大下载速度理论上可以达到 10 Gbps 或更高，这比 4G LTE 的最大

速度快了数十倍，这使得下载大文件、观看 4K 或 8K 视频流等变得更加容易。

低延迟：5G 技术的延迟可以低至 1 毫秒，这对于需要实时反应的应用，如自动驾驶汽车、远程医疗手术和在线游戏，非常关键。

大容量连接：5G 技术可以同时支持大量的设备连接，这对于 IoT 设备特别有用，因为预计未来将有数十亿的 IoT 设备连接到网络。

网络切片：5G 允许网络切片，这意味着运营商可以创建专门为特定业务或应用优化的子网络，如自动驾驶汽车、工业自动化或智慧城市应用。

增强移动宽带（enhanced Mobile Broadband，eMBB）：这是 5G 的核心应用之一，为用户提供更快的数据速度和更好的体验。

大规模机器类通信（massive Machine Type of Communication，mMTC）：这支持大量的设备在一个小区域内进行通信，特别适用于 IoT 场景。

超可靠和低延迟通信（Ultra-Reliable and Low-Latency Communication，URLLC）：为那些需要高可靠性和极低延迟的应用提供服务，如远程医疗、自动驾驶和工业自动化。

灵活的频率使用：5G 技术可以在从低频段到毫米波频段的广泛频率范围内工作，这为其提供了更大的灵活性和容量。

边缘计算的整合：结合 5G 和边缘计算可以在更接近数据的产生地进行数据处理，从而提供更快的处理速度和更低的延迟。

5G 技术的关键特性使其成为支持未来智慧城市、高度自动化的工业生产、先进的医疗服务和无数其他应用的理想选择。

## 15.2.2　从 4G 到 5G：技术进步与社会影响

随着 5G 技术的逐步推出，我们不仅见证了技术领域的巨大进步，还看到了其对社会生活的深远影响。以下将详细探讨从 4G 到 5G 的技术进步和其对社会产生的潜在影响。

### 1. 技术进步

频谱效率的增强：5G 使用了新的编码和调制技术，如低密度奇偶校验码（Low Density Parity Check Code，LDPC）和正交幅度调制（Quadrature Amplitude Modulation，QAM），使其在频谱利用上更加高效。

毫米波技术：5G 引入了毫米波技术，允许其使用更高频的频段，从而大大增加了可用带宽。

大规模多进多出（Multiple-Input Multiple-Output，MIMO）技术：5G 使用了大规模 MIMO 技术，通过使用大量的天线来提高系统容量和效率。

网络切片：允许运营商创建针对特定用途的子网络，从而更好地为不同的业务需求提供服务。

### 2. 社会影响

经济增长：5G 预计将为全球经济带来巨大的增长，因为它为新的业务和创新创造了可能性，如虚拟现实、增强现实、无人驾驶汽车和智慧城市。

就业机会：随着 5G 的推出，预计将创造大量新的工作机会，尤其是在通信、信息技术和物联网领域。

智慧城市：5G 将为城市提供更智能的解决方案，如智能交通、能源管理和公共安全。

健康医疗：5G 将加速远程医疗和遥控手术的发展，使医疗服务更加普及和便捷。

娱乐与媒体：5G 将为用户提供无与伦比的视频流媒体体验，同时也将推动虚拟现实和增强现实的发展。

教育：高速、低延迟的 5G 网络将改变远程学习的方式，使得虚拟课堂和在线教育更加真实和高效。

隐私与安全：随着更多的设备连接到 5G 网络，数据安全和隐私保护的问题也日益受到关注。这需要业界和政府部门采取相应的措施来保障。

从 4G 到 5G 的过渡不仅是技术上的飞跃，更是社会结构、经济和日常生活方式的巨大改变。

### 15.2.3　5G 在增强现实、虚拟现实和物联网领域的作用

5G 技术，由于其高速度、低延迟和巨大的网络容量，为很多领域带来了革命性的改变。其中，增强现实、虚拟现实和物联网是受益最明显的几个领域。

1. 增强现实和虚拟现实

低延迟：5G 网络的低延迟确保了 AR 和 VR 应用中的快速数据传输，使得用户体验更加流畅和真实。在 VR 游戏或模拟环境中，用户不再需要担心由卡顿或延迟带来的不适。

高带宽：由于 5G 网络提供的高带宽，AR 和 VR 内容可以在高分辨率和高帧率下运行，为用户提供更加丰富和细致的虚拟体验。

边缘计算：结合 5G 的边缘计算能力，AR 和 VR 应用可以在网络边缘进行数据处理，进一步减少延迟并提高性能。

2. 物联网

连接数目：5G 技术可以支持每平方千米内上百万的连接，这使得大规模 IoT 部署成为可能。从智慧城市到农业，每个领域都可以通过无数的设备进行实时监控和数据收集。

低功耗：5G 的某些技术，如窄带物联网（Narrow Band Internet of Things，NB-IoT），为低功耗的、长寿命的设备设计，这对于很多 IoT 应用至关重要。

可靠性：5G 提供了高度的可靠性和低延迟，这对于需要实时响应的 IoT 应用，如自动驾驶汽车或医疗设备，尤为关键。

边缘计算：结合 IoT 的数据收集能力和 5G 的边缘计算，可以在数据产生的地方进行实时分析和处理，提供更快速的响应并减轻中心服务器的负担。

5G 技术对 AR、VR 和 IoT 的推动作用巨大，它不仅解决了这些技术在部署和应用中的许多挑战，还为它们的进一步发展和创新创造了新的机会。

### 15.2.4　5G 对未来数字化社会的影响与潜在风险

1. 影响

数字化社会的加速：5G 技术将进一步加速社会的数字化进程。高带宽和低延迟使得虚拟现实、增强现实、远程工作、在线教育等技术变得更为实用，有望将其更广泛地应用于日常生活中。

智慧城市：借助 5G 技术，智慧城市的各种应用，如智慧交通、能源管理、公共安全等，都将得到显著的加强，使城市管理更加高效、节能和便利。

工业革命：5G 可以推动第四次工业革命，实现工业互联网的普及。实时数据传输和分析能够帮助工厂实现更高效的生产，减少浪费。

增强的全球连通性：5G 技术能够支持更多的设备连接，加强全球互联互通，促进文化交流和经济合作。

2. 潜在风险

数据隐私和安全：随着 5G 的普及，更多的数据将在网络上流动。这增加了数据泄露、黑客攻击和隐私侵犯的风险。

技术依赖性：依赖于高速网络可能使社会在面对技术故障时变得脆弱。这也可能导致数字鸿沟进一步扩大，使得没有接入 5G 的人群和地区发展更加落后。

经济转型：5G 可能导致某些行业和职业的消亡，同时也会催生新的行业和工作机会。社会需要为这种经济转型做好准备，确保公民不会因此而受到过多的负面影响。

# 15.3　边缘计算与 5G 在新时代的合作

## 15.3.1　边缘计算与 5G 的互补关系

数据处理速度：5G 技术提供了极高的带宽和低延迟，使得数据可以在几乎实时的速度下进行传输。而边缘计算允许数据在产生的地方进行处理，从而避免将大量数据发送到中心服务器。两者的结合意味着大量的设备可以迅速地发送和接收数据，并在本地进行实时处理。

实时应用的支持：很多新时代的应用，如自动驾驶汽车、工业物联网和远程医疗，都需要实时的数据处理和反馈。通过 5G 和边缘计算的结合，这些应用可以得到必要的支持，实现真正的实时交互。

带宽优化：虽然 5G 提供了更高的带宽，但随着设备数量的增加，中心服务器可能会面临数据传输的压力。边缘计算可以在数据源头进行初步的处理，只发送必要的数据，从而更有效地利用带宽。

电池寿命和能效：对于许多 IoT 设备来说，电池寿命是一个关键因素。通过边缘计算，数据可以在本地进行处理，从而减少数据传输和等待处理的时间，这有助于提高设备的能效。

安全性与隐私：通过在数据产生的地方进行处理，边缘计算可以增强数据的安全性和隐私。结合 5G 的加密技术，这种方法可以提供更高级别的数据保护。

网络韧性：由于边缘计算允许设备在本地进行数据处理，因此即使中心服务器或网络出现故障，设备仍可以继续工作。这增加了整个网络的韧性和可靠性。

5G 和边缘计算的结合为各种新应用提供了强大的基础设施，使得数据处理更快、更智能和更安全。这种互补关系将加速新时代各种技术和服务的发展。

## 15.3.2　支持超低延迟和高带宽应用的合作模型

超低延迟和高带宽应用，如自动驾驶汽车、远程医疗、云游戏和工业自动化等，对网络提出了极高的要求。边缘计算和 5G 技术的结合，为这些应用提供了一个理想的解决方案。以下是满足这些需求的一些方法。

### 1. 数据预处理

合作模式：在边缘计算模型中，数据可以在产生的地方被快速处理。例如，自动驾驶汽车中的传感器可以在车上进行数据处理，仅将关键信息发送至中心服务器或其他汽车。这样减少了网络上的数据负载，确保了高带宽和低延迟。

实际应用：这意味着自动驾驶汽车在面对复杂道路情况时，可以立即做出反应，而不需要等待数据传输到远程服务器再返回结果。

### 2. 本地决策

合作模式：对于需要快速响应的应用，如自动驾驶和远程医疗，决策需要在本地做出。边缘计算允许这些应用在数据产生的地方进行决策，大大减少了数据传输的延迟。

实际应用：例如，远程医疗中的机器人手术系统需要即时响应医生的操作命令，这种实时性通过边缘计算来实现，以确保手术的精准和安全。

3. 动态资源分配

合作模式：5G网络可以根据应用的需求动态分配资源。例如，一个高分辨率的云游戏可能需要更多的带宽，而一个远程控制的机器人可能需要超低的延迟。通过边缘计算和5G的结合，网络可以实时地为这些应用分配所需的资源。

实际应用：云游戏服务提供商可以通过5G网络根据用户需求动态调整带宽，确保每个玩家都能获得流畅的游戏体验。

4. 缓存和内容分发

合作模式：为了进一步减少延迟和提高带宽效率，边缘服务器可以缓存高需求的内容，如流媒体、游戏资源等。当用户或设备请求这些内容时，它们可以直接从边缘服务器获取，而不是从远程的中心服务器获取。

实际应用：流媒体平台可以在边缘服务器上缓存热门视频，当大量用户同时访问时，边缘服务器可以立即响应，减少等待时间并降低中心服务器的负载。

5. 安全和隐私保护

合作模式：通过在本地处理数据，边缘计算可以增加数据的安全性和隐私保护。结合5G的高级加密技术，用户和设备的数据可以得到更好的保护。

实际应用：金融机构可以利用边缘计算来处理敏感数据，并通过5G的加密技术确保数据在传输过程中的安全，防止数据泄露。

6. 跨平台协同

合作模式：在多设备和多网络的环境中，边缘计算和5G可以协同工作，确保数据在不同的平台和网络之间无缝流动。

实际应用：智能家居系统中的各种设备可以通过5G网络和边缘计算实现互联互通，无论用户身处何地，都能轻松控制家中的所有设备。

### 15.3.3 在智慧交通、远程医疗和工业4.0中的共同作用

边缘计算与5G的结合为各种行业领域带来了创新的应用和服务。以下是它们在智慧交通、远程医疗和工业4.0中的共同作用。

1. 智慧交通

实时路况监测：借助边缘计算设备和5G网络，实时数据流可以快速地从交通摄像头、传感器等设备发送到交通管理中心，从而实时反馈路况信息，帮助指挥交通流动。

自动驾驶：边缘计算能够在汽车本地处理大量数据，例如雷达和摄像机数据，而5G可以保证车与车、车与基础设施之间的快速、可靠通信，从而确保自动驾驶的安全和效率。

智能停车：通过5G传感器和边缘计算，用户可以实时找到附近的空闲停车位，并进行预订或支付。

2. 远程医疗

遥控手术：5G的低延迟性质使得医生可以在数千公里之外控制机器人进行精确的手术，而边缘计算能够在现场处理手术数据，确保手术的流畅性。

患者监测：边缘计算设备可以对患者的生命体征进行实时监测，并通过5G网络发送警报或更新。

虚拟医疗咨询：利用 5G 网络，患者可以在家中与医生进行高清的、实时的视频通话，获取医疗建议。

### 3. 工业 4.0

智能制造：工厂中的机器可以通过 5G 网络实时发送其运行状态，而边缘计算可以对这些数据进行实时分析，预测设备故障或优化生产流程。

自动化物流：仓库机器人和无人车可以使用 5G 进行实时通信，确保物流的高效和准确。

远程设备维护：利用 5G 网络，工程师可以远程访问和诊断设备问题，而边缘计算则可以在现场提供实时的设备数据。

边缘计算与 5G 技术在智慧交通、远程医疗和工业 4.0 中发挥了关键作用，它们的结合不仅提供了更高的效率和性能，还为未来的创新应用打开了大门。

## 15.4  适合大学生创新的边缘计算与 5G 应用实践方案

### 15.4.1  无人驾驶车队

利用 5G 和边缘计算的低延迟进行精确的车队管理。

#### 1. 概述

5G 技术和边缘计算的结合，使无人驾驶车队实现高效的、安全的运行成为可能。大学生可以将这一概念应用于实际场景，如校园内部的交通，或特定的物流配送模型。

#### 2. 目标与挑战

（1）创建一个低成本、高效的无人驾驶车队原型。

（2）实时收集、处理并响应外部环境的变化。

（3）解决车队之间和基础设施之间的通信问题。

（4）考虑如何为乘客或货物提供更安全、更便捷的服务。

#### 3. 步骤与方案

需求分析和场景设计：确定车队的主要用途（例如，货物运输、人员转移或校园巡逻）。设计实际路线和日常操作模型。

#### 4. 技术集成

车辆硬件：选择适合的车辆，安装必要的传感器、摄像头和通信模块。

5G 通信：构建一个稳定的、低延迟的 5G 通信网络，确保车队内部和车队与控制中心之间的实时数据交换。

边缘计算部署：在每辆车上部署边缘计算节点，实现实时数据处理。

#### 5. 软件开发与优化

开发车队协同控制算法，实现车辆之间的距离、速度和路径的同步；利用边缘计算进行实时的环境分析，如障碍物检测、交通状况评估等；创建一个控制中心界面，可以远程监视和控制车队的运行。

#### 6. 测试与迭代

在封闭环境中进行初步测试，然后在实际场景中进行试运行。收集数据，根据实际表现进行优化。

7. 潜在的扩展方向

用户交互界面：设计 App，允许用户实时查看车队位置、预计到达时间或预约特定服务。

绿色出行：研究如何利用无人驾驶车队提供更环保的出行选择，如电动车队或共享出行模型。

安全与应急响应：结合 AI 技术，开发安全驾驶策略，以及在遇到突发事件时的应急响应方案。

大学生可以根据实际需求、技术背景和资源，从上述方案中选择合适的部分进行创新和实践。

## 15.4.2　AR 城市导览

结合 5G 高带宽和边缘计算实时处理的特点，为游客提供增强现实的导览体验。

1. 概述

借助 5G 的高速数据传输和边缘计算的即时处理，大学生可以创造一种 AR 导览体验，使游客能够在城市中游览时获得即时的、丰富的信息和视觉体验。

2. 目标与挑战

（1）提供丰富的、互动的 AR 导览内容，如历史背景、文化讲解和实用信息。

（2）处理大量实时数据，如游客位置、方向和所查看的景点。

（3）为广大用户提供低延迟的 AR 体验。

3. 步骤与方案

需求分析和内容设计：确定主要的旅游景点和要提供的信息种类。

技术集成：

（1）5G 通信。使用 5G 网络为 AR 应用提供高带宽、低延迟的数据连接。

（2）边缘计算部署。在主要的旅游景点或通信塔附近部署边缘计算节点，以支持大量用户的即时数据处理需求。

AR 内容开发：

创作或收集与景点相关的多媒体内容，如 3D 模型、视频、音频或动画；开发 AR 应用，使其能够识别景点并在用户的设备上叠加相关内容；结合 AI 和图像识别技术，使 AR 内容能够根据用户的视角和兴趣点进行动态调整。

4. 用户体验优化

设计简单易用的用户界面，如地图导航、语音指南和手势控制。

收集用户反馈，对 AR 导览体验进行持续优化。

5. 推广与服务

与旅行社或当地政府合作，将 AR 城市导览作为新的旅游产品进行推广；提供相关的服务，如语言选择、导览路线定制和线上购票。

6. 潜在的扩展方向

社交功能：允许游客在 AR 环境中与其他游客互动，如共享地点、留下评论或组成虚拟旅游团队。

个性化推荐：根据用户的兴趣和旅游历史，提供个性化的 AR 导览内容。

商业合作：与当地商家合作，为游客提供特色商店、餐厅或活动的 AR 推荐。

大学生可以结合自己的兴趣、专业知识和所在城市的特点，创造独特的 AR 城市导览体验。

### 15.4.3　5G 远程医疗手术

借助边缘计算的实时数据处理和 5G 的高速传输，进行精确的遥控手术。

1．概述

随着 5G 技术的发展，远程医疗手术已经不再只是概念。结合边缘计算，医生可以在远离患者的地方进行高精度的遥控手术。

2．目标与挑战

（1）实现低延迟的、高可靠性的和高带宽的远程手术操作。

（2）保证手术过程中的数据安全和隐私。

（3）实现精确的、稳定的遥控手术设备操作。

3．步骤与方案

1）技术集成与部署

5G 通信：为远程医疗系统提供稳定的、低延迟的连接。

边缘计算部署：在医院和手术中心部署边缘计算节点，以实现即时的数据处理。

2）远程手术系统的开发

手术机器人与设备：部署和配置远程手术机器人，确保它可以准确地执行医生的指令。

视频与数据传输：借助 5G 网络，实现高清的、低延迟的视频流和医疗数据传输。

用户界面与控制：为医生提供直观的遥控手术界面和精确的设备控制。

4．安全与隐私保护

设计安全的数据传输和存储协议；实施严格的身份验证和权限控制，确保只有授权的医生才可以远程操作手术系统。

5．培训与测试

对医生进行远程手术操作的培训；在模拟环境中进行远程手术的测试，确保系统的稳定性和可靠性。

6．应用与服务推广

在医院和医疗中心推广 5G 远程医疗手术服务；提供技术支持和持续的系统更新。

7．潜在的扩展方向

AI 辅助：结合人工智能技术，为医生提供手术建议和预警。

多方参与：允许多位医生同时参与远程手术，共同决策和操作。

教育与培训：利用远程医疗系统为医学生提供实时的手术观摩和模拟手术训练。

结合 5G 和边缘计算的远程医疗手术为医疗领域带来了革命性的变化。大学生可以探索这一领域的研究和应用，为未来的医疗服务做出贡献。

### 15.4.4　智能工厂管理

整合 5G 和边缘计算技术，进行实时的生产线监控与管理。

1．概述

随着制造业逐步转向自动化和智能化，5G 和边缘计算为工厂提供了前所未有的网络速度和数据处理能力，使实时监控、自动调整和远程管理成为可能。

2．目标与挑战

（1）实现对工厂生产线的实时远程监控。

（2）实时数据处理，快速响应生产线的异常。

（3）保障数据的安全性和完整性。

3．步骤与方案

1）技术部署与集成

5G通信：为工厂提供高带宽、低延迟的网络连接，确保生产线上的每个设备都连接到网络。

边缘计算节点：在关键位置部署边缘计算节点，对生产线的数据进行即时处理。

2）智能监控系统

传感器部署：在生产线的关键部位安装传感器，实时收集生产数据。

视频监控：利用高清摄像头进行视频监控，借助5G技术实现实时视频流传输。

数据分析：利用边缘计算对收集到的数据进行实时分析，检测任何异常或效率下降。

3）远程管理与控制

远程控制界面：为操作人员提供一个可以远程访问和控制生产线的界面。

自动调整：当检测到生产线的异常时，系统可以自动进行调整或发送警告给操作人员。

4．数据安全与备份

采用加密技术确保数据的安全传输；利用云存储进行数据备份，以防数据丢失。

5．持续优化与升级

基于数据分析的反馈，对生产线进行持续优化；随着技术的进步，对系统进行升级，以适应更高的生产需求。

6．潜在的扩展方向

AI辅助决策：利用人工智能技术，基于生产数据提供决策支持，如预测维护、生产调度等。

数字孪生技术：利用数字模型模拟真实的生产环境，为优化和决策提供支持。

供应链集成：与上游和下游的供应链伙伴整合，实现更高效的物流和库存管理。

结合5G和边缘计算的智能工厂管理不仅可以提高生产效率，还可以确保生产的安全和稳定。大学生可以探索这一领域，研发更先进的智能管理方案，为工厂的未来发展做出贡献。

### 15.4.5 大型活动直播

使用5G技术进行高清流媒体传输，同时利用边缘计算提供实时的数据分析与处理。

1．概述

随着5G技术的广泛应用，流媒体传输的质量和速度得到了显著的提升。边缘计算则为直播过程中的实时数据分析与处理提供了可能，从而为观众带来更加丰富的和沉浸式的观看体验。

2．目标与挑战

（1）提供高清的、无延迟的直播体验。

（2）实时分析活动中的各种数据，如观众反应、评论和互动。

（3）快速响应并解决直播过程中的任何问题。

3．步骤与方案

1）5G设备部署

在活动现场安装5G基站和相关设备，确保稳定的网络连接。使用5G摄像机，捕捉高清视频内容。

2）边缘计算设备部署

在活动现场或附近部署边缘计算节点，以便进行快速的数据处理。将这些节点与主要的计算中心连接，确保数据同步和备份。

3）实时数据分析

利用边缘计算实时分析观众的评论、反应和互动数据。

基于分析结果，可为观众提供个性化的内容推荐，例如，高光时刻回放、相关内容链接等。

4）增强的直播体验

利用 AR 技术，为观众提供更加沉浸式的观看体验，如场地 3D 模型、球员信息展示等。

使用 VR 技术，让观众仿佛置身于现场。

**4. 安全与隐私保护**

采用加密技术，确保直播内容的安全传输；对收集的数据进行匿名处理，保护观众的隐私。

**5. 潜在的扩展方向**

多视角直播：利用多个摄像机，为观众提供从多个视角观看活动的能力。

实时翻译：利用 AI 技术，为国际观众提供实时的语言翻译服务。

观众互动平台：创建一个平台，让观众能够实时地与活动参与者互动，如提问、打分等。

大型活动直播的目标在于如何利用最新的技术，为观众提供更加丰富和沉浸式的体验。5G 和边缘计算的结合无疑为这一目标的实现提供了强大的技术支持。大学生可以基于此探索新的直播模式和应用，为行业带来创新与变革。

### 15.4.6　5G 智能农业

利用 5G 技术和边缘计算的联合，对农田进行实时监测和自动化管理。

**1. 概述**

随着现代农业的发展，对农田的监测和管理变得越来越精细和自动化。5G 技术提供了高速、低延迟的网络连接，而边缘计算则使得在农田现场进行实时数据处理成为可能，从而大大提高了农业管理的效率和效果。

**2. 目标与挑战**

（1）实时监测农田的环境条件，如温度、湿度、光照等。

（2）自动化地管理农业设备，如灌溉系统、无人机喷洒等。

（3）实时分析农作物的生长状况，预测可能发生的病虫害。

**3. 步骤与方案**

1）5G 设备部署

在农田或附近设立 5G 基站，确保整个农田都能获得稳定的网络连接。

安装配备 5G 模块的传感器，实时监测农田的各种环境数据。

2）边缘计算设备部署

在农田或附近部署边缘计算节点，进行实时数据分析。

将这些节点与云计算中心连接，进行数据备份和深度分析。

**4. 实时数据分析与反馈**

利用边缘计算分析收集到的数据，对农田的环境状况和农作物的生长状况进行实时评估。

根据分析结果，自动化地调整农业设备的工作状态，如调整灌溉量、改变喷洒的药物种类等。

5. 病虫害预警系统

通过分析农作物的生长状况和农田的环境数据，预测可能出现的病虫害。

为农民提供及时的预警，帮助他们采取措施防治病虫害。

6. 远程管理与监控

利用 5G 的高速连接，让农民能够在任何地方远程管理和监控农田。

结合 AR 技术，为农民提供更直观的农田管理界面。

7. 潜在的扩展方向

农作物种植建议：通过分析历史数据和当前的农田状况，为农民提供种植建议。

农产品溯源系统：利用 5G 和边缘计算技术记录农作物的生长过程，为消费者提供农产品的溯源信息。

无人机管理：利用 5G 和边缘计算技术进行无人机的实时管理和调度，进行农田的巡检和喷洒。

5G 智能农业将现代农业带入一个新的时代，大学生可以在这个领域进行深入的研究和创新，为现代农业的发展做出贡献。

### 15.4.7 虚拟课堂

结合 5G 高速网络和边缘计算能力，为学生提供沉浸式的远程学习体验。

在数字化时代，远程教育已经成为趋势。利用 5G 的高速和低延迟特性，结合边缘计算的实时数据处理，我们可以创造出真正沉浸式的远程学习环境，为学生提供与实体课堂相似甚至超越实体课堂的学习体验。

1. 目标与挑战

（1）创建一个高度互动的虚拟课堂环境。

（2）确保学生无论身处何地，都能获得一致和高质量的学习体验。

（3）对大量的学习数据进行实时处理，为教育者和学生提供及时反馈。

2. 步骤与方案

1）5G 网络部署

利用 5G 技术，确保学生在任何地方都能获得高速的、稳定的网络连接。

这为高清视频、3D 模型和其他大数据应用提供了基础。

2）虚拟现实与增强现实集成

学生可以使用 VR 或 AR 眼镜，进入一个真实感十足的虚拟课堂。

教育者可以利用 AR 技术为学生展示 3D 模型或动画，使抽象的知识变得更为直观。

3）边缘计算集成

通过在学生所在的地方部署边缘计算节点，可以实时处理学习数据，如学生的学习进度、答题情况等。

教育者可以获得实时反馈，及时调整教学策略。

4）互动与协作

利用 5G 的低延迟特性，学生之间或学生与教育者之间可以进行实时的互动和讨论。

也可以创建小组学习或项目合作的环境，使远程学习变得更为合作和互动。

5）智能评估与反馈

利用 AI 技术，结合边缘计算的实时数据处理，可以为学生提供智能评估和个性化反馈。这不仅可以帮助学生了解自己的学习情况，还可以为教育者提供有关教学效果的数据支持。

3. 潜在的扩展方向

虚拟实地考察：利用 VR 技术，学生可以"前往"世界各地进行实地考察，不受地理位置的限制。

全球协作学习：学生可以与来自世界各地的同学进行协作学习，共同完成项目或研究。

虚拟社交学习空间：创造一个虚拟的社交学习空间，学生可以在其中进行交流、讨论或放松。

结合 5G 和边缘计算的虚拟课堂，不仅可以为学生提供高质量的远程学习体验，还为教育者提供了全新的教学方法和策略。这为现代教育带来了无限的可能性。

## 15.4.8　多人在线游戏

利用 5G 和边缘计算的低延迟特性，为玩家提供更流畅的在线游戏体验。

随着电子竞技和在线游戏的普及，为玩家提供低延迟、高带宽和稳定的游戏体验成为游戏开发者和网络供应商的主要关注点。结合 5G 的高速和低延迟特性以及边缘计算的即时数据处理，我们可以为玩家创造一个更为真实的和流畅的在线游戏环境。

1. 目标与挑战

（1）提供一个稳定的、低延迟的在线游戏体验。

（2）支持大规模多人在线同步游戏。

（3）对复杂的游戏场景和用户行为进行实时处理。

2. 步骤与方案

1）5G 网络部署

5G 技术确保玩家在任何地方都能获得高速、低延迟的网络连接，特别是在移动设备上。这为实时多人竞技游戏或大规模开放世界游戏提供了基础。

2）边缘计算节点配置

在游戏的关键地区或高流量节点部署边缘计算服务器。这样可以减少数据往返中心服务器的时间，进一步减少延迟。

3）实时数据处理

利用边缘计算进行实时的游戏数据处理，如玩家位置、行为和交互等。这不仅可以提高游戏的响应速度，还可以为玩家提供更为真实的游戏体验。

4）多人同步优化

利用 5G 和边缘计算的特性，支持大量玩家在同一个游戏场景中进行同步互动。通过优化数据同步和传输策略，确保所有玩家都获得一致且流畅的游戏体验。

5）游戏内容扩展

结合 5G 和边缘计算的能力，游戏开发者可以设计更为复杂和大规模的游戏场景。这为玩家提供了更为丰富和深入的游戏内容。

3. 潜在的扩展方向

虚拟现实与增强现实集成：利用 5G 和边缘计算，为玩家提供真实感十足的 VR 或 AR 游戏体验。

智能游戏助手：利用 AI 技术，为玩家提供个性化的游戏策略和建议。

全球竞技平台：利用 5G 的高速特性，创建一个全球范围的竞技平台，玩家可以与世界各地的对手比赛。

通过整合 5G 和边缘计算技术，多人在线游戏不仅可以提供更流畅的游戏体验，还为游戏开发者带来了新的创意和机会。这为现代游戏行业带来了无限的可能性。

### 15.4.9　城市安全监测

结合 5G 高速传输和边缘计算的数据处理，对城市进行实时的安全监测和管理。

现代都市日益复杂，安全监测成为关键需求。5G 的高速传输能力与边缘计算技术的结合可以为城市安全监测提供实时、高效的解决方案，从而确保公众安全和城市运行的顺畅。

1. 目标与挑战

（1）实时监测和响应城市中的安全隐患。

（2）大规模视频流的实时处理和分析。

（3）高效地处理和响应各种紧急情况。

2. 步骤与方案

1）5G 基础设施部署

部署 5G 基站，确保城市各个关键区域都有高速的、稳定的网络连接。

5G 为大量的监测设备提供网络连接，保证数据实时传输。

2）边缘计算节点配置

在城市的关键位置部署边缘计算服务器，如交通要道、公共广场和大型建筑等。

边缘计算可以即时处理收集到的数据，不需要传输到远程的中心服务器，从而减少延迟。

3）城市监测设备部署

部署各种监测设备，如摄像头、传感器、无人机等。

利用 5G 技术进行实时数据传输，边缘计算进行数据分析。

4）实时数据分析与响应

利用 AI 算法，对收集到的数据进行实时分析，如人流量、交通状态、异常行为等。

当检测到安全隐患或紧急情况时，系统可以自动发送警报，及时响应。

5）集成与管理中心

建立一个集成管理中心，将所有数据和分析结果进行集成，为决策者提供全面的信息支持。

3. 潜在的扩展方向

智慧交通管理：结合交通传感器和摄像头，实时分析交通流量，优化交通信号灯，预测交通拥堵等。

公共安全提醒：当系统检测到潜在的安全威胁，如恶劣天气、大型活动或紧急事件时，可以通过手机应用或其他方式向公众发送安全提醒。

环境监测：利用传感器监测城市的环境数据，如空气质量、温度、湿度等，为公众提供健康建议。

利用 5G 和边缘计算技术，城市安全监测可以变得更为智能和高效，不仅为公众提供了更高的安全保障，还为城市管理带来了新的机会和挑战。

### 15.4.10　跨国合作项目

利用 5G 高带宽和边缘计算的数据处理，为大学生提供无缝衔接的跨国合作体验。

在全球化的背景下，大学生的跨国合作变得尤为重要。5G和边缘计算技术的结合能够为大学生提供无缝、高效的跨国合作平台，帮助他们共同完成项目、实验和研究，克服时区和地理位置的限制。

1．目标与挑战

（1）实时沟通与数据分享。

（2）大规模数据的快速传输。

（3）高清视频会议和虚拟实验室的实时互动。

（4）解决跨国合作中的文化和语言障碍。

2．步骤与方案

1）5G 基础设施部署

在合作的大学校园内部署 5G 基站，确保有高速的、稳定的网络连接。

利用 5G 高带宽，支持大量学生同时在线进行合作。

2）边缘计算节点配置

在参与跨国合作的各个大学部署边缘计算服务器。

边缘计算可以快速处理近地点的数据，提高数据处理的效率。

3）创建跨国合作平台

创建一个跨国合作平台，支持实时沟通、文件共享、视频会议、虚拟实验室等功能。

利用 AI 技术提供实时的语言翻译，克服语言障碍。

4）虚拟实验室

利用 VR 技术创建虚拟实验室，学生可以在其中进行实验和研究。

5G 和边缘计算确保实验数据实时传输和处理，学生可以在虚拟环境中与其他学生实时互动。

5）文化交流活动

组织在线文化交流活动，如虚拟旅行、在线研讨会等，帮助学生了解其他国家的文化和风俗。

3．潜在的扩展方向

在线实习机会：与国际公司合作，为学生提供在线实习的机会，学生可以在虚拟环境中参与真实的工作。

全球在线课程：学生可以选择全球范围内的在线课程，与其他国家的学生一同学习。

跨国项目竞赛：组织跨国的学术和技术竞赛，鼓励学生之间的合作和竞争。

通过 5G 和边缘计算技术，大学生的跨国合作变得更为简单和高效，不仅为他们提供了全新的学习和合作体验，还拓展了他们的国际视野和培养了跨文化沟通能力。

# 第16章 生物计算与神经形态工程

## 16.1 DNA 存储与计算

### 16.1.1 DNA 数据存储

1. 原理

DNA 数据存储是一种使用生物分子，特别是脱氧核糖核酸（Deoxyribo Nucleic Acid，DNA）来存储数字数据的技术。这一方法将数字数据转化为 DNA 序列，这些序列可以被合成和存储，然后在需要时被测序和转换回数字格式。

2. 具体步骤

（1）将数字数据转换为二进制数据。

（2）将二进制数据转换为 DNA 序列，例如使用编码方案使"00"对应于 A（腺嘌呤），"01"对应于 C（胞嘧啶），"10"对应于 G（鸟嘌呤），"11"对应于 T（胸腺嘧啶）。

（3）使用 DNA 合成技术制造相应的 DNA 分子。

（4）将合成的 DNA 分子存储在适当的条件下。

（5）当需要访问数据时，测序 DNA，并将得到的 DNA 序列转换回二进制数据，然后再转换回原始的数字格式。

3. 优势

高密度：DNA 可以存储极大量的数据。理论上，1 克 DNA 可以存储 21500000TB 的数据。

持久性：与传统的硬盘和磁带存储相比，在适当的条件下，DNA 可以持续存储数千年而不会丢失数据。

稳定性：DNA 不需要电源或特殊的环境来维持其内容，只需要适当的温度和湿度条件。

技术发展潜力：随着生物技术的进步，DNA 合成和测序的速度及成本预计将大大降低。

全球可持续性：与传统数据中心不同，DNA 存储解决方案可以大大减少能源消耗，因为它不需要冷却或维护。

DNA 数据存储提供了一个高度紧凑的、持久的和稳定的数据存储方法，可以为未来的大规模数据存储需求提供解决方案。

### 16.1.2 DNA 计算

1. 基础概念

DNA 计算是一种新颖的计算方法，它使用生物分子（主要是 DNA）来进行数据的编码、操作和解码。这种方法的基本思想是利用 DNA 分子的自然属性（例如链的互补性）来模拟计算过程，如求解数学问题、图论问题或优化问题等。

DNA 计算不同于传统的基于硅的计算，它依赖于生化反应来进行计算，而不是电子组件。

**2. 实现**

编码问题为 DNA 序列：初始步骤是将计算问题编码为 DNA 序列。例如，对于旅行商问题，每个城市和路径都可以编码为特定的 DNA 序列。

生化操作：使用标准的生物技术，如 PCR（聚合酶链反应）、凝胶电泳和 DNA 混合等技术，对 DNA 进行处理，从而模拟计算过程。

检测与解码：通过分析得到的 DNA 分子，可以找到问题的解。例如，最短的 DNA 分子可能代表旅行商问题的最短路径。

转化为计算结果：最后，将得到的 DNA 序列转化为计算问题的解。

**3. 优势与挑战**

并行处理能力：DNA 计算的一个关键优势是其天然的并行性。数以亿计的 DNA 分子可以同时进行生化反应，从而允许在相同的时间内进行大量的并行计算。

信息存储密度：如上所述，DNA 的存储密度是惊人的，这使得大量的计算数据可以在微小的体积内进行处理。

挑战：尽管 DNA 计算在某些问题上具有优势，但它也面临着多个挑战，包括生化反应的准确性、速度和可扩展性，以及如何有效地编码、解码和检测结果。

自 1994 年由 Adleman 首次提出以来，DNA 计算已经发展成为一种有前景的研究领域。尽管目前它在商业应用中的实用性还有待证明，但它为我们提供了一个全新的看待计算和信息处理方式的视角。

# 16.2  脑–计算机接口的研究进展

## 16.2.1  脑–计算机接口

**1. 定义**

脑–计算机接口（Brain-Computer Interface，BCI），也常被称为神经–计算机接口或大脑机器接口，是一种直接在大脑和外部设备之间建立通信的系统。BCI 旨在将脑活动转化为命令，从而控制外部设备，或者在大脑中接收来自外部设备的信息。

**2. 种类**

1）侵入性 BCI

这种类型的接口需要通过外科手术将电极植入大脑。电极直接与神经元接触，从而获得非常精确的电信号。

优点：提供高分辨率和高信号质量的数据。

缺点：外科风险、感染风险、电极可能会随时间而退化。

2）部分侵入性 BCI

这些电极被放置在大脑的表面，而不是被植入大脑组织。部分侵入性 BCI 可以是皮层下的或皮层上的。

优点：与完全侵入性 BCI 相比具有较低的风险，但仍提供相对高的信号质量。

缺点：仍然需要外科手术。

3）非侵入性 BCI

这种接口不需要手术，通常基于电极帽或其他传感器来捕获大脑的电活动，例如，通过脑电波（Electroencephalogram，EEG）。

优点：非侵入性、适用性广、设备便携。

缺点：信号质量和空间分辨率较低。

4）基于其他信号的 BCI

BCI 不仅可以基于电信号，还可以基于其他类型的大脑信号，如功能磁共振成像（functional Magnetic Resonance Imaging，fMRI）或近红外光谱成像（Near Infrared Spectrum Instrument，NIRS）。

优点：提供不同类型的信息和空间分辨率。

缺点：设备可能不便携，且对环境条件有较高要求。

应用：BCI 已经在多个领域得到应用，包括帮助残障人士控制假肢、恢复失去的感觉、娱乐、游戏，以及在军事和工业环境中的应用。

## 16.2.2 脑-计算机接口目前的应用与挑战

1. 应用

医疗康复：BCI 已被用于帮助残障人士。例如，中风患者通过使用 BCI 控制假肢或轮椅，以提高他们的生活质量。

语言恢复：对于那些由于伤病而失去说话能力的患者，BCI 可以帮助他们与外界沟通，例如，使用思维来拼写单词或控制计算机语音输出。

娱乐与游戏：在虚拟现实和游戏领域，BCI 为用户提供了一种新的互动方式，允许他们仅通过思维来控制游戏角色或导航。

军事应用：一些国家正在研究使用 BCI 来训练士兵，提高他们的反应速度，或使用 BCI 控制无人机。

心理健康治疗：BCI 技术也用于神经反馈训练，帮助治疗注意力缺陷多动障碍、焦虑、抑郁等问题。

学术研究：BCI 也被用作一个研究工具，帮助科学家更深入地理解大脑的工作机制。

2. 挑战

信号质量：由于许多非侵入性 BCI 基于脑电波，其信号容易受到干扰，这可能导致不准确的结果。

用户训练：对于某些 BCI 系统，用户需要经过长时间的训练，才能有效地使用接口。

硬件限制：现有的 BCI 系统往往昂贵、笨重，且不便于长时间佩戴。

隐私与安全：如何确保从大脑捕获的数据安全且不会被非法访问或滥用是一个关键的问题。

伦理问题：BCI 的应用涉及许多伦理问题，特别是在未经用户充分知情和同意的情况下收集和使用大脑数据。

健康风险：侵入性 BCI 涉及外科手术，带来一定的健康风险，如感染或器械失效。

技术瓶颈：BCI 的技术进步仍然受到当前神经科学知识的限制，有待进一步的基础研究来突破。

互操作性：由于存在多种 BCI 技术和协议，确保不同设备和应用之间的互操作性成为一个挑战。

虽然脑-计算机接口提供了许多令人兴奋的可能性，但其应用和普及仍面临许多技术、伦理和社会挑战。

# 16.3　神经形态计算与下一代 AI

## 16.3.1　神经形态工程

神经形态工程是一门跨学科领域，灵感来源于生物神经系统，旨在开发模拟大脑工作原理的技术和设备。这种新型的计算方法不再依赖传统的冯·诺依曼体系结构，而是模拟神经元和突触的行为，从而更高效地执行某些任务，尤其是与模式识别和感知处理相关的任务。

1. 灵感来源

生物神经元结构：大脑中的神经元与突触通过电化学信号进行通信。这种神经通信的模式与传统的数字计算方式截然不同，其并行性和适应性为神经形态工程提供了启示。

能量效率：大脑在处理大量信息时仍然保持了很高的能量效率，这种高效性在 AI 和机器学习领域尤为重要。

学习与适应：生物神经系统能够持续学习和适应新的环境或刺激，而不需要重新编程或训练。这为自适应和在线学习提供了范例。

2. 设计原则

并行处理：与传统的序列计算相比，神经形态系统强调大量并行操作，模拟真实神经系统的工作方式。

稀疏性：神经形态系统通常使用稀疏编码和稀疏连接，这与大脑中的神经活动模式相似，并能提高效率。

本地化计算：数据的存储和处理发生在同一位置，模拟突触的行为，减少数据传输的需要，从而提高能源效率。

自适应性：通过模拟突触的可塑性，神经形态系统可以自适应地进行学习，而无须显式地重新训练。

模拟真实环境：通过物理模型来模拟神经元和突触的行为，而不是使用数学方程，从而更接近生物系统的响应特性。

神经形态工程试图将大脑的高效、适应性和并行性引入计算机硬件和软件中，为下一代 AI 提供更自然的、更高效的计算平台。

## 16.3.2　神经形态计算的优势

神经形态计算受到了生物神经系统的启示，并试图模拟其结构和功能，从而为多种计算任务提供优化。以下是神经形态计算的几个主要优势。

能量效率：与传统的数字计算方法相比，神经形态计算在执行某些任务时通常更加高效。这是因为它模拟大脑中的神经元和突触活动，这种活动是高度并行和本地化的，减少了数据之间的移动，从而节省能量。

实时处理：由于其并行性和事件驱动的特点，神经形态计算能够实时响应外部刺激，这在需要快速决策的应用中尤为重要，例如自动驾驶汽车。

持续学习和适应性：传统的 AI 模型往往需要固定的数据集进行训练，而神经形态计算系统可以持续地从新的数据中学习和适应，而无需显式的再训练。

稳健性：神经形态计算系统能够在各种环境和情况下工作，即使在某些神经元或连接出现故障的情况下也能继续运行。

模拟生物行为：对于希望理解生物神经系统工作原理的研究人员来说，神经形态计算提供了一个有用的工具，可以帮助他们模拟和研究神经活动。

更好的处理传感器数据：神经形态计算非常适合处理来自各种传感器的数据，例如视觉、听觉和触觉数据。这些系统可以直接处理这些数据，而无须进行复杂的预处理。

缩小尺寸和重量：由于其高度集成和能量效率的特点，神经形态计算系统往往体积小、重量轻，非常适合嵌入式设备和移动应用。

较低的延迟：神经形态计算的并行性和事件驱动的特点确保了在处理某些任务时具有较低的延迟，这对于实时应用尤为重要。

神经形态计算提供了一种模拟大脑工作原理的计算方法，它具有高度的并行性、适应性和能量效率，使其在多种应用中具有明显的优势。

### 16.3.3　神经形态芯片在 AI 领域的应用

神经形态芯片受到生物神经系统的启发，旨在模仿大脑的工作方式。这些芯片在 AI 领域已经显示出巨大的潜力，特别是在某些特定的应用领域。以下是神经形态芯片在 AI 领域的一些主要应用。

图像和视频识别：由于神经形态芯片的并行处理能力和对传感数据的高效处理，它们特别适合于实时图像和视频识别任务。例如，用于无人驾驶汽车的物体检测和分类。

语音识别与处理：神经形态计算模型可以在更低的功耗下进行语音信号的实时处理，对于嵌入式语音助手或其他需要长时间运行的设备非常有利。

传感器数据处理：在物联网设备中，需要处理来自多个传感器的数据流。神经形态芯片可以高效地处理这些数据，使其在环境监测、健康监测和其他传感器密集型应用中具有优势。

机器人学与自主导航：对于需要在不确定的环境中快速做出决策的机器人，神经形态芯片提供了一种低延迟、能量高效的计算方法。

持续学习和在线学习：与传统 AI 方法相比，神经形态模型更容易进行持续和在线学习，使其能够更好地适应变化的环境和条件。

模拟和仿真：对于希望理解和模拟大脑行为的研究人员，神经形态芯片提供了一种能够高度模拟生物神经系统的平台。

边缘计算：由于神经形态芯片的能量效率和小尺寸，它们非常适合于边缘计算应用，可以在数据源附近进行实时数据处理。

安全性和加密：一些神经形态计算方法可以用于数据的安全处理和加密，这使得它们在安全领域有潜在的应用。

神经形态芯片正在逐渐被认为 AI 领域的关键，特别是在那些需要模拟大脑行为、实时数据处理和能量高效计算的应用领域。随着技术的进步和应用的增多，它们有望为 AI 领域带来革命性的变化。

## 16.4　适合大学生创新的生物计算与神经形态工程应用实践方案

### 16.4.1　可编程的 DNA 计算机

设计一个可以执行基本逻辑操作的小型 DNA 计算机。

1. 背景

DNA 计算利用了 DNA 的分子特性来进行计算操作。与传统的硅基计算不同，DNA 计算通过化学反应在分子层面上实现逻辑和算术运算。对于某些问题，特别是优化和搜索问题，DNA 计算机提供了一个高度并行的解决方案。

2. 设计思路

1）目标选择

初步尝试可以选择一个简单的问题，例如，求解布尔逻辑运算（如与、或、非）或寻找特定的模式序列。

2）编码

设计合适的 DNA 序列来表示输入数据。这通常涉及选择短的 DNA 片段来代表数据或逻辑值。例如，特定的 DNA 片段可以代表逻辑"1"，而另一个片段可以代表逻辑"0"。

3）运算

设计合适的生物化学反应来模拟所需的逻辑操作。例如，利用特定的 DNA 酶来实现"与"操作，当且仅当两个输入片段都存在时，该酶才会生成并输出 DNA 片段。

4）检测

一旦反应完成，需要一种方法来检测和读取输出结果。这通常通过电泳或其他技术来实现，通过检测特定的 DNA 片段是否存在来确定输出结果。

3. 实现步骤

（1）使用在线工具或软件来设计特定的 DNA 片段，代表不同的输入值和输出值。

（2）购买或合成这些设计好的 DNA 片段。

（3）设计并执行实验，使这些 DNA 片段在溶液中进行所需的逻辑运算。

（4）使用电泳、荧光标记或其他技术来检测和读取输出结果。

4. 挑战与优势

挑战：DNA 计算需要对生物化学有深入的理解。正确地设计 DNA 序列以确保准确性和可靠性是一个关键问题。

优势：对于某些问题，DNA 计算机可以提供比传统计算机更快的解决方案，因为它在分子层面上实现了真正的并行计算。

5. 对大学生的启示

这种尝试不仅增强了对分子生物学和计算机科学交叉领域的理解，还鼓励学生思考新的、高效的计算方法。通过这种实践，学生可以深入探索 DNA 计算的潜力，并可能为未来的应用找到新的方向。

## 16.4.2　脑控无人机

脑控无人机使用脑-计算机接口技术控制无人机的飞行。

1. 背景

脑-计算机接口是一种直接从大脑获得信号并将其转化为命令的技术，允许人们通过思考来控制计算机、机器人或其他设备。近年来，这种技术已经被用于帮助残障人士进行日常活动，但其应用范围正在扩大，其中之一就是控制无人机。

2．设计思路

1）信号采集

使用非侵入式的 EEG 头盔来采集大脑的电信号。选择合适的电极配置和放置来捕获关于飞行控制的思考。

2）数据处理与解析

对采集的脑电信号进行预处理，包括滤波、噪声削减和特征提取。然后使用机器学习算法对脑电信号进行分类，将其解析为具体的飞行指令，如上升、下降、向前飞等。

3）指令传输

将解析后的指令通过无线方式发送到无人机，控制其飞行。

4）训练与反馈

为了提高系统的准确性和响应性，需要进行多次训练。用户需要在初次使用时进行一些简单的任务来"训练"系统识别其思考模式。此外，无人机提供实时的视觉或听觉反馈，使用户知道其指令是否正确执行。

3．实现步骤

（1）选择并配置一个适合的 EEG 头盔。

（2）设计或使用现有的软件平台来捕获和处理 EEG 数据。

（3）使用机器学习工具进行数据训练和分类。

（4）与无人机的控制系统集成，实现实时控制。

（5）进行多次试飞和训练以优化系统。

4．挑战与优势

挑战：信号解析的准确性、系统的实时响应性、用户的疲劳和注意力分散都可能影响控制质量。

优势：提供了一种新颖的、直观的无人机控制方式，可以为无人机操作提供更多的灵活性和创新性。

5．对大学生的启示

脑控无人机项目不仅展示了最前沿的科技趋势，还鼓励学生跨越生物学、神经科学、计算机科学和航空学等多个学科的界限。这为学生提供了一个实际应用复杂知识和技能的机会，也促使他们思考如何进一步提高技术的可靠性和应用范围。

### 16.4.3 神经形态图像识别系统

利用神经形态芯片开发低能耗的神经形态图像识别应用。

1．背景

神经形态工程是一种模拟生物大脑工作机制的计算方法。神经形态芯片模仿神经元的工作原理，它们的计算方式不同于传统的数字计算，能更有效地处理某些特定任务，特别是与感知和认知相关的任务。对于图像识别这类需要大量并行处理的任务，神经形态芯片可以提供低功耗和高效率的解决方案。

2．设计思路

1）神经形态硬件选择

选择一个合适的神经形态处理单元（如 IBM 的 TrueNorth 或 Intel 的 Loihi 芯片）作为核

心处理器。

2）神经网络模型设计

设计一个浅层的或深层的神经网络，根据芯片的特性进行优化，以实现图像识别的目标。

3）训练与部署

使用大量的图像数据来训练网络。完成训练后，将模型部署到神经形态芯片上。

4）界面与交互

设计一个对用户友好的界面，用户可以上传图片并获取识别结果。考虑为移动设备或嵌入式系统设计，以突显低能耗的优势。

5）实时反馈与学习

为系统提供实时学习的能力，使其在使用过程中不断优化和改进。

3. 实现步骤

（1）确定目标图像识别任务（如物体识别、面部识别等）。

（2）收集和预处理数据集。

（3）在传统计算平台上设计和训练神经网络模型。

（4）将模型迁移到神经形态芯片并进行优化。

（5）开发用户界面和交互系统。

（6）进行测试和迭代，优化识别性能。

4. 挑战与优势

挑战：神经形态硬件的编程和优化可能与传统硬件不同，需要特定的知识和技能。

优势：与传统硬件相比，神经形态芯片在图像识别等任务上可能提供更高的效率和更低的能耗。

5. 对大学生的启示

神经形态图像识别系统项目展现了未来计算一个可能的方向，鼓励学生深入了解并尝试这一新兴领域。此项目也要求学生将理论知识与实际应用相结合，为他们提供了一个实践和创新的机会。

## 16.4.4　DNA 加密存储

设计一个利用 DNA 序列存储加密信息的系统。

1. 背景

DNA 数据存储是一种新兴技术，它利用 DNA 的四种碱基（A、T、C、G）作为数据编码单位，能在极小的空间内存储大量的信息。同时，将信息存储在 DNA 中还具有很高的安全性。通过利用特定的编码和加密方法，我们可以创建一个加密的 DNA 存储系统。

2. 设计思路

1）信息编码

将二进制数据转化为 DNA 序列，例如，使用"A"表示"00"、"T"表示"01"、"C"表示"10"和"G"表示"11"。

2）数据加密

在转化为 DNA 序列之前，首先对二进制数据进行加密。可使用现有的加密算法如 AES 或 RSA。

3）DNA 合成与存储

使用生物技术合成对应的 DNA 序列，并将其存储在适当的容器中。

4）数据读取与解密

对存储的 DNA 进行测序，获得 DNA 序列，并将其转化回二进制数据。之后使用解密密钥对二进制数据进行解密。

3. 实现步骤

（1）选择或设计一个加密算法，并为数据进行加密。

（2）将加密后的数据转化为 DNA 碱基序列。

（3）使用 DNA 合成技术创建对应的 DNA。

（4）将合成的 DNA 存储在适当的环境中。

（5）当需要读取数据时，将 DNA 从存储环境中取出，进行测序。

（6）将得到的 DNA 序列转化回加密的二进制数据。

（7）使用解密密钥对二进制数据进行解密。

4. 挑战与优势

挑战：DNA 的合成和测序可能需要特殊的设备和技术，而且可能会有一定的误差率。

优势：与传统存储介质相比，DNA 具有更小的物理尺寸、更长的存储周期，以及更高的存储密度。同时，数据的加密和存储在 DNA 中为其提供了额外的安全层。

5. 对大学生的启示

这个项目为学生展示了生物技术与计算机科学之间的交叉应用。学生不仅可以学习到新兴的 DNA 存储技术，还能理解到如何保障信息的安全性。这为他们提供了一个探索生物计算新领域的机会，并鼓励他们在多个学科之间建立桥梁。

## 16.4.5　脑波音乐创作

脑波音乐创作可以将脑活动数据转换为音乐或声音。

1. 背景

脑波或脑电活动是脑部活动的电生理响应，它可以通过脑电波设备进行监测和记录。近年来，随着脑-计算机接口技术的发展，人们开始尝试将脑活动数据用于各种创意应用，其中之一就是将其转换为音乐或声音。

2. 设计思路

1）数据采集

使用脑电波设备捕捉并记录用户的脑电活动。这些活动可以是自然发生的，或是用户在思考特定事物、感受特定情绪时产生的。

2）数据预处理

去噪、滤波和放大原始的脑波数据，使其更加清晰并适合进行分析。

3）数据到音乐的映射

设计一个算法或模型将脑电数据转换为音乐参数（例如音高、音长、节奏、音量等）。例如，将高度集中的脑电活动映射到高音阶，而将放松或冥想状态映射到低音阶。

4）音乐生成

使用数字音乐工具或合成器将上述音乐参数转化为真实的音乐或声音输出。

3．实现步骤

（1）为参与者佩戴脑电波设备并确保信号传输正常。

（2）让参与者进行特定活动或自然状态下进行脑波记录。

（3）使用软件工具进行数据预处理。

（4）利用预设的算法或模型将处理后的数据转换为音乐参数。

（5）使用音乐软件或硬件工具将参数转换为声音或音乐。

4．挑战与优势

挑战：脑波数据可能会受到各种外部因素的干扰，如设备质量、环境噪声等。此外，如何将脑波数据精确地转换为有意义的音乐也是一项技术挑战。

优势：脑波音乐创作为人们提供了一种全新的、直接由大脑产生的艺术形式。它可以帮助人们更好地了解自己的情感和心态，并在某种程度上实现自我治疗。

5．对大学生的启示

这个项目将生物科学与艺术相结合，为学生提供了一个探索大脑如何与外部世界交互的机会。学生们可以尝试创作出反映其个人心境和情感的独特音乐，或是设计更复杂的系统，如将多人的脑波数据合成为合奏乐曲，为创意和团队合作提供无限可能。

## 16.4.6 神经形态声音识别

开发一个能在嘈杂环境中有效识别声音的系统。

1．背景

随着神经形态工程的发展，模拟生物神经系统的芯片被设计出来。这些芯片具有低能耗和高并行性的特点，使其成为声音识别等实时任务的理想选择。特别是在嘈杂的环境中，传统的声音识别系统可能会受到干扰，而神经形态系统可能更擅长在这种情境中工作。

2．设计思路

1）特征提取

首先从输入的声音信号中提取特征，这可以通过常见的声音处理技术，如快速傅里叶变换来实现。

2）神经形态处理

利用神经形态芯片进行声音特征的处理和分类。这些芯片可以模拟生物神经元的工作方式，处理声音特征并将其分类为预先定义的类别（如不同的词语或声音事件）。

3）噪声过滤

神经形态系统可以被训练为识别特定的声音，同时忽略背景噪声。这使得它们在嘈杂环境中表现出色。

4）实时反馈

系统可以实时提供声音识别的结果，对用户的声音命令作出响应或提供所需的信息。

3．实现步骤

（1）采集不同环境和条件下的声音数据，包括目标声音和背景噪声。

（2）对声音数据进行预处理和特征提取。

（3）利用神经形态芯片进行数据训练，使其能够识别目标声音并过滤掉背景噪声。

（4）在实际环境中测试系统，对其进行优化以提高准确性。

（5）集成系统到一个实时应用中，如语音助手或自动化控制系统。

**4. 挑战与优势**

挑战：训练神经形态系统可能需要大量的声音数据，并且需要确保该系统能够适应各种噪声环境。

优势：与传统的声音识别系统相比，神经形态系统具有更低的能耗、更高的实时性，以及在嘈杂环境中更好的识别效果。

**5. 对大学生的启示**

神经形态声音识别为学生提供了一个研究交叉领域的机会，结合声音处理、机器学习和硬件设计。此项目不仅可以帮助学生更深入地理解人类的听觉系统，还可以探索如何将这些原理应用于现实世界，如在吵闹的市场或车站中准确识别声音命令。

### 16.4.7　基于 DNA 的解密游戏

设计一个解密游戏，其中玩家必须通过解读 DNA 序列来获取线索。

**1. 背景**

随着基因组学和生物信息学的发展，DNA 序列已经成为公众越来越关心的领域。这为我们提供了一个独特的机会，将这些复杂的科学概念变成有趣的、可互动的游戏体验。

**2. 设计思路**

1）游戏场景

假设玩家为一个生物学家，他们的任务是解读一串未知的 DNA 序列，以寻找关于一项科研项目的线索或解出一项谜题。

2）DNA 解读

玩家必须通过识别特定的基因序列、突变点或其他遗传标记来获取线索。

3）工具和技能

玩家可以使用一系列虚拟的实验室工具和技术，如 PCR、电泳和测序，来帮助他们解析 DNA 序列。

4）挑战与关卡

随着游戏的进行，玩家将面临越来越复杂的 DNA 序列和更高的难度。

5）教育元素

在游戏过程中，玩家不仅可以解出谜题，还可以了解基因、突变、DNA 复制和其他基因组学概念。

**3. 实现步骤**

（1）定义游戏的目标和故事情节。
（2）设计 DNA 序列和相关的挑战。
（3）开发虚拟的实验室工具和技术。
（4）为玩家提供反馈和提示，以帮助他们理解和解决难题。
（5）测试游戏，根据玩家的反馈进行优化。

**4. 挑战与优势**

挑战：确保游戏既有趣又有教育意义，同时不过于复杂或专业。

优势：为玩家提供了一个既有趣又有教育意义的体验，让他们更好地理解基因组学概念，同时培养他们解决问题的能力。

**5. 对大学生的启示**

基于 DNA 的解密游戏提供了一个将生物学、游戏设计和技术融合在一起的机会。这不仅是以一个创新的方式来向大众传播科学知识，还可以激发学生的创造力和团队合作精神。此外，这种类型的项目还可以帮助学生培养跨学科的思维方式，为他们未来的职业生涯打下坚实的基础。

### 16.4.8　脑–计算机辅助学习

使用脑波数据来评估学生的注意力和理解度，并为其提供个性化的学习建议。

**1. 背景**

随着脑–计算机接口技术的进步，我们现在有能力直接读取大脑的信号并解释它们。通过解析这些信号，我们可以更好地理解学生在学习过程中的注意力、焦虑度、兴趣等状态，从而为他们提供更有效的、更有针对性的学习建议。

**2. 设计思路**

1）数据收集

使用非侵入性的脑波读取设备，如 EEG 帽，来持续监测学生的脑波数据。

2）数据解析

通过专门的算法和机器学习技术，解析脑波数据，识别学生的注意力水平、理解程度、焦虑度等状态。

3）实时反馈

系统可以实时地为学生提供反馈，如："似乎你对这个话题感到困惑，是否需要回顾一下？"或"你似乎分心了，需要休息一下吗？"。

4）个性化建议

根据学生的脑波数据和学习进度，系统可以为他们提供个性化的学习策略和建议。

**3. 实现步骤**

（1）选择合适的非侵入性脑波读取设备。

（2）开发或选择适用的脑波数据处理和解析算法。

（3）设计对用户友好的界面，以实时显示反馈和建议。

（4）结合在线教育平台，实现学生的学习进度与脑波数据的同步分析。

（5）进行实验测试，优化系统的准确性和用户体验。

**4. 挑战与优势**

挑战：脑波数据的解析需要高度的准确性，防止误导学生；对于某些学生，持续的脑波监测可能会带来不适或焦虑。

优势：为学生提供实时的、个性化的学习反馈和建议，帮助他们更有效地学习；为教育工作者提供宝贵的数据，以了解学生的学习状态和需求。

**5. 对大学生的启示**

脑-计算机辅助学习展示了跨学科技术如何为教育领域带来创新。学生可以探索如何将生物学、计算机科学、教育学和心理学等领域的知识结合起来，开发出真正有助于提高学习效果的工具。此外，这种项目还可以帮助学生培养多领域的技能和合作精神，为他们未来的研究和职业生涯提供新的视角和机会。

### 16.4.9　神经形态感知机器人

利用神经形态芯片开发一个能够感知并互动的机器人。

**1. 背景**

神经形态芯片模仿人脑的工作原理，它对传感器输入的响应非常迅速且能耗低。这使得机器人可以更加迅速地、自然地与环境进行交互，为人工智能应用提供更为真实的、连贯的体验。

**2. 设计思路**

1）神经形态感知

利用神经形态芯片，机器人可以实时处理来自其多个传感器的输入，如摄像头、麦克风、温度传感器、接触传感器等。

2）实时交互

机器人可以通过其神经形态处理能力，迅速对外部刺激作出反应，例如，避开障碍物、回应声音指令或对触摸做出反应。

3）学习与适应

神经形态芯片使机器人能够学习和适应其环境，允许它在与人或其他物体互动时不断优化其行为。

**3. 实现步骤**

（1）选择或设计一个基本的机器人平台，配备必要的传感器和执行器。

（2）集成神经形态芯片，使其成为机器人的主要计算和处理单元。

（3）设计并实现算法，使机器人能够对传感器输入做出即时反应，并能够学习和适应环境。

（4）在实际环境中测试机器人，优化其性能和互动能力。

（5）根据反馈进一步完善机器人的设计和功能。

**4. 挑战与优势**

挑战：神经形态计算和传统计算方法之间的结合可能会带来技术和算法上的挑战；机器人的实时反应和学习能力需要细致的调整，以确保其行为安全且预测性强。

优势：神经形态芯片为机器人提供了快速的、能耗低的处理能力；机器人可以更自然、连贯地与人和环境互动，为用户提供更为真实的体验。

**5. 对大学生的启示**

神经形态感知机器人是多学科交叉的绝佳实践方案，涵盖了计算机科学、机器人学、生物学和神经科学等领域。大学生可以从这些项目中学习如何将不同领域的知识和技能结合起来，创造真正创新的解决方案。此外，这种机器人的研发也为大学生提供了一个展示其创意和技能的平台，为他们的未来研究和职业生涯开辟了新的机会。

### 16.4.10　脑–计算机虚拟现实交互

开发一个系统，允许用户通过思考与虚拟现实环境进行控制和互动。

**1. 背景**

随着虚拟现实技术的进步，用户交互方式也不断演进。脑–计算机接口提供了一个潜在的途径，使用户能够通过脑电波活动直接与虚拟环境进行交互，提供更为真实和沉浸式的体验。

### 2. 设计思路

**1）直接交互**

用户可以通过思考特定的命令（例如移动、选择或激活某个物体）来实现与虚拟环境的互动。

**2）个性化适应**

系统能够学习并识别用户的特定脑波模式，以提供个性化的交互体验。

**3）多模态交互**

结合其他传感器（如眼球追踪、手势控制等）增强与虚拟环境的交互。

### 3. 实现步骤

（1）选取一个高质量的脑-计算机接口设备，如 EEG 头盔。

（2）集成虚拟现实设备，如 VR 眼镜。

（3）设计并实施 BCI 算法，识别用户的意图并将其转换为虚拟环境中的具体操作。

（4）为虚拟环境设计交互场景，如导航、对象操作、模拟活动等。

（5）在真实用户群体中进行测试，并收集反馈以优化系统。

### 4. 挑战与优势

挑战：识别和解析用户的脑波活动可能会受到多种因素的干扰；需要为每个用户进行系统校准以提高准确性；可能存在用户接受性和舒适度问题。

优势：为用户提供无需任何物理设备或动作即可进行的沉浸式交互；具有高度的个性化潜力，提供独特的用户体验。

### 5. 对大学生的启示

脑-计算机虚拟现实交互是新兴的研究领域，具有巨大的潜在价值。对于大学生而言，这是一个展示创意和技术能力的绝佳机会。该领域需要多学科的知识，包括计算机科学、神经科学、用户体验设计等，为大学生提供了跨学科学习和合作的机会。此外，随着该技术的商业应用前景逐渐明朗，大学生可以考虑基于此领域开展创业活动。

# 第17章　无人驾驶技术与自动化

## 17.1　无人驾驶汽车的技术进展

### 17.1.1　无人驾驶汽车的工作原理

感知环境：无人驾驶汽车首先需要对其所在的环境进行感知。为此，它们配备了一系列传感器，包括但不限于以下几类。

（1）激光雷达：使用激光波来探测周围环境，生成高精度的3D地图。

（2）摄像头：捕捉路面情况、交通信号、行人、其他车辆等视觉信息。

（3）雷达（Radar）：用于探测物体的距离、速度和方向。

（4）超声波传感器：主要用于近距离探测，如泊车时。

（5）惯性测量单元：检测车辆的加速度和角速度。

通过这些传感器，无人驾驶汽车可以获取周围环境的详细信息。

数据处理与决策：收集的数据将被送到车载计算机进行处理。算法会对这些数据进行分析，以识别路面、障碍物、行人和其他车辆。此外，算法还可以预测其他参与者的移动路径。

一旦环境被准确地感知和解析，无人驾驶系统就会进行决策。这涉及决定何时加速、减速、转弯或执行其他驾驶操作。

控制与执行：基于决策模块的输出，车辆的控制系统会执行相应的操作，如调整油门、刹车或转向。

车辆与外部通信：现代的自动驾驶车辆还具有与其他车辆和基础设施元素（如交通信号）通信的能力，这被称为V2X通信，包括V2V（车对车）和V2I（车对基础设施）通信。

冗余与安全：为了确保安全，关键系统如制动和转向通常具有冗余设计。此外，各种安全算法被设计为在不确定或潜在危险的情况下选择最安全的操作。

更新与学习：许多现代的无人驾驶系统都采用了机器学习技术，这意味着它们可以从经验中学习并改进其性能。当车辆遇到新的情况或障碍时，这些信息可以被发送回制造商，并用于更新和改进算法。

无人驾驶汽车通过一系列先进的传感器、计算机算法和控制系统，实现了各种路况下的自主驾驶。

### 17.1.2　无人驾驶汽车的发展阶段

自动驾驶技术的发展可以按照其自主性的程度进行划分，从完全人工驾驶到完全自动化。这些级别由国际汽车工程师学会（Society of Automotive Engineers International，SAE International）定义，并被广泛采用。以下是SAE定义的自动驾驶级别。

（1）Level 0（L0）——无自动化：所有的驾驶任务都由人类驾驶员完成。可能有一些基本的驾驶辅助功能，如防抱死刹车系统。

（2）Level 1（L1）——辅助驾驶：有一项自动驾驶功能与驾驶员共同工作。这通常指的是自适应巡航控制或车道保持助手。驾驶员仍然对车辆有控制权，并需要随时准备接管。

（3）Level 2（L2）——部分自动化：车辆可以同时控制转向和加速/减速。驾驶员必须始终关注路况并需要随时准备接管，但在某些情况下，车辆可以自主驾驶，如高速公路巡航。

（4）Level 3（L3）——有条件的自动化：车辆在某些情况下可以完成所有驾驶任务，但可能需要驾驶员在紧急情况下介入。驾驶员可能被允许在车辆自主驾驶时不完全关注路况，但仍需随时准备接管。

（5）Level 4（L4）——高度自动化：车辆可以在特定情况或地点（如城市驾驶或封闭的校园环境）中自主完成所有驾驶任务。在这些特定场景中，驾驶员不需要干预，但在车辆不支持自主驾驶的地方或情况下可能需要驾驶员操作。

（6）Level 5（L5）——完全自动化：车辆在所有环境和情况下都能够自主完成所有驾驶任务。无需驾驶员的参与，车辆设计也可能不包括传统的驾驶控制设备，如方向盘或踏板。

自动驾驶汽车的技术进步逐渐从 L0 向 L5 转变，但目前市场上主流的产品大多处于 L2 或 L3 级别。L4 和 L5 级别的车辆仍在测试和研发阶段，但是某些特定应用（如自动驾驶在固定路线上的出租车）已经在部分地区投入商用。

## 17.2　自动化在制造业、物流、医疗等领域的应用

### 17.2.1　制造业自动化

1. 定义

制造业自动化涉及使用控制系统、机器人和信息技术来处理和控制生产过程，从而减少对人工的依赖。

2. 应用领域

1）工业机器人

用于执行重复的、危险的或需要高精度的任务，例如焊接、涂装、组装和质量检查。拥有多个关节和高度灵活性，可以模仿人的手臂动作。

2）计算机数控（Computerized Numerical Control，CNC）机械

用于金属加工、塑料成型等，通过编程控制来产生精确的部件和工件。可以持续 24 小时运行，保证连续的生产流程。

3）自动化检测和质量控制

采用传感器、摄像头和算法进行实时监控，确保产品质量。可以迅速检测产品缺陷并进行分类，减少浪费。

4）物料搬运和仓储自动化

使用自动引导车（Automated Guided Vehicle，AGV）、输送带和自动化存储/检索系统（AS/RS）进行高效的物料搬运。减少人工搬运的需要，提高仓储效率。

5）生产流程优化

利用生产执行系统（Manufacturing Execution System，MES）和工厂信息管理系统（Factory Information Management System，FIMS）来监控、控制和优化生产流程。提供实时数据支持，实现生产过程的连续优化。

3. 优势

提高生产效率：自动化设备可以连续工作，速度快，准确性高。

质量稳定：减少了人为因素对生产过程的影响，确保了产品的一致性和高质量。

降低生产成本：虽然初期投资高，但长期来看，由于生产效率的提高和人工成本的降低，整体成本会降低。

提高工作安全性：机器可以在有害环境中工作，减少员工的伤害风险。

4. 挑战

高昂的初始投资：自动化设备和系统的引入需要大量的资金投入。

技能要求变化：传统的制造工作可能会减少，但同时需要更多的技术和维护人员。

技术更新迅速：制造业的自动化技术更新换代速度快，需要企业持续投资和学习。

制造业的自动化是产业升级和变革的必然趋势，它带来了效率和质量的提升，但同时也带来了新的挑战和机会。

## 17.2.2 物流自动化

1. 定义

物流自动化涉及使用先进的技术和系统来优化和自动化物流和供应链过程，包括商品的存储、提取、运输和配送。

2. 应用领域

1）自动化仓库管理

使用自动化存储和检索系统提高存储效率；采用无人搬运车辆（AGV）或自动搬运机器人进行内部物料搬运。

2）智能拣选系统

利用机器人技术、光学识别和重量传感器等进行货物的快速和准确拣选。

3）自动化包装和装载

使用自动化包装线进行高效包装，降低人工成本；利用机器人技术进行货物的自动装载和卸载。

4）智能物流追踪

利用 RFID、GPS 和 IoT 技术，为企业和客户提供实时货物追踪和状态更新。

5）无人配送车辆

使用无人驾驶技术进行"最后一公里"配送，尤其适合城市和高密度地区。

6）智能路由优化

利用高级算法，根据交通状况、天气等因素，优化配送路径。

3. 优势

提高效率：通过自动化技术，可以加快处理速度，减少货物的等待和处理时间。

降低成本：降低人工成本，同时提高货物处理的精确性，减少错误和退货。

增强灵活性：自动化系统可以更容易地适应不同的货物种类和数量变化。

提高客户满意度：凭借准确和及时的配送、实时追踪功能，提升客户体验。

4. 挑战

高昂的初期投资：物流自动化所需的技术和设备需要大额的初始投资。

技术和维护要求：运行和维护自动化系统需要特定的技术知识和专业人员。

系统集成问题：整合不同供应商的自动化系统可能会遇到兼容性和集成挑战。

物流自动化正在快速地改变传统的物流和供应链管理方式，为企业带来更多的效率和灵活性，但同时也带来了新的挑战，如技术更新和员工培训需求。

### 17.2.3　医疗自动化

**1. 定义**

医疗自动化是指在医疗领域使用先进的技术和系统来自动化、优化和简化过程，以提高医疗服务的效率、安全性和质量。

**2. 应用领域**

1）自动化药物分发

药物分发机器人可以确保病人得到准确的药物剂量；降低因手动错误而导致的药物错误率。

2）实验室自动化

使用自动化设备进行样本分析，如血液测试、尿液分析等；提高测试的准确性和速度。

3）医疗影像自动化

使用 AI 和机器学习对 MRI、X 光等医疗影像进行自动化分析；为医生提供更加准确的诊断支持。

4）手术机器人

在手术中使用精确的机器人技术，如达芬奇手术机器人；允许手术机器人进行微创手术，患者恢复时间更短。

5）患者数据管理

自动化的电子健康记录系统可以更方便地存储、检索和更新患者信息；支持跨机构数据共享。

6）远程医疗和监控

使用传感器和自动化设备远程监控患者的健康状况；允许医生提供远程医疗咨询和建议。

**3. 优势**

提高效率：通过自动化技术，医疗服务提供者可以快速、准确地为患者提供服务。

增强安全性：减少因手工错误而引起的医疗事故。

优化资源：自动化可以帮助医疗机构更高效地使用其资源，如员工时间和设备。

**4. 挑战**

高初始投资：高级医疗自动化设备和系统通常需要大量的投资。

培训和接受度：医疗工作人员需要进行培训，以适应新的自动化技术。

数据安全和隐私：随着更多的患者数据被自动化处理和存储，确保数据安全和隐私变得至关重要。

医疗自动化正在改变医疗领域的工作方式，提供更高质量的、更安全的医疗服务，但同时也带来了新的挑战和责任。

## 17.3　伦理、安全与法规挑战

### 17.3.1　无人驾驶汽车的伦理考虑

随着无人驾驶技术的快速发展，其伦理问题逐渐受到公众、学者和政策制定者的关注。以下是与无人驾驶汽车相关的主要伦理考虑。

1）道德困境

一个常被讨论的伦理问题是"有轨电车问题"在无人驾驶汽车中的版本。当汽车面临潜在的碰撞时，应该选择什么样的行动？是伤害乘客以保护行人，还是伤害行人以保护乘客？

如何为机器设定这样的决策规则，并确保它们与公众的道德直觉相一致？

2）数据隐私

无人驾驶汽车依赖于大量的传感器和数据采集来导航和做出决策。这意味着它们会收集大量关于乘客、路线和周围环境的信息。

如何确保这些数据的隐私和安全性？谁有权访问这些数据？

3）责任和责任归属

当发生事故时，谁应该承担责任？是汽车制造商、软件提供商，还是车主？法律如何定义和规定这种新型交通工具的责任边界？

4）就业与经济影响

无人驾驶汽车可能会导致职业司机（如出租车司机、卡车司机等）失业。如何平衡技术进步与其对劳动力市场的潜在冲击？

5）公平性与包容性

确保所有人，无论其经济地位、地理位置或其他社会因素，都能受益于无人驾驶技术。如何避免因技术进步而导致社会不平等加剧的问题？

6）安全性与公众信任

如何确保无人驾驶汽车在所有条件下都是安全的，特别是在与传统汽车共享道路时？如何建立和维护公众对无人驾驶汽车的信任？

无人驾驶汽车不仅是一项技术创新，还涉及深层次的社会、文化和伦理问题。为了确保无人驾驶技术能够为社会带来真正的利益，这些伦理问题必须得到充分的讨论和解决。

## 17.3.2 法规与标准

自动化和无人驾驶技术的发展，对相关法规和标准的需求也随之增加。以下是与这些技术相关的法规和标准的主要考虑点。

1）定义级别

国际汽车工程师学会定义了从 0 到 5 级的无人驾驶级别。这些级别描述了车辆自主性的不同程度，从完全手动驾驶到完全自动化。法规需要明确这些级别，以确定在哪些情境下允许无人驾驶汽车上路。

2）测试与认证

对于无人驾驶汽车来说，需要有一个全面的测试和认证程序，以确保它们的安全性。这可能涉及模拟测试、封闭场地测试和公开道路测试。

3）数据与隐私

法规应该明确规定哪些数据可以被收集、如何存储、谁可以访问以及如何使用。考虑到隐私问题，可能需要制定专门的数据保护法规。

4）责任归属

当发生事故时，如何确定责任是一个复杂的问题。法规需要明确在不同情况下的责任归属。这可能涉及制造商、软件开发者、车辆所有者和其他相关方。

5）基础设施

为了支持无人驾驶汽车，可能需要进行基础设施的升级，如道路、交通信号和通信系统。

法规应考虑这些升级，并提供相关的指导和资金支持。

6）跨国与地区差异

不同的国家和地区可能有不同的法规和标准。对于跨国公司和跨境无人驾驶服务，如何确保法规的一致性和兼容性是一个挑战。

7）更新与修订

技术在快速发展，法规和标准需要定期更新以适应新技术和新场景。法律框架应该足够灵活，以适应技术的变化，同时保持其基本的目标和原则。

制定与无人驾驶汽车相关的法规和标准是一个复杂的过程，需要各方面的专家、政策制定者、公众和业界参与。确保安全、效率和公平性是法规制定的主要目标。

### 17.3.3　安全性考量

随着无人驾驶技术的不断发展，安全问题成为最关键的考量因素之一。以下是与无人驾驶汽车安全相关的主要考虑点。

1）硬件和软件的可靠性

无人驾驶汽车的所有组件，无论是硬件还是软件，都必须达到可靠性标准，以确保不会因为系统故障而导致意外。

2）冗余系统

为了增强安全性，无人驾驶汽车应该有冗余的系统来处理关键操作，这样即使某个系统失效，另一个系统也可以继续工作。

3）外部威胁

无人驾驶汽车可能面临来自黑客的威胁。需要强大的加密和安全措施，以保护汽车免受未经授权的入侵。

4）训练数据

无人驾驶汽车通常使用机器学习来训练其决策系统。确保训练数据的质量和多样性至关重要，以确保汽车在各种情况下都能做出正确的决策。

5）道路和交通规则

无人驾驶汽车需要遵循与传统汽车相同的道路和交通规则，并能够在复杂的交通环境中与人类驾驶员和行人互动。

6）紧急情况的处理

在紧急情况下，无人驾驶汽车如何做出决策是一个关键的问题，例如避让救护车或决定在碰撞不可避免时如何行驶以减少伤害。

7）持续监测和更新

随着技术和道路条件的变化，无人驾驶汽车的系统需要定期更新，确保其持续满足安全标准。

## 17.4　适合大学生创新的无人驾驶与自动化应用实践方案

### 17.4.1　小型无人驾驶载具

设计适合校园环境的自动驾驶传输或配送系统。

1. 背景

随着科技的进步，无人驾驶技术已经被广泛研究并在某些领域得到应用。而大学校园因其封闭的、规模适中的特点，成为这一技术应用的理想场所。在繁忙的校园生活中，有效的、安全的和迅速的物品传输和配送是一个亟待解决的问题。

2. 项目描述

设计一个小型的无人驾驶载具，适用于在大学校园内进行物品传输和配送，如图书、食物、邮件等。这种载具需要具备自动导航、避障、定位，以及与其他设备通信的功能。

3. 主要功能

自动导航：能够根据预设的地图和路径自主导航，并能够根据实时的路况调整路线。

避障功能：利用传感器和摄像头，载具能够识别前方的障碍物，并自动采取行动避免与其碰撞。

自动装卸：配有简易机械臂或其他装置，能够自动取放物品。

通信功能：通过无线网络与用户和其他设备进行通信，接收配送命令、发送位置信息和状态反馈。

安全性：设计安全机制，如紧急停车按钮、防盗锁等。

4. 应用场景

图书传输：学生在线预约图书后，载具可以从图书馆自动取书并送到学生宿舍或指定地点。

食堂配送：学生在线下单后，载具从食堂取餐并送到指定地点。

邮件和包裹配送：邮局或包裹收发中心，可以使用载具进行快速配送。

实验室物资传输：在不同的实验室之间，进行试剂、仪器等物资的传输。

5. 潜在挑战

复杂的校园环境：校园内可能有行人、自行车、汽车等移动物体，载具需要能够准确判断并采取行动。

电池续航问题：如何保证载具在完成多次配送任务后依然有足够的电量。

安全性和隐私问题：确保载具在运输过程中的安全，并保护用户的隐私。

技术与法规：符合相关技术标准和法规要求。

这样的项目对于大学生而言是一个具有挑战性的创新项目，不仅涉及无人驾驶技术，还包括机器人技术、无线通信技术等。成功实施后，可以极大地提高校园内部的物流效率，为学生提供更为便利的服务。

## 17.4.2　3D打印自动化生产线

创建一个可以自动打印、组装和检测3D打印件的系统。

1. 背景

3D打印技术已经被广泛应用于各种行业，从原型制作到小批量生产，它提供了一个快速的、高效的和灵活的解决方案。但为了进一步提高生产效率和精确度，整合自动化技术进入3D打印流程变得至关重要。

2. 项目描述

设计并实施一个完整的自动化生产线，该生产线能够自动加载3D打印材料、启动打印任务、组装打印件并对其进行质量检测。

3. 主要功能

自动加载材料：根据打印任务的需求，系统可以自动选择并加载适当的3D打印材料。

自动打印：用户上传 3D 模型后，系统可以自动进行打印前准备，如切片、支撑生成等，并启动打印任务。

自动组装：采用机器人臂或其他自动化装置，对大部分的 3D 打印件进行组装。

自动质量检测：使用摄像头、传感器等设备，对打印件的尺寸、强度和表面质量进行检测。

反馈机制：如果检测到打印件存在问题，系统可以自动进行反馈，调整打印参数，并重新打印。

### 4. 应用场景

小批量生产：对于短期内需求量较大的零件或产品，可以使用自动化生产线进行快速生产。

原型制作：自动化生产线可以快速地打印和组装原型模型，大大缩短产品开发周期。

个性化生产：对于用户定制的产品，如饰品、玩具或医疗器械，生产线可以提供快速和高效的生产方案。

### 5. 潜在挑战

精度与复杂性：确保在自动化过程中保持 3D 打印的高精度和质量。

材料选择与兼容性：不同的 3D 打印材料可能需要不同的处理方式，系统需要能够灵活地处理各种材料。

组装难度：根据打印件的复杂性和设计，自动化组装可能会面临挑战。

实时监测与反馈：如何实时监测生产过程并在出现问题时立即进行反馈。

该项目对于大学生来说是一个集合了 3D 打印、机器人技术和自动化技术的综合创新项目。成功实施后，这种自动化生产线可以为各种 3D 打印应用提供更高效的、更精确的生产方案，同时为大学生提供了实践和创新的机会。

## 17.4.3　无人医疗辅助设备

设计一个可以自动为老年人或残疾人提供药物或物品的机器。

### 1. 背景

随着社会老龄化和医疗技术的发展，提供给特定群体（如老年人、残疾人）更加方便和个性化的医疗服务变得尤为重要。使用自动化技术可以有效地满足这些需求，减少照顾者的负担。

### 2. 项目描述

设计一种机器或设备，可以根据用户的需要，自动提供必要的药物或医疗用品。这种设备可以根据预设的时间表或用户的实时请求来工作。

### 3. 主要功能

定时分发：设备可以根据预设的时间表，自动为用户分发药物。

语音/触屏控制：用户可以通过语音命令或触屏操作来请求药物或医疗用品。

用药提醒：当接近用药时间时，设备会自动提醒用户。

库存管理：当药物或医疗用品低于预设的数量，设备可以自动提醒用户或医疗人员补充。

紧急联系：若设备检测到用户可能遇到紧急情况（如跌倒、突发病症等），可以自动联系紧急联系人或医疗服务提供者。

### 4. 应用场景

养老院：为老年人提供方便的、准确的用药服务。

医疗机构：在病房为患者自动提供医疗用品或药物。

家居：为需要长期照顾的人提供连续不断的医疗支持。

5．潜在挑战

准确性：确保设备准确无误地为用户提供药物或医疗用品，避免任何错误。

用户交互：设备需要有简单直观的用户界面，确保老年人或残疾人能够轻松使用。

安全性：设备应有防误触、防窃等安全措施，确保药物和设备的安全。

这种无人医疗辅助设备为特定群体提供了更高效和安全的医疗服务。对于大学生而言，这不仅是一个技术创新项目，也是一个富有社会意义的项目，旨在提高弱势群体的生活质量和安全感。

## 17.4.4　自动化物流排序系统

基于传感器和 AI，设计一个可以自动对包裹进行分类和排序的系统。

1．背景

随着电子商务的兴起和日益增加的物流需求，自动化的物流解决方案正在成为一个关键领域。传统的人工分类和排序包裹方法不仅效率低，而且容易出错。利用传感器技术和 AI 进行自动化分类和排序可以提高效率，降低错误率，同时还能降低人工成本。

2．项目描述

设计并实现一个物流排序系统，该系统能自动检测、分类并对包裹进行排序。系统利用传感器检测包裹的尺寸、重量和其他相关信息，同时使用 AI 算法来判断如何进行分类和排序。

3．主要功能

尺寸和重量检测：使用传感器自动检测每个包裹的尺寸和重量。

标签扫描：利用相机或其他扫描设备，自动扫描包裹上的标签，获取配送信息。

自动分类：根据预先设定的分类标准（例如目的地、重量、尺寸等），系统会自动将包裹分类。

自动排序：包裹会按照特定的排序标准（例如出发时间、优先级等）自动排序。

异常检测：如果系统检测到包裹标签损坏、信息不完整或与实际尺寸/重量不符，将进行警告或移交给专人处理。

实时反馈：该系统能实时向操作员或管理系统提供排序状态、效率和潜在问题。

4．应用场景

物流中心：大型的配送中心可以使用该系统提高包裹处理的效率。

快递点：针对高峰时段大量的包裹，可以快速进行分类和排序。

仓储管理：在大型仓库中，此系统可以将物品自动分类和存储。

5．潜在挑战

准确性：确保系统能准确无误地读取和处理每个包裹。

处理速度：在高流量时段，系统必须能够处理大量的包裹，且不造成延误。

系统的稳定性：任何停机或故障都可能导致物流延误。

此自动化物流排序系统项目结合了传感器技术和 AI，为物流行业带来了巨大的潜在价值。对于大学生来说，这不仅是一个技术上的挑战，还是一个实际应用场景下的问题解决方案，能为物流行业提供更高效的、准确的服务。

### 17.4.5　无人驾驶模拟器

开发一个模拟器，允许学生测试和优化自动驾驶算法。

1．背景

随着无人驾驶技术的发展，对于算法开发和测试的需求也日益增强。然而，在实际路况中测试可能会带来巨大的风险和成本。模拟器能为学生和研究人员提供一个安全的、经济的平台，进行自动驾驶算法的测试和优化。

2．项目描述

设计并实现一个无人驾驶汽车模拟器。该模拟器应能够模拟真实的道路环境、交通条件和可能的突发事件，从而为用户提供近似于真实的测试环境。用户可以上传自己的自动驾驶算法，通过模拟器进行验证和优化。

3．主要功能

真实的道路模拟：模拟器应包含多种道路情况，例如市区道路、高速公路、乡村道路等。
交通流模拟：模拟各种交通流，如密集、稀疏、拥堵等。
突发事件模拟：模拟如雨雪天气、道路施工、行人横穿等可能出现的突发事件。
算法上传和测试：允许用户上传自己的自动驾驶算法，进行模拟测试。
性能分析：在模拟完成后为用户提供详细的行驶数据、碰撞报告等，帮助用户优化算法。

4．应用场景

教育与研究：让学生和研究人员在无风险的环境下测试和优化自动驾驶算法。
竞赛：学校和机构可以使用模拟器进行自动驾驶算法的比赛。
商业开发：企业可以使用模拟器对其产品进行初步的验证和测试。

5．潜在挑战

真实感：确保模拟器的真实感，使其尽可能地接近真实驾驶环境。
资源需求：高质量的模拟器可能需要大量的计算和图形处理能力。
模拟器的更新和维护：随着自动驾驶技术的进步，模拟器也需要不断地更新和完善。
无人驾驶模拟器为大学生和研究人员提供了一个无风险的、低成本的测试平台，极大地推动了自动驾驶技术的发展。对于大学生来说，这是一个理论与实践、技术与应用结合的绝佳项目。

### 17.4.6　家居自动化解决方案

设计一个可以根据用户的日常习惯自动调整家居环境的系统。

1．背景

随着物联网和人工智能技术的快速发展，家居自动化已经成为智能家居领域的热门话题。自动化系统可以实时监测用户的行为和习惯，自动调整家居环境，从而提供更为舒适的、便利的居住体验。

2．项目描述

设计一个智能家居自动化系统，能够根据用户的日常习惯和行为自动调整家中的照明、温度、湿度、音响等设备。系统通过传感器收集数据，利用机器学习算法来预测用户的需求，从而自动调整家居设备。

### 3. 主要功能

环境监测：利用传感器实时监测室内的温度、湿度、光线等环境因素。

行为分析：通过摄像头、声音传感器等设备捕获用户的行为和日常习惯。

智能调整：根据用户的行为和日常习惯，自动调整照明、温度、音响等设备。

用户交互：提供一个用户界面，允许用户手动调整设备，或查看系统的调整建议。

学习与优化：系统能够持续学习用户的习惯和偏好，不断优化自动化设置。

### 4. 应用场景

起床模式：在用户早晨起床时，系统可以自动开启窗帘，调整室内温度，播放轻柔的音乐。

睡眠模式：在用户晚上准备睡觉时，系统可以调暗灯光，关闭电器，确保室内温度适中。

出门模式：当系统检测到用户离家时，可以自动关闭所有电器，确保家居安全。

### 5. 潜在挑战

数据隐私：系统需要收集大量的用户数据，如何确保数据的隐私和安全是一个重要问题。

硬件兼容性：不同品牌和型号的家居设备可能存在兼容性问题。

系统误判：系统可能会误判用户的需求，导致不必要或不恰当的自动化调整。

家居自动化解决方案为用户提供了更为舒适的和便捷的居住体验。大学生可以通过此项目深入了解物联网、机器学习和用户体验设计，实践创新技能。

## 17.4.7 自动化药品分发机

设计一个机器，能够基于患者的需求自动分发药物。

### 1. 背景

随着医疗技术的进步，确保药物的准确和及时分发成为提高医疗效率和减少医疗差错的关键。自动化药品分发机器不仅可以缩短患者等待时间，还可以确保每位患者获得正确的药物和剂量。

### 2. 项目描述

设计一个自动化的药品分发机，能够根据患者的处方和需求自动选取、计量和分发药物。该机器将与医院或药房的数据库连接，以自动验证处方，确保药物的准确性和安全性。

### 3. 主要功能

处方验证：与电子医疗记录系统连接，自动验证处方的真实性和准确性。

药物选择与计量：机器内部有一个自动化的存储和检索系统，能够根据处方选取正确的药物和剂量。

标签打印：自动打印带有患者姓名、药物信息和使用说明的标签。

药物分发：将选取的药物放入容器或袋子中，为患者准备好。

库存管理：实时监测药物库存，自动报警低库存或过期药物。

### 4. 应用场景

医院：在医院的药房或急诊室使用，为住院患者或急诊患者快速分发药物。

零售药房：在零售药店为顾客提供快速的、无接触的药物购买体验。

养老院或护理设施：确保每位居民都能按时获得正确的药物和剂量。

### 5. 潜在挑战

误差处理：如何确保机器不会因为硬件或软件错误而分发错误的药物或剂量。

数据隐私与安全：保护患者的医疗记录和处方信息的隐私和安全。

机器维护与清洁：确保机器的内部保持清洁，避免药物污染或混淆。

自动化药品分发机为医疗系统提供了一个高效的、安全的和准确的药物分发方法。大学生可以利用这个项目深入了解医疗自动化、机器人技术和数据安全，展现其创新和实践能力。

## 17.4.8　无人农业监控设备

创建一个可以自动监测农作物生长状况的机器。

1. 背景

随着世界人口的增加，农业生产效率和农作物健康成为全球关注的焦点。利用自动化技术和传感器监控农作物的生长状况，可以及时发现潜在问题，减少损失，并提高农业生产的效率和可持续性。

2. 项目描述

设计一个无人农业监控设备，能够自动巡逻农田，使用传感器和摄像头监测农作物的生长状况，如农作物高度、颜色、叶子健康状况以及土壤湿度等。

3. 主要功能

自动巡逻：设备可以按照预定路线在农田中自动移动，覆盖大面积的农作物。

图像捕捉与分析：使用高清摄像头捕捉农作物的图像，并运用图像识别技术自动分析农作物的健康状况。

传感器数据收集：集成土壤湿度、温度、光照等传感器，获取农田的实时环境数据。

实时报警：当监测到不正常的生长条件或农作物健康问题时，设备可以通过无线网络实时发送警报。

数据存储与远程访问：将收集的数据存储在云端，允许农民或农业专家远程访问和分析数据。

4. 应用场景

大型农田：监控广阔的农田区域，确保农作物的健康和及时发现潜在问题。

温室或大棚：在受控的环境中监测农作物的生长状况，调整生长环境。

科研用途：为农业研究提供大量实时数据，帮助科学家研究农作物生长的模式和条件。

5. 潜在挑战

设备耐用性：设备需要在各种天气条件下稳定工作，抵抗雨水、风沙等。

数据精确性：确保传感器和图像识别算法的准确性，避免误报或漏报。

设备维护与能源供应：考虑设备的维护周期和持续工作的能源需求。

无人农业监控设备结合了机器人技术、传感器技术和数据分析，为现代农业提供了强大的技术支持。大学生可以通过这个项目了解农业自动化和智慧农业的前沿技术，发挥创新精神和实践能力。

## 17.4.9　安全驾驶助手

开发一个利用计算机视觉监测驾驶员疲劳或分心的系统。

1. 背景

驾驶员的疲劳和分心是导致交通事故的主要原因之一。通过技术来及时监测和警告驾驶员，可以有效降低交通事故发生的风险。

2. 项目描述

设计一个安全驾驶助手系统，利用计算机视觉技术，通过摄像头实时监控驾驶员的面部和眼部动作，检测其是否疲劳或分心。

3. 主要功能

面部识别：识别驾驶员的面部，确保系统准确捕捉到驾驶员的眼部和嘴部动作。

眨眼监测：监测驾驶员眨眼的频率和持续时间，判断其是否疲劳。

目光跟踪：跟踪驾驶员的目光方向，监测其是否长时间看向非道路区域，从而判断是否分心。

实时警报：当系统监测到驾驶员疲劳或分心时，立即发出警告，提醒驾驶员注意。

历史数据记录：记录驾驶员的疲劳和分心状态，帮助其了解自己的驾驶习惯。

4. 应用场景

长途驾驶：在长途行驶中，驾驶员容易疲劳，系统可以提醒驾驶员休息。

城市驾驶：在城市中，驾驶员可能会受到各种干扰，如手机、广告牌等，系统可以提醒驾驶员保持注意力。

5. 潜在挑战

光线变化：驾驶环境的光线变化可能会影响摄像头的图像捕捉效果。

不同驾驶员的面部特征：不同驾驶员的面部特征可能会影响系统的准确性。

误报与漏报：确保系统不频繁误报，同时也不漏报真实的驾驶员疲劳和分心情况。

安全驾驶助手结合了计算机视觉和人机交互技术，为驾驶员提供了强大的安全保障。大学生可以通过此项目研究先进的图像处理和数据分析方法，同时也能为社会的交通安全做出贡献。

## 17.4.10　自动化实验室辅助设备

设计一个可以帮助实验室自动执行某些基本任务，如物品分类或测量的系统。

1. 背景

在繁忙的实验室中，有许多重复性和时间密集型的任务，如样品分类、测量、混合等。自动化技术的应用可以大大提高实验室的工作效率并降低错误率。

2. 项目描述

设计并开发一个自动化实验室辅助设备，可以自动执行一系列实验室任务。该系统应该能够根据实验室工作人员的指示自动完成指定的任务，并提供反馈。

3. 主要功能

样品分类：根据样品的类型、大小或其他特性，自动将其分类到不同的容器中。

自动测量：使用传感器和其他仪器自动测量样品的体积、重量、浓度等。

混合与摇匀：根据预设的参数，自动混合或摇匀多种试剂或样品。

数据记录：自动记录每一步的操作数据，并生成实验报告。

自动标签：在完成操作后，自动为样品打上标签，标签内容包含日期、时间、操作员信息等。

错误警告：在检测到潜在的错误或异常情况时，自动提醒操作员。

4. 应用场景

生物实验室：用于细胞培养、DNA/RNA 提取、蛋白质纯化等任务。

化学实验室：用于混合化学试剂、进行色谱分析等任务。

物理实验室：用于测量样品的物理性质、进行仪器标定等任务。

5. 潜在挑战

精度与准确性：确保设备在操作过程中的精度与准确性。

处理脆弱样品：设备应能够处理敏感或脆弱的样品，而不会损坏它们。

跨学科应用：确保设备可以适应不同学科的实验室需求，可能需要模块化设计。

自动化实验室辅助设备为实验室人员提供了强大的工具，可以节省时间、减少错误并提高效率。大学生可以通过此项目深入了解实验室操作、仪器设计和自动化技术，为未来的研究工作打下坚实的基础。

# 第18章 计算机安全与加密技术

## 18.1 网络安全的新挑战与趋势

### 18.1.1 威胁景观的演变

背景：随着互联网的持续增长和数字技术的不断进步，网络安全威胁也在不断变化和演进。每年都会有新的攻击方法、恶意软件和威胁活动出现，对个人、企业和政府构成严重威胁。

1. 新的攻击方法

供应链攻击：攻击者针对供应链中的弱点，如软件更新、第三方服务提供商等，进行攻击。

侧信道攻击：攻击者利用物理或操作系统漏洞，窃取敏感信息。

AI 驱动的攻击：使用 AI 技术，如深度学习，来提高攻击的精度和效率。

2. 恶意软件的演变

勒索软件：软件对用户的数据进行加密，并要求支付赎金来解锁。

加密货币挖矿恶意软件：利用受害者的计算资源来挖掘加密货币。

3. 新的威胁活动

信息战争和假新闻：利用社交媒体和其他平台，传播虚假或误导性信息。

物联网设备攻击：针对智能家居、医疗设备等物联网设备进行攻击。

云服务攻击：针对云基础设施、云服务提供商或云客户进行攻击。

随着数字技术的演进，网络安全的威胁景观也在不断变化。为了应对这些新的威胁，安全研究者、企业和政府需要紧密合作，共同开发和部署更为强大的和先进的防御策略。安全意识和持续的教育也是关键，确保用户和组织了解和应对这些威胁。

### 18.1.2 防御策略的发展

随着威胁景观的不断变化，防御策略也必须同时适应和演进。近年来，我们已经看到了很多新的防御方法和技术的出现与普及。

1. 零信任架构

定义：无论内部还是外部，系统都不会默认信任任何访问请求。每个请求都必须经过验证和授权。

应用：避免内部威胁、减少潜在的攻击面、增加攻击者的工作难度。

2. 端点检测和响应（Endpoint Detection & Response，EDR）

定义：这是一种解决方案，用于实时监视、检测和响应对端点的威胁。

应用：快速检测和应对恶意活动，如恶意软件和入侵。

3. 人工智能和机器学习在安全领域中的应用

定义：使用 AI 和 ML 技术预测、检测和响应安全威胁。

应用：自动检测和响应未知威胁，提供个性化的安全建议。

4. 蜜罐策略

定义：设计为引诱和捕获攻击者的资源或系统。

应用：获取攻击者的策略和技术信息，减少真实资源的攻击。

5. 隔离策略

定义：物理地或逻辑地隔离关键资源，以降低攻击的可能性和影响。

应用：保护关键数据和应用，隔离可能的威胁源。

6. 多因素认证（Multi-Factor Authentication，MFA）

定义：要求用户提供多种验证方式来证明身份。

应用：增强账户安全，防止非授权访问。

7. 安全开发生命周期（Security Development Lifecycle，SDL）

定义：整个软件开发过程中都将安全作为一个核心考虑因素。

应用：从一开始就确保软件的安全，而不是在开发结束后再进行修补。

8. 容器和微服务安全

定义：专注于保护容器化应用和微服务架构的安全策略。

应用：确保现代的、分布式的应用安全。

随着技术和威胁的演进，防御策略也在不断地更新和改进。组织需要持续更新自己的防御方法，以保持在不断变化的安全领域中的竞争力。

# 18.2 区块链与密码货币

## 18.2.1 区块链

1. 定义

区块链是一种分布式账本技术，它允许在没有中央授权机构的情况下，跨多个计算机或节点进行数据的验证和记录。这些数据被组织成"区块"并通过加密技术相互链接，确保数据的完整性和不可篡改性。

2. 基本原理

分布式和去中心化：不同于传统的中央化数据库，区块链技术依赖于网络中的多个参与者或"节点"来维护和验证交易记录。

区块与链：交易数据被打包进一个"区块"，然后这个区块被添加到已有的"链"上。一旦一个区块被验证并添加到链上，它就不能被更改或删除。

共识算法：在没有中心机构的情况下，网络中的节点需通过一种叫作共识算法的机制（例如工作证明或权益证明）来同意交易的有效性。

加密技术：区块链使用加密技术来确保数据的安全性和身份验证。每个区块包含一个指向前一个区块的加密哈希，确保数据的连续性和不可篡改性。

智能合约：这是自动执行的、当预定条件被满足时会运行的计算机程序。它们允许在区块链上创建条件化的、自动化的交易。

透明与可验证：由于区块链的公开性质，任何人都可以查看链上的所有交易。这增加了系统的透明度和可信度。

持久性与不可篡改：一旦数据被加入区块链，由于其加密和分布式的结构，数据将不可能被更改或删除。

3．应用场景

尽管区块链最初是为比特币这种加密货币所设计的，但现在它已被应用于各种场景，包括供应链管理、金融服务、医疗健康、房地产和公共记录管理等。

区块链提供了一种安全的、透明的、不可篡改的数据存储和交易方式，正在改变我们的交易、存储数据和建立信任的方式。

## 18.2.2　密码货币与金融应用

1．密码货币定义

密码货币是一种基于区块链技术的数字或虚拟货币。与传统货币不同，它没有中央发行机构或政府背书。密码货币的安全性和完整性得益于其加密算法。

2．主要密码货币

比特币（Bitcoin）：被广泛认为是第一种密码货币，其概念最初由中本聪提出。

以太坊（Ethereum）：提供了智能合约功能，允许在其平台上部署去中心化的应用程序。

莱特币（Litecoin）、瑞波币（Ripple）、波场（TRON）等：还有许多其他流行的加密货币，每一种都有其特定的特性和应用。

3．金融应用

交易和投资：加密货币交易所如 Coinbase、Binance 允许用户购买、出售或交易各种加密货币。

汇款：加密货币提供了一种在跨国汇款中绕过传统的银行或中介机构的方法，加速交易并降低费用。

智能合约：这些自执行的合同有潜力改变金融合同的执行方式，从贷款协议到复杂的金融衍生品都有应用。

分散式金融（Decentralized Finance，DeFi）：这是一个新兴的领域，它旨在创建去中心化的金融工具和平台，如去中心化交易所、借贷平台等。

代币化：资产代币化允许把实体资产（如房地产、艺术品等）转化为数字代币，这些代币可以在区块链上轻松交易。

身份验证和信用评分：利用区块链技术提供更安全的、透明的身份验证方法，还可以创建去中心化的信用评分系统。

供应链金融：使用区块链跟踪商品从原产地到消费者的整个路径，为供应链中的各方提供更多的透明度和信任。

密码货币和其背后的区块链技术正在深刻地改变金融行业的面貌。从提供更快速的、更便宜的支付方法，到创造全新的金融工具和服务，这些创新为消费者和企业带来了前所未有的机会。然而，随之而来的也有监管、安全和隐私方面的挑战，需要行业、监管机构和用户共同面对。

# 18.3　下一代加密技术与协议

## 18.3.1　后量子密码学

### 1. 定义

后量子密码学（Post-Quantum Cryptography，PQC）指的是那些即使在一个大型量子计算机面前也被认为是安全的加密算法和协议。这种算法旨在替代或补充现有的加密方法，以抵抗量子计算机的攻击。

### 2. 背景

传统的公钥密码学，如 RSA 和 ECC，建立在数学问题的复杂性上，例如大数因子分解或离散对数问题。然而，量子计算机可以通过 Shor 的算法有效地解决这些问题，使得这些传统的加密方法变得不安全。

### 3. 主要技术与方法

格基密码学（Lattice-based Cryptography）：这是后量子密码学中最有前景的方法之一。它基于数学上的格问题，被认为是抗量子计算机攻击的。

哈希基密码学（Hash-based Cryptography）：这种方法基于加密哈希函数的安全性，并被认为是相对简单且安全的后量子加密方法。

多变量多项式密码学（Multivariate Polynomial Cryptography）：这种算法基于解决多变量多项式方程组是困难的这一事实，但对量子计算机的抵抗能力仍然是一个活跃的研究领域。

码基密码学（Code-based Cryptography）：这种方法是基于线性码的困难解码问题。尽管存在几十年，但它们仍然是量子安全的候选者。

同态加密（Homomorphic Encryption）：允许在加密数据上进行计算，并得到加密的结果，这对于隐私保护计算特别有价值。

### 4. 挑战与未来方向

效率问题：很多后量子密码算法相对于传统方法在效率上较低，尤其是在密钥大小和加密/解密速度方面。

标准化：国际标准组织正在评估各种后量子密码算法，以确定哪些是最有前景的和最安全的，以便于未来的广泛采用。

整合与向后兼容：为现有系统整合后量子密码学是一个挑战，可能需要新的硬件和软件支持。

随着量子计算机技术的发展，后量子密码学的研究和实施将变得越来越重要。为了保护信息安全，不仅需要开发新的加密技术，还需要更新和升级现有的信息系统以抵御未来的量子威胁。

## 18.3.2　多方计算与同态加密

### 1. 多方计算（Multi-Party Computation，MPC）

1）定义

多方计算是一种在多个参与方之间进行的计算方法，其中每个参与方都有自己的私密输入，但计算过程确保除最终的计算结果外，任何参与方都无法获取其他参与方的输入信息。

2）主要应用

隐私保护的数据挖掘和分析：多方可以共同分析数据，而不泄露他们的原始数据。

安全的电子投票：确保选票的秘密性和整体的计票正确性。

秘密分享和秘密拍卖：在不泄露原始价值的情况下，确定最高出价者等。

2．同态加密（Homomorphic Encryption）

1）定义

同态加密是一种加密技术，允许对密文进行计算，得到的结果在解密后与在明文上进行相同计算的结果相同。这意味着，用户可以在不解密的情况下对其加密的数据进行操作。

2）主要应用

云计算：客户可以将加密的数据发送到云，云可以对加密的数据执行计算，然后返回加密的结果，客户可以解密得到正确的计算结果，而云服务器从不直接访问明文数据。

隐私保护的数据分析：公司或研究者可以在加密的数据集上进行分析，从而在不接触原始数据的情况下得到有用的见解。

安全的医疗记录共享：医疗机构可以共享和分析加密的医疗记录，而不会暴露个体患者的数据。

3．挑战

效率：早期的同态加密方法非常低效，近年来已取得了很大的进步，但与传统的加密方法相比仍然较慢。

密钥管理：同态加密的密钥管理和维护可能比较复杂。

多方计算的协调：在多方计算场景中，需要各方的合作和信任，如何确保所有参与者都按照协议行事是一个挑战。

随着隐私和数据安全日益受到关注，多方计算和同态加密等加密技术为保护数据提供了新的可能性。这些技术虽然仍面临挑战，但已经在各种应用中展现出其潜力和价值，预示着一个更加安全的和隐私保护的数字未来。

# 18.4　适合大学生创新的计算机安全与加密技术应用实践方案

## 18.4.1　开放源码安全工具

创建一个可以帮助开发者识别和修复代码中的安全漏洞的工具。

1．背景

随着软件开发的普及，代码中的安全漏洞逐渐成为一个普遍且严重的问题。开发者往往因为各种原因，在编写代码时遗漏了某些安全细节，从而导致潜在的安全风险。

2．主要功能

代码扫描：对代码进行静态分析，识别常见的安全漏洞，如 SQL 注入、跨站脚本攻击（Cross Site Scripting，CSS）、缓冲区溢出等。

实时建议：当工具检测到潜在的安全问题时，为开发者提供即时的修复建议和参考文档。

集成学习模块：对于不太常见的安全问题，该工具可以学习并不断更新其检测模式。

漏洞数据库连接：连接到公开的安全漏洞数据库，如 CVE，来提供最新的漏洞信息和修复建议。

可自定义的规则：允许用户自定义检测规则，以适应特定的开发环境或要求。

3．实现技术

静态代码分析：识别代码中的模式并匹配已知的漏洞模式。

机器学习：使用已知的漏洞数据集训练模型，以识别新的或复杂的安全漏洞。

API 调用：连接到外部的安全漏洞数据库，获取实时的漏洞数据。

4．应用价值

提高代码质量：帮助开发者在早期阶段发现并修复安全漏洞，提高整体的代码质量。

降低安全风险：及时的修复可以大大降低因安全漏洞而带来的风险和损失。

教育和培训：对于计算机科学和软件工程的学生，这种工具可以作为一个实用的教育资源，帮助他们理解和避免常见的安全漏洞。

为大学生和开发者提供这样一个开放源码的安全工具，不仅可以增强代码的安全性，还有助于提高开发者对计算机安全的认识和关注。

## 18.4.2　安全家居网络

设计一个针对家庭用户的网络安全解决方案，以防止物联网设备的潜在攻击。

1．背景

随着物联网设备在家庭环境中的普及，如智能灯泡、智能电视、智能锁等，这些设备的安全问题也随之凸显出来。由于多数家庭用户缺乏足够的网络安全意识，他们的家居网络可能成为攻击者的目标。

2．主要功能

入侵检测：实时监控家庭网络流量，识别并报告任何异常或可疑活动。

设备隔离：为每个 IoT 设备创建一个独立的虚拟网络，确保即使一个设备被攻破，攻击者也不能进入其他设备。

自动更新：自动为路由器和其他关键设备下载和安装安全补丁。

密码管理：为家庭网络上的所有设备提供强大且独特的密码，并定期更改。

加密通信：确保所有设备之间的通信都是加密的。

父母控制：为家长提供工具，以监控孩子的在线活动。

3．实现技术

网络流量分析：使用深度包检测（Deep Packet Inspection，DPI）技术来分析家庭网络的流量。

虚拟局域网（Virtual Local Area Network，VLAN）技术：为每个设备提供隔离的网络环境。

端到端加密：使用 SSL/TLS 等协议确保数据的机密性。

云数据库：存储已知的攻击模式和签名，用于实时比对和更新。

4．应用价值

提高家庭网络安全：针对家庭环境设计的网络安全解决方案可以有效地防止多种网络攻击。

教育家庭用户：通过简单易懂的用户界面和提示，帮助家庭用户了解网络攻击并提高他们的网络安全意识。

保护隐私：确保家庭内的通信、数据和设备都受到充分的保护，防止隐私泄露。

随着物联网设备越来越多地进入家庭，家庭网络的安全性变得至关重要。为大学生提供这样一个项目机会，可以帮助他们理解和解决现实生活中的网络安全问题，同时也为家庭用户提供了一个高度实用的工具。

### 18.4.3　个人数据权益

开发一个工具，让用户可以追踪和控制其个人数据的共享和使用。

1. 背景

随着互联网的普及和社交媒体的爆发性增长，用户的个人数据频繁地被各种应用或服务收集。虽然这有助于为用户提供个性化的体验，但也带来了数据隐私和安全的担忧。用户有权知道其数据被如何使用、存储和共享。

2. 主要功能

数据追踪：实时监控用户的数据流向，记录所有请求和访问其数据的应用或服务。

权限管理：用户可以选择允许或禁止特定应用或服务访问其数据。

数据概览：提供一个仪表板，显示用户数据的使用统计和历史记录。

数据删除请求：为用户提供在特定应用或服务上一键删除的数据的功能。

教育与提醒：定期为用户提供数据安全和隐私的建议和提示。

数据加密：确保存储在工具中的所有数据都经过加密。

3. 实现技术

API 连接：与各大在线服务和平台的 API 建立连接，以获取数据访问信息。

数据库管理：使用加密的数据库来存储用户的数据流向和访问记录。

机器学习：使用 AI 和机器学习来识别和预测潜在的数据隐私风险。

用户界面设计：创建一个简洁的、直观的用户界面，使用户能够轻松地管理其数据权限。

4. 应用价值

提高数据透明度：该工具使用户能够清晰地了解自己的数据是如何被使用和共享的。

加强用户控制权：用户可以直接控制其数据的使用，减少数据滥用和隐私泄露的风险。

提高用户隐私意识：通过提醒和建议，教育用户如何更好地保护自己的数据。

个人数据的安全和隐私是当前数字时代的核心关切。为大学生提供此项目机会，不仅可以培养他们的技术和创新能力，还可以响应当下对数据隐私的社会呼声，为用户提供更加安全的、透明的数字体验。

### 18.4.4　区块链在校园的应用

创建一个学术记录或证书的去中心化验证系统。

1. 背景

随着区块链技术的发展，其在确保数据完整性、透明性和不可篡改性方面的潜力已经得到了广泛的认可。在教育领域，学术记录与证书的真实性和可靠性至关重要，但目前的中心化系统容易受到伪造和欺诈的威胁。

2. 主要功能

存储学术记录：将学生的学术成果、考试成绩、出勤记录等存储在区块链上。

证书验证：毕业证书、成绩单或其他官方文凭都可以在区块链上生成唯一的哈希，任何人都可以通过这个哈希验证文凭的真实性。

数据隐私保护：虽然数据是公开的，但学生的个人信息可以通过加密技术得到保护。

跨校转移：学生可以轻松将他们的学术记录从一个学校转移到另一个学校，而不需要中介。

生涯追踪：区块链上的数据可以持续追踪，帮助学校和学生跟踪其在学术和职业生涯中的成果。

3. 实现技术

智能合约：使用智能合约自动处理证书的发放和验证。

哈希算法：为每个学术记录和证书生成唯一的哈希。

数据加密：确保学生的个人和敏感数据得到保护。

分布式存储：使用去中心化的存储方法确保数据的冗余和稳定性。

4. 应用价值

提高验证效率：去中心化的系统减少了验证学术记录和证书的时间，降低了复杂性。

减少欺诈：由于区块链的不可篡改性，伪造学术记录和证书的可能性大大降低。

增强信任：区块链技术为学校、学生和雇主提供了一个可靠的验证工具。

节约成本：自动化和去中心化的验证系统可以大大降低管理和验证的成本。

为大学生提供基于区块链的学术记录和证书验证系统的创新项目，不仅可以培养他们的技术和实践能力，还可以为整个教育领域带来革命性的改变，确保学术诚信和数据的真实性。

## 18.4.5 同态加密计算平台

设计一个可以让学生在加密数据上进行数据分析或机器学习的平台。

1. 背景

随着数据隐私和安全性的日益受关注，同态加密（一种允许在加密数据上进行计算而不解密它的技术）已经成为一个热门研究领域。该技术对于处理敏感数据，如医疗记录、金融交易等，具有巨大的潜力。

2. 主要功能

加密数据上传：用户可以上传加密的数据集，确保数据隐私。

数据分析工具集成：平台提供常用的数据处理和机器学习算法，允许学生在加密数据上运行。

结果可视化：在计算完成后，学生可以查看加密的结果，或者选择解密并查看实际结果。

学习资源：集成教学材料和实践方案，帮助学生理解同态加密和数据分析的基本概念。

沙盒环境：提供一个隔离的环境，使学生能够在没有风险的情况下实验和学习。

3. 实现技术

同态加密库：使用已有的开源同态加密库，如 Microsoft SEAL 或 HElib。

容器化：使用 Docker 或类似技术为每个学生提供隔离的计算环境。

前端界面：为上传、计算和可视化提供对用户友好的界面。

分布式计算：考虑到同态加密计算可能的高计算需求，集成分布式计算资源。

4. 应用价值

保护数据隐私：通过在加密数据上进行计算，保护原始数据不被暴露。

推进研究：鼓励学生研究新的数据分析和机器学习技术，并应用到加密数据上。

教育意义：帮助学生了解加密技术、数据安全和隐私的重要性。

增加实践机会：为学生提供真实的实践机会，提高其实践能力和就业竞争力。

为大学生提供一个基于同态加密的计算平台，可以为他们打开一个新的学习和研究领域，同时也响应了当今对数据隐私和安全的重视。这不仅能增强大学生的技术技能，还能培养他们在数据安全和隐私保护方面的道德观念。

### 18.4.6 虚拟世界的身份验证

为虚拟现实或在线游戏开发一个多因素身份验证系统。

1. 背景

随着虚拟现实和在线游戏的流行，对用户身份的验证和保护变得越来越重要。传统的用户名和密码方法可能容易被破解或遭受钓鱼攻击。因此，使用多因素身份验证方法可以提供更高级别的安全性。

2. 主要功能

基本身份验证：用户必须提供用户名和密码。

物理设备验证：发送一个随机生成的代码到用户的移动设备上或使用 U2F（如 YubiKey）。

生物识别：使用面部、指纹或声纹识别作为第三个验证步骤。

行为模式识别：分析用户的行为模式（如键盘敲击速度和节奏）并作为验证方法。

地理位置检测：基于用户的 IP 地址或 GPS 数据判断是否为合法登录。

安全提示和教育：如果检测到异常登录，就向用户提供安全提示。

3. 实现技术

加密技术：保护用户数据和通信。

API 集成：与生物识别硬件和软件接口集成。

机器学习：用于行为模式分析和识别。

地理位置 API：获取和验证用户的地理位置。

4. 应用价值

增强安全性：多因素身份验证明显减少了被非法访问的风险。

提高用户信任：用户知道他们的账户更加安全，可能更愿意在虚拟世界中进行购物或其他交易。

降低欺诈：通过多种验证方式，可以大大减少欺诈行为。

提供个性化体验：基于用户的行为和位置，可以为他们提供更个性化的体验。

为虚拟现实和在线游戏环境提供多因素身份验证系统，不仅能够增强用户账户的安全性，还可以提高用户的信任度和满意度。同时，此系统还为开发者提供了一个新的工具，使他们能够为用户提供更个性化的、更安全的虚拟体验。

### 18.4.7 基于区块链的投票系统

创建一个透明的、不可篡改的且私密的在线投票系统。

1. 背景

现代社会中，投票不仅局限于国家选举，也涵盖了公司、学校和其他社区活动。确保投票的公正性和透明性是一个重要挑战，尤其是在数字时代。区块链技术提供了一个有潜力解决这个问题的方案。

2. 主要功能

身份验证：确保每个人只能投一次票，同时保护其身份隐私。

透明性：所有投票记录都存储在区块链上，公开可见，但投票者的身份保持匿名。

不可篡改：一旦投票被记录在区块链上，就无法更改。

私密性：虽然投票记录是公开的，但具体的投票者身份是匿名的。

实时结果：随着投票的进行，可以实时统计和显示结果。

智能合约：自动处理与投票相关的所有逻辑，如计票、结果声明等。

### 3. 实现技术

公有或私有区块链平台：例如 Ethereum、Hyperledger 等。

加密技术：确保数据的安全性和投票者的隐私。

智能合约：编写投票逻辑和自动执行任务。

身份验证技术：如数字身份技术，与区块链集成以确保每个人只投一票。

前端界面：用户友好的界面，用于提交投票和查看结果。

### 4. 应用价值

公平与透明：所有人都可以查看投票记录，确保了选举的公平性。

减少欺诈：利用区块链的不可篡改性，大大降低了投票欺诈的可能性。

降低成本：自动化的智能合约和数字化过程可以减少与传统投票相关的许多成本。

全球化：允许远程投票，特别是对于跨国公司和组织。

基于区块链的投票系统提供了一个公平的、透明的且安全的投票环境。这种系统对于那些希望利用数字技术提高投票效率和准确性的组织和国家来说是特别有吸引力的。

## 18.4.8　安全的文件分享工具

开发一个利用最新加密技术保护数据隐私的文件分享工具。

### 1. 背景

随着互联网的普及，文件分享已经成为日常工作和生活中的常见需求。然而，保护文件中的敏感信息并确保其在传输过程中的安全性成了一个关键挑战。利用最新的加密技术来创建一个安全的文件分享工具可以有效地解决这个问题。

### 2. 主要功能

端到端加密：确保文件在传输过程中的内容对第三方是不可见的。

文件访问控制：发送者可以控制谁可以访问和下载文件。

文件过期：设置文件的有效期，过期后文件将自动销毁或无法访问。

多文件格式支持：可以分享文档、图片、视频等多种格式的文件。

大文件传输：支持大文件的分块、压缩和传输。

审计跟踪：记录谁何时访问了文件。

### 3. 实现技术

最新的加密算法：如 AES-256、RSA 等。

公钥和私钥系统：确保只有持有私钥的接收者可以解密文件。

分块传输技术：对大文件进行分块、压缩并顺序传输。

安全的云存储服务提供商：选择安全性高的云存储服务提供商。

双因素认证：增加文件访问的安全性。

前端和后端开发：前端用于用户界面设计，后端用于处理文件加密、上传、下载等逻辑。

4. 应用价值

数据安全：确保敏感数据在传输和分享过程中的安全性。

降低风险：减少数据泄露或被未授权访问的风险。

方便性：对用户友好的界面和简单的操作流程。

跨平台：支持多种操作系统和设备。

一个安全的文件分享工具可以帮助用户在保护数据隐私的同时拥有便捷的文件分享体验。利用最新的加密技术和其他高级功能，这种工具可以有效地满足现代文件分享的需求。

## 18.4.9　云存储的安全访问

设计一个可以安全访问云存储数据的工具，而无须暴露敏感信息。

1. 背景

随着云计算的日益普及，个人和企业都越来越依赖云存储服务来存储和管理数据。然而，随之而来的是数据安全和隐私保护的问题。创建一个能安全访问云存储数据的工具是解决这个问题的关键。

2. 主要功能

端到端加密：在上传到云之前加密数据，确保只有授权用户可以解密。

访问控制：定义谁可以访问哪些数据，并设置访问级别（如只读、读写等）。

日志记录和审计：追踪所有对数据的访问和操作。

文件浏览和管理：允许用户以加密形式浏览、下载和管理云上的文件。

双因素认证：增强账户安全性，确保只有合法用户可以访问。

安全共享：用户可以与他人共享文件或文件夹，但不泄露全局访问密钥。

3. 实现技术

公钥/私钥加密：使用如 RSA 等算法保证数据的加密与解密。

访问令牌：生成短暂的访问令牌以提供临时访问权限。

安全套接字层：加密数据在互联网上的传输。

API 集成：与主流云存储提供商的 API 集成，如 Amazon S3、Google Cloud Storage 等。

双因素认证 API：例如 Google Authenticator 或其他双因素验证服务。

访问日志数据库：记录并存储所有的访问日志。

4. 应用价值

保障数据隐私：确保云上存储的数据不被非授权用户访问。

合规性：满足各种行业和国家的数据保护规定。

用户友好：简化的用户界面使非技术用户也可以轻松使用。

提高信任度：提供透明的访问记录和安全措施，增加用户对云存储的信任。

云存储的普及为数据安全带来了挑战和机会。一个针对云存储的安全访问工具可以帮助用户轻松地保护其数据，并确保符合所有相关的安全和隐私标准。

## 18.4.10　网络钓鱼防护训练

开发一个模拟网络钓鱼攻击的平台，帮助用户识别和应对此类威胁。

1. 背景

网络钓鱼是一种常见的网络攻击手段，攻击者通过伪造的电子邮件、网站或消息试图欺骗受害者提供敏感信息，如登录凭证或信用卡信息。提高用户的防钓鱼意识是预防这种攻击的关键。

### 2. 主要功能

模拟钓鱼电子邮件：生成看似来自真实机构的电子邮件，测试用户是否能够识别出其欺骗性质。

伪造网站模拟：创建看起来像真实网站的伪造网站，观察用户是否会在其中输入敏感信息。

实时反馈：当用户被"钓中"时，立即提供反馈和教育，说明他们犯了哪些错误。

训练课程：提供关于如何识别和避免网络钓鱼攻击的教育材料。

统计与分析：提供关于用户表现的统计数据，帮助组织了解员工的安全意识水平。

### 3. 实现技术

电子邮件服务器模拟：用于发送和接收模拟钓鱼电子邮件。

Web 开发工具：用于创建和托管模拟的钓鱼网站。

数据库：存储用户的响应和测试结果。

机器学习：通过用户行为分析，不断完善钓鱼模拟测试的真实感。

### 4. 应用价值

提高安全意识：使用户意识到网络钓鱼的风险，并学会如何识别和避免这种攻击。

减少数据泄露风险：通过预防性的教育，减少员工因不小心点击恶意链接或提供敏感信息的风险。

持续培训：通过定期的模拟攻击，确保员工的安全知识得到更新和巩固。

网络钓鱼是一个持续的威胁，尤其是在迅速变化的网络环境中。一个模拟网络钓鱼攻击的训练平台可以帮助用户和组织更好地应对这一威胁，保护自己不被网络钓鱼所欺骗。

# 第19章 深度学习与AI的下一步

## 19.1 对抗生成网络、强化学习与迁移学习的进展

### 19.1.1 对抗生成网络

#### 1. 背景

对抗生成网络（Generative Adversarial Networks，GANs）由 Ian Goodfellow 于 2014 年首次提出。这种深度学习模型由两部分组成：生成器（Generator）和判别器（Discriminator）。生成器和判别器互相对抗，从而推动了模型的进步。生成器试图产生假数据，而判别器试图区分真实数据与假数据。这种对抗过程导致生成器逐渐产生越来越逼真的假数据。

#### 2. 主要应用

图像生成：使用 GANs 从随机噪声中生成高分辨率、逼真的图像。

数据增强：为小数据集创建额外的训练数据，帮助提高模型的性能。

风格转换：例如，将图片的艺术风格从一种转变为另一种。

超分辨率：提高图像的分辨率。

生成艺术和音乐：通过训练，GANs 可以生产各种艺术和音乐样本。

#### 3. 最新进展

条件 GANs：生成满足特定条件或特性的数据。

CycleGANs：在没有配对数据的情况下进行域转换。

BigGANs：生成高分辨率和高质量的图像。

StyleGANs：调整生成图像的多个风格属性。

#### 4. 挑战

模式崩溃：生成器可能反复生成相同或非常相似的样本。

训练不稳定：GANs 可能很难收敛或可能导致生成器和判别器在训练过程中震荡。

高质量的数据需求：为了生成高质量的输出，需要大量高质量的训练数据。

#### 5. 未来趋势

更稳定的训练技巧：通过改进损失的函数和训练策略使 GANs 更易于训练。

向其他领域的扩展：将 GANs 用于非图像数据，如文本、声音等。

更多的应用场景：利用 GANs 进行模拟、药物发现、天气预测等。

对抗生成网络是深度学习的一个令人兴奋的分支，它已经在图像生成、艺术创作和多种其他任务中展现了巨大的潜力。随着技术的进一步发展，我们可以预见 GANs 在未来的应用将更加广泛且深入。

### 19.1.2 强化学习

#### 1. 背景

强化学习（Reinforcement Learning，RL）是机器学习的一个子领域，它关注的是如何基于与环境的交互来训练模型或智能体（agent）进行决策。在强化学习中，智能体在某个环境中采取行动，然后从该环境中获得反馈或奖励，目标是最大化长期的累计奖励。

#### 2. 主要应用

游戏：例如 AlphaGo 和 OpenAI 的 Dota2 bot。

机器人技术：例如教机器人行走或执行复杂任务。

金融：例如投资策略和交易。

能源管理：智能电网、电池管理等。

自动驾驶汽车：决策制定和路线规划。

#### 3. 最新进展

深度强化学习：结合深度学习技术与强化学习，允许处理复杂的、高维度的输入。

多智能体强化学习：多个智能体在同一个环境中相互学习和协同工作。

模拟器和环境：例如 OpenAI 的 Gym，提供了一个标准的接口来开发和比较强化学习算法。

#### 4. 挑战

探索与开发权衡：智能体在试图找到最佳策略时需要决定是继续探索新策略还是利用已知的最佳策略。

稀疏和延迟的奖励：在许多真实世界的问题中，有用的反馈可能是稀疏的或延迟的，这使得学习变得困难。

样本效率：即在有限的样本中有效地学习，这仍然是一个主要的研究方向。

#### 5. 未来趋势

更好的探索策略：设计新的算法和方法，以更有效地进行探索。

从少数示例中学习：即如何从有限的数据中更快地学习，或者通过模仿学习从专家的演示中学习。

真实世界的应用：如医疗决策制定、生态保护等领域的应用。

强化学习为机器学习提供了一个新的范式，它使得机器可以自主地在环境中学习和做出决策。随着技术的进步，预计强化学习将在未来得到更多的实际应用和发展。

### 19.1.3 迁移学习

#### 1. 背景

迁移学习（Transfer Learning）是机器学习的一个研究领域，它致力于将已经在一个任务上学到的知识迁移到一个新的但相似的任务上。传统的机器学习模型对于每一个新任务都需要从头开始学习，而迁移学习旨在利用已有的模型和知识来加速和提高新任务的学习效果。

#### 2. 主要应用

计算机视觉：利用预训练的模型（如 VGG、ResNet）在小型数据集上进行微调。

自然语言处理：例如 BERT、GPT 等模型在多种任务上的迁移应用。

医疗图像分析：利用公开数据集上的预训练模型来处理特定的医疗图像任务。

3．最新进展

预训练模型：如 BERT、GPT 和 ViT，这些模型在大型数据集上进行预训练，然后可以被微调，从而用于特定任务。

领域适应：技术旨在调整模型，使其能够从一个领域迁移到另一个领域，即使两者的数据分布有所不同。

元学习：一种训练模型的方法，使其可以快速适应新任务，只需要少量的数据。

4．挑战

负迁移：迁移学习可能不总是有益的，在某些情况下可能导致模型性能下降。

领域间的差异：不同的任务和领域之间可能存在很大的差异，这使得知识迁移变得困难。

模型的泛化能力：如何确保迁移后的模型在新任务上表现良好，并且不会过度拟合。

5．未来趋势

多任务学习：同时在多个任务上训练模型，使其共享知识并实现各种任务的最佳性能。

零样本和少样本学习：如何在极少量或没有标签数据的情况下进行学习。

跨模态迁移：从一种数据模态（例如文本）迁移到另一种数据模态（例如图像）。

迁移学习为处理不同任务和领域的问题提供了强大的工具，它的能力在众多实际应用中都得到了证明。随着技术的不断发展，迁移学习的方法和应用还将进一步拓展。

# 19.2　AI 在艺术、医疗和金融领域的应用

## 19.2.1　AI 与艺术

1．背景

随着 AI 技术的发展，艺术界也开始探索如何将这些技术与传统的创作方法结合。AI 不仅为艺术创作带来了新的可能性，也引发了关于创意、原创性和机器与人的协作关系的讨论。

2．主要应用

AI 绘画：利用神经网络，尤其是对抗生成网络，生成独特的画作。例如，2018 年的 *Edmond de Belamy* 是一个通过 AI 创建的肖像，被拍卖出超过 43 万美元的高价。

音乐创作：AI 系统，如谷歌的 Magenta 和索尼的 Flow Machines，可以创作出新的旋律和歌曲。

写作和诗歌：AI 可以生成故事、剧本或诗歌。OpenAI 的 GPT-3 是一个典型的例子，它可以创作出流畅且有深度的内容。

舞蹈和表演艺术：AI 可以驱动动画人物或机器人舞蹈，或与人类舞者进行互动。

艺术品鉴定和分类：使用计算机视觉和机器学习技术来鉴定和分类艺术品，以辨别真伪或自动分类图像。

3．挑战与讨论

创意与原创性：AI 创作的艺术是否真的具有创意和原创性？它只是在模仿数据集中的风格和内容，还是真的可以创作出新的、独特的作品？

版权与归属：当 AI 参与创作时，作品的版权应该归谁？是开发或训练 AI 的人，还是 AI 自身？

人与机器的协作：如何找到艺术家与 AI 之间的合作平衡？如何确保人类艺术家的创意仍

然是创作过程的核心?

**4. 未来趋势**

增强创造力的工具：将 AI 视为一种工具，增强人类艺术家的创造力，而不是替代他们。

跨学科合作：艺术家、技术专家和其他领域的专家之间的合作将推动艺术与 AI 的进一步融合。

教育与培训：未来的艺术教育可能会包括 AI 和技术培训，以准备下一代艺术家面对更加技术化的创作环境。

AI 为艺术界开辟了新的可能性和机会；但它也带来了许多关于创意、技术和人性的问题。通过深入的探索和跨学科的合作，我们可以找到人机协作的最佳方式，共同创造未来的艺术作品。

## 19.2.2　AI 与医疗领域

**1. 背景**

随着深度学习和其他 AI 技术的进步，医疗领域已经开始感受到 AI 所带来的变革。这些技术不仅提高了医疗诊断和治疗的准确性和速度，还为研究者提供了新的方法来分析复杂的生物数据，从而有助于新药的开发和个性化治疗。

**2. 主要应用**

医学影像诊断：使用计算机视觉和深度学习来解析和识别 MRI、X 光、CT 扫描等医学图像中的病变，如癌症或其他疾病。

基因组学与个性化医疗：通过分析基因数据，AI 可以帮助医生为患者提供定制的治疗建议。

药物发现和开发：AI 可以高效地分析大量的生物数据，从而加速新药的发现和测试过程。

预测疾病发展：基于患者的历史医疗记录和其他数据，AI 可以预测疾病的发展和转归。

机器人手术：AI 可以增强机器人手术的准确性和稳定性，使复杂手术变得更加可靠。

患者管理与遥控监测：AI 可以帮助医院更高效地管理患者，例如优化床位使用，或远程监控患者的健康状况。

**3. 挑战与讨论**

数据隐私与安全：患者的医疗数据是非常敏感的，如何确保在使用 AI 技术时，这些数据能够得到妥善保护是一个重要问题。

准确性与可靠性：虽然 AI 在某些医疗任务中的表现已经超越了人类，但它仍然可能会犯错，如何确保其准确性和可靠性是关键。

伦理考虑：决策如何使用 AI 技术，以及在什么情境下使用，涉及多种伦理问题，需要深入探讨。

**4. 未来趋势**

融合多种数据来源：除了传统的医疗数据，如医学影像和电子病历，AI 将更多地使用患者的日常生活数据，如可穿戴设备收集的数据，来提供更全面的健康分析。

扩展医疗服务：AI 可以将医疗资源送达偏远地区和资源有限的地方，提供高质量的医疗服务。

与其他技术的融合：结合 AR/VR、区块链和其他前沿技术，AI 将在医疗领域开辟更多新的应用方向。

AI 在医疗领域的应用具有巨大的潜力，可以提高诊断和治疗的效率，同时也为患者提供更好的医疗体验。但要充分实现这些潜力，还需要克服一系列的技术和伦理挑战。

### 19.2.3 AI 与金融领域

**1. 背景**

金融领域是 AI 技术应用的早期领域之一。凭借大量的结构化数据和复杂的决策需求，金融领域为 AI 提供了丰富的应用场景。在最近几年中，深度学习和其他先进的 AI 技术已经在金融领域取得了令人瞩目的进展。

**2. 主要应用**

算法交易：利用 AI 和机器学习技术预测市场趋势，并自动执行买卖指令，优化投资策略。

风险评估与信贷评分：基于大数据和 AI 模型，金融机构可以更准确地评估客户的信用风险。

反欺诈和反洗钱（AML）：AI 可以高效地分析交易活动，及时检测和预防欺诈或洗钱行为。

智能投顾（Robo-advisors）：基于用户的财务状况和投资目标，提供自动化、定制化的投资建议。

客户服务与虚拟助手：使用聊天机器人和智能助手提供 24/7 的客户支持，自动处理常见的查询和交易请求。

运营优化：自动化处理大量日常金融操作，提高运营效率和准确性。

**3. 挑战与讨论**

数据隐私与安全：金融数据是敏感的，在使用 AI 技术时必须确保数据的隐私和安全。

模型透明度与解释性：金融决策需要可靠的和透明的模型，这与某些深度学习模型的"黑箱"特性形成了对比。

监管考虑：金融市场由于其特殊性而受到严格的监管。AI 技术的应用需要遵循相关的法规和标准。

**4. 未来趋势**

集成多源数据：除了传统的金融数据，AI 将结合社交媒体、地理信息等多种数据来源，为金融决策提供更全面的视角。

金融产品的创新：AI 将帮助金融机构开发更多有针对性的、个性化的金融产品和服务。

与其他技术的融合：结合区块链、5G、物联网等技术，AI 将进一步扩展其在金融领域的应用范围。

AI 在金融领域的应用正在深刻地改变传统的金融模式和服务方式。通过引入更智能的、更高效的技术，金融服务变得更加便捷、准确和对客户友好。同时，对于金融机构而言，实现技术与业务、监管的平衡是未来的关键挑战。

## 19.3 对 AI 的伦理考虑与未来发展方向

### 19.3.1 AI 的伦理挑战

**1. 背景**

随着 AI 技术的迅速发展和广泛应用，伦理问题逐渐成为公众、学术界和政策制定者关注的焦点。AI 的伦理挑战涉及多个方面，包括隐私、偏见、透明度、责任分配和机器决策的影响。

**2. 主要伦理挑战**

数据隐私与保护：AI 模型通常需要大量的数据进行训练。如何收集、存储和使用这些数据，同时保障用户的隐私权利是一个关键问题。

算法偏见与公正性：AI 模型可能会放大数据中的偏见，导致不公正或歧视的结果。这特别在与人类福祉息息相关的领域中是个关键问题，例如招聘、司法和信贷。

透明度与可解释性：很多现代 AI 技术，尤其是深度学习，被描述为"黑箱"，因为它们的决策过程难以理解和解释。

责任与问责制：当 AI 系统出错或导致损害时，如何确定责任并追责是个复杂的问题。

人机关系与道德考虑：随着 AI 技术的发展，人与机器的关系也变得更加复杂。例如，应该如何看待人与 AI 助手或机器人的情感连接？

经济与就业：自动化和 AI 可能导致某些工作岗位消失，从而对社会和经济产生深远的影响。

### 3. 未来发展方向

伦理指导原则：各国和组织正在努力制定 AI 伦理指导原则，确保其开发和应用符合人类的核心价值和权利。

教育与培训：对于 AI 的开发者和用户，增强对 AI 伦理问题的意识和教育是非常重要的。

跨学科研究：AI 的伦理问题需要跨学科的研究，包括计算机科学、哲学、法律和社会学等。

AI 的伦理挑战是我们面临的关键问题之一。要确保 AI 技术的可持续和负责任的发展，我们需要全面考虑并解决这些伦理问题。通过开放的对话、合作和研究，我们可以确保 AI 为人类带来的利益最大化，同时最小化潜在的风险和负面影响。

## 19.3.2 人工智能的责任与透明度

### 1. 背景

随着人工智能在多个领域中的广泛应用，责任和透明度成为日益重要的议题。当 AI 做出的决策影响到人们的生活和工作时，理解如何做出这些决策以及当事情出错时谁应该负责成为主要的关注点。

### 2. 主要议题

责任分配：当 AI 系统导致错误或伤害时，确定责任归属是一个挑战。是开发者、使用者，还是 AI 系统本身？

透明度的需求：为了建立公众对 AI 的信任，必须确保 AI 系统的决策是透明且可以解释的。

决策可解释性：尽管某些高级 AI 系统（如深度神经网络）被认为是"黑箱"，但要求它们提供其决策的解释或理由变得更加重要。

法律与政策框架：需要新的法规来明确定义和规范 AI 系统的责任和透明度。

### 3. 解决策略

开发可解释的 AI 模型：研究和开发设计用来提高 AI 决策可解释性的工具和技术。

明确责任框架：制定清晰的法律和政策，明确定义 AI 开发者、供应商和用户的责任。

伦理指南：为 AI 研究者和开发者提供伦理指导原则，确保 AI 的责任和透明度得到适当考虑。

教育与培训：为 AI 开发者、决策者和公众提供有关 AI 透明度和责任的教育和培训。

AI 的责任和透明度是当前和未来都需要关注的关键议题。确保 AI 的决策过程是公开的、透明的和可解释的，以及明确当出现问题时的责任归属，是建立公众对 AI 的信任和确保其负责任的基石。

### 19.3.3　未来的 AI：更多合作还是对立？

1. 背景

随着 AI 技术的不断进步，人们对其未来发展方向和与人类的关系产生了深刻关注。AI 是否将与人类更紧密地合作，还是可能产生对立和竞争，这成了热门的讨论话题。

2. 主要议题

1）合作与增强

协同工作：如何利用 AI 来扩展和增强人类的能力，而不是替代人类。

辅助决策：AI 作为工具，帮助人类做出更加明智的决策。

教育与学习：AI 在个性化教育和培训中的潜在作用。

2）自主性与对立

自主决策：随着 AI 能力的增强，它们是否应具有更多独立决策的权力？

工作领域的竞争：AI 是否会替代大量的工作，导致失业问题？

价值观与目标：如何确保 AI 系统的目标与人类的价值观相一致，避免未来的潜在对立。

3）解决策略

人机协同：开发技术和方法，确保 AI 系统可以更好地与人类合作和互补。

制定明确的道德与规范指南：为 AI 系统的设计、开发和部署制定明确的伦理指南。

持续教育与培训：对公众进行教育，强调 AI 为工具和伙伴，而不是对手。

透明与可解释性：确保 AI 系统的决策过程透明，并能为其决策提供清晰的解释，增强人们对 AI 的信任。

制定合适的法律框架：确保 AI 的发展受到适当的监管，防止过度自主和可能的对立。

AI 的未来取决于我们如何指导和塑造它。通过明确的策略、指导原则和教育，我们可以确保 AI 成为人类的强大合作伙伴，而不是对立面。正确地引导 AI 的发展，确保其与人类的目标和价值观相一致，是我们面临的重要挑战和责任。

# 19.4　适合大学生创新的 AI 应用实践方案

## 19.4.1　自动艺术创作工具

利用 GANs 为用户提供艺术创作建议。

1. 项目简介

这是一个创新性的艺术创作工具，利用 GANs 来为艺术家或艺术爱好者提供艺术创作建议。该工具可以为用户生成一系列的草图、设计或其他视觉艺术作品，以激发他们的灵感和创意。

2. 核心功能

输入风格参考：用户可以上传自己喜欢的艺术作品或图片作为参考，GANs 会根据这些输入生成相似风格的建议。

随机灵感生成：即使没有具体的参考，工具也可以随机生成各种风格的艺术建议。

细节调整：用户可以调整生成的艺术作品的颜色、形状、大小等细节。

创作历程记录：工具可以保存用户每次的输入和生成的结果，以便未来回顾和修改。

社区互动：用户可以分享他们的作品和使用工具的经验，也可以查看其他用户的作品。

3. 技术细节

使用深度学习库：如 TensorFlow 或 PyTorch 构建和训练 GANs 模型。

数据集收集：从网上收集各种艺术作品和图片来训练模型。

用户界面设计：开发一个简单的、直观的界面，使用户容易上手。

云计算支持：由于 GANs 的计算需求可能很大，可以使用云计算资源来处理用户的请求。

4. 应用场景

艺术家和设计师：在寻找新的创作灵感时，可以使用这个工具来快速获得建议。

艺术学校：教师可以使用此工具来帮助学生学习不同的艺术风格和技巧。

普通用户：想要为家居、办公室或其他场所设计个性化的艺术品时，可以使用此工具。

这个自动艺术创作工具为大学生提供了一个探索 AI 和艺术交叉点的机会，通过深入研究 GANs 和艺术创作的结合，他们可以创新性地解决真实世界的问题，并为社会带来价值。

## 19.4.2　AI 辅助医学教学

通过深度学习分析病例数据，提供模拟病人。

1. 项目简介

在医学领域，模拟病人经常用于教育和训练。这个项目旨在通过使用深度学习来分析真实病例数据，为医学生和医生提供模拟病人，进一步提升其诊断和治疗技能。

2. 核心功能

病例数据库：收集和整理真实病例数据，包括病人的症状、检查结果、治疗方式等。

模拟病人生成：基于深度学习模型生成模拟病人的详细数据，如病史、体征、实验室测试结果等。

交互式查询系统：医学生可以询问模拟病人关于其病症、病史等问题，并获得 AI 生成的答案。

评估与反馈：系统会评估医学生的诊断和治疗建议，提供专业的反馈。

实践方案研究：为教师提供一系列病例，用于授课和讨论。

3. 技术细节

使用深度学习库：如 TensorFlow 或 PyTorch 来构建和训练模型。

自然语言处理：处理模拟病人和用户之间的交互，确保流畅的对话。

数据安全与隐私：确保所有使用的真实病例数据都去标识化，并在存储和处理过程中严格遵守相关的数据保护法规。

4. 应用场景

医学院校：用于临床技能的教学和实践，提供模拟病人让学生练习。

培训中心：为已经从业的医生提供进一步的培训和教育。

远程教育：使得处于偏远地区的学生也能接受高质量的医学教育。

通过 AI 技术，尤其是深度学习，医学教育可以变得更加高效和现实。这种方式不仅可以为学生提供丰富的实践经验，还可以确保他们在进入真实医疗环境之前已经得到充分的训练。这对于提高医疗服务的质量和保障患者的安全至关重要。

## 19.4.3　金融市场预测模拟

利用强化学习模拟金融市场的行为。

1. 项目简介

金融市场的动态是复杂且多变的，其中涉及多个因素和参与者的互动。这个项目的目的是使用强化学习来模拟金融市场的行为，从而帮助学生、研究者和金融专家更好地理解市场动态，并提供策略建议。

2. 核心功能

市场模拟环境：建立一个金融市场的模拟环境，包括股票、外汇、期货等金融产品，以及买家、卖家、新闻事件等因素。

策略学习与优化：利用强化学习让 AI 根据历史数据学习和优化交易策略。

策略测试与验证：在模拟环境中测试 AI 策略的有效性和盈利能力。

可视化工具：提供工具来可视化模拟结果、市场动态和 AI 策略的细节。

实时数据集成：允许用户输入真实的金融数据，进行实时的市场模拟。

3. 技术细节

强化学习库使用：如 TensorFlow Agents 或 Stable Baselines 来构建和训练模型。

模拟环境构建：可以考虑使用 OpenAI Gym 来创建自定义的金融模拟环境。

数据处理与集成：确保金融数据的准确性和完整性，并与模拟环境无缝集成。

4. 应用场景

金融教育：帮助金融专业学生理解市场动态，实践交易策略。

策略研发：为金融机构提供一个安全的环境，测试和优化其交易策略。

市场研究：为研究者提供一个平台，研究金融市场的行为和动态。

利用强化学习模拟金融市场提供了一个独特的方法来理解市场的复杂性和不确定性。通过这种方法，用户可以在没有真实经济损失的情况下实验和优化他们的交易策略，为金融行业的创新和研究提供了巨大的价值。

### 19.4.4　个性化学习助手

基于学生的学习数据，提供个性化建议和资源。

1. 项目简介

随着在线学习的普及，学生的学习数据变得越来越丰富。一个个性化的学习助手可以基于学生的学习历程、成绩和兴趣提供个性化的学习建议、资源和策略，从而提高学习效率。

2. 核心功能

学习数据追踪：追踪学生的学习进度、测试成绩、在线互动等数据。

个性化推荐引擎：基于学生的学习数据，推荐相关的课程、阅读材料或练习题。

学习策略建议：根据学生的学习情况，提供如何提高学习效果的建议。

兴趣点挖掘：分析学生的在线互动和搜索行为，挖掘其潜在的学习兴趣。

交互式仪表板：为学生提供一个交互式仪表板，展示其学习进度、成绩和推荐的资源。

3. 技术细节

数据收集与处理：使用在线学习平台 API 或 Web Scraping 技术收集学生的学习数据。

深度学习模型：利用深度学习，如 RNN 或 Transformer 模型，预测学生的学习需求和兴趣。

推荐系统：使用协同过滤、基于内容的推荐或混合推荐系统为学生提供个性化的学习资源。

数据可视化工具：如 Tableau 或 D3.js 为学生提供交互式的学习仪表板。

4. 应用场景

在线教育平台：为在线学生提供更加个性化的学习体验。

传统学校：帮助老师更好地了解学生的学习情况，提供更加合适的教学资源。

自学者：为那些希望自主学习的人提供个性化的学习建议和资源。

个性化的学习助手利用深度学习和数据挖掘技术，为学生提供更加个性化的、有效的学习资源和策略。这不仅可以提高学生的学习效率，还可以激发其学习兴趣和提高动力。

### 19.4.5 AI 音乐合成器

用于生成新的音乐片段或改编现有作品。

1. 项目简介

AI 音乐合成器使用深度学习模型，如循环神经网络和变分自编码器，以及对抗生成网络来生成新的音乐或改编现有音乐作品。此工具可以为音乐家、制作人和音乐爱好者提供创新的音乐元素和灵感。

2. 核心功能

音乐生成：用户可以设置参数（如风格、节奏、调性等），系统则生成相应的音乐片段。

现有作品改编：用户上传现有音乐，系统提供变种或改编的版本。

风格混合：结合两种或多种音乐风格生成新的音乐作品。

音频编辑工具：提供基本的音频编辑功能，如剪裁、混响、调节速度等。

共享和导出：允许用户共享其创作或导出的音频文件。

3. 技术细节

深度学习模型：使用 RNN，VAE 或 GANs 来学习和生成音乐模式。

音频处理库：利用如 Librosa 或 PyAudio 的音频处理库对音乐数据进行预处理。

实时反馈：使用 WebSocket 技术提供实时音乐生成和编辑的反馈。

用户界面：提供一个直观的图形用户界面，让用户可以容易地与系统交互。

4. 应用场景

音乐制作：为音乐制作者提供创新的音乐元素和灵感。

影视后期制作：快速为影视作品生成背景音乐或特效音。

音乐教育：帮助学生理解音乐的构成和结构。

娱乐：为广大音乐爱好者提供创作自己音乐的工具。

AI 音乐合成器结合了深度学习技术和音频处理技术，为用户提供了一个强大而直观的音乐创作工具。这不仅为专业音乐制作者提供了新的创作方法，还为广大公众打开了音乐创作的大门。

### 19.4.6 深度学习驱动的心理健康应用

为用户提供基于其情绪和反馈的建议。

1. 项目简介

这款应用旨在通过深度学习的方法来识别和评估用户的心理健康状况，并提供相应的建议。通过分析用户的语音、文字输入、面部表情等多源数据，系统可以识别用户的情绪和情感状态，并据此为用户提供专业的心理健康建议或推荐合适的资源。

2. 核心功能

情绪识别：分析用户的语音、文字输入或面部表情，识别并评估当前的情绪状态。

日常反馈追踪：允许用户记录每日的情感状态，形成长期的情绪轨迹。

心理健康建议：根据用户的情绪状态和反馈提供相应的心理健康建议或放松技巧。

资源推荐：为用户推荐心理咨询资源、书籍、音频或视频内容，帮助他们更好地处理心理问题。

隐私保护：确保用户数据的安全性和隐私，不分享给第三方。

3. 技术细节

深度学习模型：使用 RNN、CNN 或 Transformer 模型进行语音、文字和图像的情感分析。

自然语言处理：对用户的文字输入进行分析，提取情感关键词。

语音和图像处理库：使用如 Librosa 或 OpenCV 的库对语音和图像数据进行预处理。

数据加密：确保用户数据的安全存储和传输。

4. 应用场景

日常心理健康监测：帮助用户了解自己的情感状态，提高情感自觉。

心理健康教育：为用户提供心理健康的知识和技巧。

危机干预：当检测到用户可能处于危险状态时，提供紧急的干预建议或联系方式。

科研：为心理健康研究提供数据支持。

深度学习驱动的心理健康应用为用户提供了一个实时的、个性化的心理健康辅助工具，旨在帮助用户更好地了解自己，及时察觉和处理心理问题，进而提高生活质量和心理健康水平。

## 19.4.7 基于迁移学习的语言翻译工具

基于迁移学习的语言翻译工具可以帮助人们。

1. 项目简介

随着全球化的进程，语言翻译工具在沟通与文化交流中扮演着越来越重要的角色。尽管有很多高效的翻译工具，但对于一些地方方言或特定语境的翻译，它们仍然存在一定的障碍。利用迁移学习，我们可以构建一个翻译工具，能够在已有的大量标准语言数据的基础上，快速适应并学习新的方言或特定语境。

2. 核心功能

标准语言翻译：提供常规的语言之间的翻译功能。

方言/语境适应：用户可以上传方言或特定语境的样本，系统会快速调整并提供相应的翻译。

持续学习：系统会随着用户的使用和反馈，不断地优化翻译效果。

语境识别：自动识别输入文本的语境，并提供更准确的翻译。

多平台支持：支持 Web、移动设备和桌面应用。

3. 技术细节

迁移学习：以预训练的翻译模型为基础，对新的方言或语境数据进行微调。

深度学习框架：利用如 TensorFlow、PyTorch 等深度学习框架进行模型的构建和优化。

自然语言处理：利用 opaqueNLP 技术进行文本预处理、语境识别和后处理。

数据集：使用标准的翻译数据集，如 WMT 等，并结合用户提供的方言或特定语境样本。

4. 应用场景

文化交流：帮助外国人了解并学习地方文化和方言。

商务沟通：在特定的行业或背景下，提供更为精准的翻译。

教育：为学习新语言或方言的学生提供实用工具。

旅游：帮助旅行者更好地与当地人沟通。

基于迁移学习的语言翻译工具提供了一种高效的方法，使得翻译不仅仅局限于标准语言，还能够适应各种方言和特定语境，大大增强了翻译工具的实用性和普遍性。

## 19.4.8 AI 驱动的健康食谱推荐

基于用户的健康数据和饮食偏好为用户推荐健康食谱。

1. 项目简介

随着人们健康意识的提高，越来越多的人想要根据自己的健康状况和饮食偏好选择合适的食谱。本项目旨在通过 AI 技术为用户提供个性化的健康食谱推荐。

2. 核心功能

个人健康数据分析：分析用户提供的健康数据，如体重、身高、疾病史、运动习惯等，确定用户的营养需求。

饮食偏好采集：收集用户的饮食偏好，如喜欢的食物、忌口、素食主义者等。

个性化食谱推荐：基于用户的健康数据和饮食偏好，为用户推荐健康食谱。

食材替换建议：为食谱中的某些食材提供健康的替代品。

营养分析：对推荐的食谱进行营养分析，确保满足用户的营养需求。

3. 技术细节

深度学习与数据分析：使用深度学习模型分析用户的健康数据和饮食偏好，提供个性化的食谱推荐。

知识图谱：构建食材和营养的知识图谱，为用户提供更丰富的食谱选择。

自然语言处理：用于解析用户的输入，如食物名称、食材、疾病历史等。

4. 应用场景

健康饮食计划：帮助用户制订健康的饮食计划，达到减肥、增肌、预防疾病等目标。

疾病管理：为患有糖尿病、高血压等疾病的用户提供特定的饮食建议。

健身辅助：为正在健身的用户提供合适的饮食建议，帮助其达到健身目标。

AI 驱动的健康食谱推荐系统不仅可以帮助用户更好地管理自己的饮食，还可以为其提供健康的、营养的、美味的食谱选择，从而促进用户的身体健康。

## 19.4.9 用于社交媒体的情感分析工具

监测和预测社交媒体上的情绪趋势。

1. 项目简介

随着社交媒体的普及，大量的用户生成内容如评论、帖子、推文等涌现出来。这为我们提供了一个宝贵的数据源来理解和分析公众的情绪、看法和态度。情感分析工具可以自动化地帮助企业和个人捕捉和解读这些数据。

2. 核心功能

实时情感监控：实时收集社交媒体上的帖子并进行情感分析，以显示公众当前的情感状态。

情绪趋势分析：长期监测和分析情感数据，找出情绪变化的趋势和模式。

话题相关的情感分析：对特定的话题或关键字进行深入的情感分析。

交互式仪表盘：展示实时的和历史的情感分析数据，帮助用户更直观地理解情感趋势。

预测未来情感趋势：基于历史数据和其他相关指标预测未来的情感趋势。

3. 技术细节

自然语言处理：用于文本数据的预处理、特征提取和情感分类。

深度学习：如循环神经网络或变压器模型用于更复杂的文本分类任务。

时间序列分析：分析和预测情感的变化趋势。

数据可视化：用于创建交互式仪表盘和图表。

4. 应用场景

品牌监控：企业可以使用这个工具来监控消费者对其品牌或产品的看法，及时调整策略。

竞选和公关：政治团体或公关公司可以用它来了解公众对某个话题或事件的看法。

市场研究：通过分析社交媒体上的情感数据，企业可以更好地了解市场趋势和消费者需求。

危机管理：在公共危机或丑闻发生时，实时监控公众情感可以帮助企业及时做出反应。

情感分析工具为社交媒体上充足的数据提供了有价值的见解，使得企业和个人可以更好地理解公众并与他们互动。在数字时代，了解并响应公众的情感成为关键的竞争优势。

## 19.4.10　AI 伦理评估工具

帮助研究者和开发者评估 AI 解决方案的潜在伦理影响。

1. 项目简介

随着 AI 技术的广泛应用，其伦理问题逐渐成为公众和专家关注的焦点。从数据偏见到自动化决策的影响，AI 的伦理挑战是多方面的。此工具旨在为研究者和开发者提供一个框架，帮助他们识别、评估和解决 AI 项目中可能出现的伦理问题。

2. 核心功能

伦理风险评估：提供一系列的问题和指标，帮助用户评估 AI 项目的伦理风险。

数据偏见检测：分析训练数据，识别并通报任何潜在的不公平或偏见。

透明度和解释性报告：为 AI 决策提供解释，使非技术用户能够理解。

隐私和数据保护指导：确保 AI 项目符合相关的数据保护法规。

社区反馈机制：允许受影响的群体或个人对 AI 解决方案提供反馈。

3. 技术细节

偏见检测算法：使用统计方法和机器学习模型来分析数据偏见。

解释性 AI：利用技术如 LIME 或 SHAP 来提供模型决策的解释。

数据匿名化和加密：为数据保护提供解决方案。

用户界面和交互设计：为非技术用户提供友好的界面和反馈渠道。

4. 应用场景

AI 研究项目：确保研究活动符合伦理标准和最佳实践。

企业 AI 解决方案：为企业提供一个框架，确保其 AI 产品和服务负责任地部署。

政府和公共部门：确保公共部门的 AI 应用对公众负责。

AI 教育和培训：作为 AI 伦理教育的一部分，帮助学生和初学者理解 AI 伦理的重要性。

AI 伦理评估工具是实现负责任 AI 的关键。对于研究者和开发者而言，有了这样的工具，他们可以更好地理解并应对 AI 技术的伦理挑战，确保其应用不仅是技术上的创新，同时也是道德上的正当。

# 第 4 部分

# 计算机与电子及其他学科的融合

# 第20章　计算机与生物学的交叉

## 20.1　计算生物学的基础

### 20.1.1　生物信息学概述

生物信息学是生物学和计算机科学的交叉学科，其核心目标是利用计算方法来解决生物学中的复杂问题，尤其是在分子生物学领域。随着基因组测序技术的迅猛发展，生物信息学在处理、分析和解释生物大数据中扮演着关键角色。

1. 发展背景

基因组项目：自人类基因组计划开始，基因组测序技术得到了快速的进步，导致大量的生物数据产生。

技术驱动：高通量测序技术、微阵列技术等方法促进了大数据在生物信息学中的应用。

需求驱动：疾病研究、个性化医疗、演化生物学等领域的需求推动了生物信息学的发展。

2. 主要应用

基因组注释：识别基因组中的基因和其他功能区域，并预测其功能。

比较基因组学：比较不同物种的基因组，研究其进化关系。

蛋白质结构预测：通过计算方法预测蛋白质的三维结构。

系统生物学：研究细胞内的分子网络，以理解生物过程和功能。

3. 生物信息学与计算机科学的融合

算法和模型：如基因序列比对、进化树重建等都依赖于复杂的计算模型和算法。

数据库和资源：如 GenBank、SwissProt 等，为研究者提供了海量的生物数据。

软件和工具：如 BLAST、SAMtools 等，帮助研究者进行数据分析。

4. 未来展望

随着科技的进步，尤其是 AI 和深度学习技术的发展，生物信息学有望更深入地挖掘生物大数据，为疾病诊断、药物开发等领域带来革命性的变化。同时，个性化医疗和精准医疗也将更加依赖生物信息学的研究成果。

生物信息学是一个充满挑战和机遇的领域，它展现了计算机科学在生物学领域的巨大潜力。随着跨学科研究的深入，我们有望在生命科学中揭示更多的秘密，为人类健康和福祉作出更大的贡献。

### 20.1.2　基因组学与功能基因组学

基因组学是研究整个基因组的结构、功能和进化的学科。随着基因组测序技术的进步，基因组学已经从单纯的基因组序列测定扩展到了多个领域，如比较基因组学、结构基因组学等。

1. 主要内容与研究方向

基因组测序：确定整个基因组的 DNA 序列。

结构基因组学：研究基因组中基因的位置和排列。

比较基因组学：比较不同物种的基因组，探讨其进化关系。

宏基因组学：研究微生物群体的基因组结构和功能。

2. 功能基因组学概述

功能基因组学主要关注基因和基因产品的功能。它试图将基因组数据和蛋白质组数据与生物过程、特性和行为相联系，以提供对生物系统的整体认识。

3. 主要内容与研究方向

基因表达分析：研究基因在特定条件下的活性。

蛋白质互作网络：研究蛋白质之间的相互作用关系。

突变体分析：探究特定基因的功能，通常通过敲除或表达来进行。

表观基因组学：研究 DNA、RNA 和蛋白质上的化学修饰如何影响基因表达。

4. 计算机在基因组学与功能基因组学中的应用

数据存储与管理：基因组数据量巨大，需要有效的数据库和存储解决方案。

数据分析：例如，基因预测、比对、进化分析等都依赖于计算方法。

模式识别和机器学习：用于基因功能预测、蛋白质结构预测等。

可视化工具：帮助研究者更直观地理解和解释数据。

5. 未来展望

随着技术的进步，尤其是单细胞测序、长读测序和 AI 技术的应用，基因组学和功能基因组学将为我们提供更加深入的和精确的生命过程视角。此外，随着跨学科研究的深入，这些数据将与临床医学、生态学和进化生物学等领域更加紧密地结合，为人类健康和生物多样性保护带来新的机遇。

基因组学和功能基因组学为我们提供了深入了解生命的机会，而计算机科学在这两个领域中扮演了关键角色。这种跨学科的合作为我们提供了无数的研究和应用机会，并且这种趋势在未来将持续加强。

## 20.1.3　蛋白质结构预测与功能注释

1. 蛋白质结构预测概述

蛋白质结构预测旨在通过计算方法从蛋白质的氨基酸序列预测其三维结构。这一研究领域尤为重要，因为蛋白质的功能通常与其结构紧密相关。尽管大量蛋白质的结构已通过实验手段（如 X 射线晶体学和核磁共振）确定，但仍有大量蛋白质的结构尚未被解析，计算方法可以为这些蛋白质提供有价值的结构信息。

主要方法包括以下几点。

同源建模：如果已知与目标蛋白序列相似的蛋白质的结构，可以使用该结构作为模板来预测目标蛋白的结构。

折叠识别：对于没有已知结构的同源蛋白质，可以尝试将目标蛋白的序列与已知结构的蛋白质库进行匹配，寻找可能的折叠模式。

自由建模或从头建模：完全基于物理和化学原理，不依赖于已知的蛋白结构，这是最具挑战性的方法。

2. 蛋白质功能注释概述

蛋白质功能注释旨在预测蛋白质可能的生物学功能。这通常基于已知功能的蛋白质与目标蛋白之间的序列、结构或动态相似性。

主要方法包括以下几点。

基于序列的注释：通过比较目标蛋白与已知功能的蛋白质的序列相似性来推测功能。

基于结构的注释：利用目标蛋白与已知功能蛋白质的结构相似性进行功能预测。

网络和通路分析：根据蛋白质在细胞内的相互作用网络或生物化学通路中的位置来推断其功能。

3. 计算机在蛋白质结构预测与功能注释中的应用

大数据分析：处理和分析大量的蛋白质序列和结构数据。

机器学习与深度学习：最近的发展，尤其是 AlphaFold 系统的成功，证明了深度学习在蛋白质结构预测中的巨大潜力。

可视化工具：如 PyMOL 和 Chimera，帮助研究者理解和解释蛋白质结构和功能。

4. 未来展望

随着技术的进步，尤其是深度学习技术，我们可以预见在蛋白质结构预测和功能注释领域会有更多的创新和突破。此外，计算方法与实验方法的结合也将加速这些领域的发展。

蛋白质结构预测与功能注释是计算生物学的关键组成部分，它们为生物医药、疾病研究和生物技术提供了宝贵的信息。计算机技术在这些领域中发挥了不可或缺的作用，并将继续驱动其发展和创新。

# 20.2 生物计算与模拟

## 20.2.1 生物系统的计算模型

随着生物学研究的深入，人们逐渐意识到简单的实验方法无法解释复杂的生物现象。这促使研究者转向计算模型，以更好地理解和模拟生物系统的行为。生物系统的计算模型尝试从数学和计算角度描述生物过程，从而为实验提供指导和解释。

1. 主要类型

确定性模型：使用常微分方程来描述生物系统，通常假设所有的参数都是确定且已知的。

随机模型：使用随机过程来描述生物系统，考虑到生物系统内部的随机性。这些模型可以使用随机微分方程（SDEs）或马尔可夫链来描述。

代理模型：模拟大量个体之间的相互作用，每个个体可以是细胞、分子或其他生物实体。

空间模型：描述生物现象在空间上的演变，例如细胞间的信号传导或物质扩散。

2. 应用领域

生态学：模拟生态系统中物种的互相影响和种群动态。

神经科学：描述神经元的电活动，以及大脑中神经网络的动态。

分子生物学：模拟细胞内分子反应的动态，例如代谢网络或信号传导网络。

进化生物学：模拟生物进化的过程，例如遗传算法或模拟生物进化。

3. 计算机在生物系统模拟中的角色

数据处理与分析：处理和分析实验数据，为模型提供参数。

模型求解：使用计算方法求解生物系统的计算模型，例如有限差分法、蒙特卡罗方法或优化算法。

可视化：为研究者提供直观的工具来理解模型的输出和生物系统的行为。

模型验证：使用实验数据来验证计算模型的准确性。

生物系统的计算模型为生物学研究提供了一个有力的工具，帮助研究者理解和模拟复杂的生物现象。随着技术的进步，我们可以预见，这些模型将在疾病研究、药物开发和生物技术领域中发挥越来越大的作用。计算机技术在这些领域中的应用将继续推动生物学研究的创新和发展。

### 20.2.2　生物过程的量化与优化

随着生物技术的不断发展，生物过程的量化与优化已经成为科研与产业领域的核心关注点。从基因的编辑、蛋白质的表达，到生物药物的生产、生态系统的稳定性分析，都涉及对生物过程的量化评估与优化。

1. 生物过程的量化

基因表达量化：利用 RNA 测序、RT-qPCR 等技术，准确测量基因在特定条件下的表达量。

蛋白质活性量化：采用酶活性测定、荧光报告器等方法，评估蛋白质的功能性。

细胞行为量化：利用流式细胞术、显微镜成像等技术，分析细胞的生长、死亡和迁移等行为。

代谢物浓度量化：使用质谱、色谱等技术，测定生物样品中代谢物的浓度。

2. 生物过程的优化

基因工程优化：通过基因编辑技术如 CRISPR、TALEN 等，定向改造生物体以实现所需的生物过程。

生物反应器优化：根据代谢动力学与传质、热质平衡，调整生物反应器的工作参数，如氧气供应、混合效率等，从而优化生物生产过程。

培养条件优化：调整培养基成分、pH 值、温度等，优化微生物、植物或动物细胞的生长与产物合成。

生态系统管理优化：通过生态建模，预测并调整生态系统的管理措施，以实现生态系统的健康与稳定。

3. 计算机在生物过程量化与优化中的角色

数据处理与分析：处理大规模的生物数据，识别关键参数，为优化提供依据。

模拟与建模：建立数学模型，模拟生物过程，为优化策略提供预测。

机器学习与人工智能：利用算法模型，自动化地发现生物数据中的模式，为生物过程的量化与优化提供智能决策支持。

生物信息学工具：利用生物信息学的计算工具，进行基因、蛋白质和代谢网络的分析与优化。

生物过程的量化与优化是现代生物技术研究的关键步骤。计算机技术在这一领域的应用不仅提高了研究的效率，而且也为生物科学的深入研究提供了强大的支持。随着计算机技术与生物技术的进一步融合，未来将会出现更多创新的方法来实现生物过程的高效量化与优化。

### 20.2.3　自然启示的计算方法

自然启示的计算方法受到生物、化学、物理等自然现象的启示，模拟这些现象以解决实际的计算问题。这些方法受到广泛关注，因为它们往往能够在高度复杂和不确定的环境中提供有效的解决方案。

1. 遗传算法（Genetic Algorithms，GA）

基本原理：模拟自然选择和遗传过程来找到问题的最优解。

应用领域：功能优化、机器学习、调度问题等。

2. 粒子群优化算法（Particle Swarm Optimization，PSO）

基本原理：模拟鸟群觅食行为，通过鸟之间的互动找到食物源，即问题的最优解。

应用领域：连续或离散的优化问题、神经网络训练等。

3. 蚁群优化算法（Ant Colony Optimization，ACO）

基本原理：模拟蚂蚁寻找食物的路径选择行为，利用信息素来指导蚂蚁的行动，从而找到最短路径。

应用领域：路由选择、旅行商问题、调度问题等。

4. 人工神经网络（Artificial Neural Networks，ANN）

基本原理：受到生物神经系统的启示，由神经元和网络连接构成，可以进行学习和模式识别。

应用领域：图像和语音识别、预测模型、自动驾驶汽车等。

5. 免疫算法（Immune Algorithms，IA）

基本原理：模拟人体免疫系统的行为，识别和清除非自身组件。

应用领域：模式识别、异常检测、优化问题等。

6. 模拟退火算法（Simulated Annealing，SA）

基本原理：受到固态物理中退火过程的启示，通过逐渐降低温度来找到系统的能量最低状态。

应用领域：组合优化、行程问题、网络设计等。

7. 计算机在自然启示的计算方法中的角色

高效模拟：计算机可以快速模拟自然现象，提供实时反馈，加速算法的收敛。

大规模数据处理：处理和存储大量数据，以支持复杂的自然启示算法。

并行计算：多个进程或线程并行执行，提高自然启示的计算方法的效率。

可视化工具：帮助研究者直观地理解和分析算法的行为和结果。

自然启示的计算方法为解决现代计算问题提供了一种新的、有效的途径。这些方法不仅可以找到优质的解决方案，而且可以适应不断变化的环境和需求。随着计算机技术的发展，自然启示的计算方法的应用领域将持续扩展，为多种问题提供更加智能的解决方案。

# 20.3　脑–计算机接口与社会影响

## 20.3.1　脑–计算机接口与隐私问题

定义与背景：随着科技进步，脑-计算机接口的能力逐渐从简单的命令执行扩展到更复杂的数据读取，包括识别情绪、记忆甚至某些特定的思维过程。这样的进展，虽然为医学和其他领域带来了前所未有的机会，也带来了新的隐私问题。

隐私挑战：

（1）思维窃听。理论上，高度精确的 BCI 可能允许第三方获取用户未经意识表达的思维或感受。

（2）数据存储与分享。用户的大脑数据如何存储、谁有权访问这些数据，以及这些数据是否可能被共享或出售给第三方都是重要的隐私问题。

技术与策略：为了应对这些隐私挑战，研究者和工程师正探索各种方法，包括加密大脑数据、让用户更好地控制其数据共享设置以及开发能够只读取特定命令或反应的 BCI，从而避免不必要的数据读取。

未来展望：随着 BCI 技术在医学、娱乐和其他领域的应用不断扩大，确保用户隐私和数据安全将变得越来越重要。这需要政策制定者、技术开发者和社会各方共同努力，确保 BCI 技术在带来利益的同时，也充分尊重每个人的隐私权利。

### 20.3.2　脑–计算机接口与道德伦理

定义与背景：脑–计算机接口旨在建立直接的通信路径，连接大脑和外部设备。尽管 BCI 提供了许多医学和科技的突破，但其涉及的伦理问题也日益受到关注。

主要伦理问题：

（1）自主权与选择权。BCI 的使用可能影响一个人的认知功能或情绪状态。在某些情况下，如果患者（如重度帕金森病患者）在使用 BCI 后失去了选择是否继续使用的能力，那么这涉及他们的自主权。

（2）认同与真实性。长期使用 BCI 可能会改变一个人的思考方式或情感反应。这引发了一个问题：用户还是"真实的"自己吗？或者他们的身份已被技术所改变？

（3）公平性与可达性。像 BCI 这样的先进技术价格昂贵且难以获得。这可能导致社会上只有少数富裕或特权阶层能够享受到此类技术的益处，从而加剧社会不平等。

（4）责任与归因。如果一个使用 BCI 的人做出了某个决策或行为，那么责任应该归因于谁？是人还是计算机？

技术与策略：为应对这些伦理问题，需要制定明确的指导原则和政策。这可能包括对 BCI 使用的透明度、对其潜在风险的教育以及在设计和部署 BCI 时考虑的包容性原则。

未来展望：随着 BCI 技术的进步，我们需要深入思考它对个人和社会的长远影响，确保我们在追求科技进步的同时，也尊重和保护每个人的基本人权和尊严。

### 20.3.3　脑–计算机接口在教育与培训中的潜在应用

定义与背景：脑–计算机接口旨在直接连接大脑与外部设备，为交互提供无须传统输入设备（如键盘、鼠标）的方式。近年来，随着 BCI 技术的进步，其在教育和培训领域的应用也开始受到关注。

主要应用领域：

（1）个性化学习。通过 BCI，教育系统可以实时监测学生的脑活动，识别他们的注意力、兴趣和理解程度，从而为每位学生定制个性化的学习内容和速度。

（2）技能训练与模拟。在某些复杂技能的培训中，如飞行或医学手术模拟，BCI 可以增强虚拟现实或增强现实体验，提供更真实的反馈。

（3）特殊教育。对于那些由于身体障碍而无法进行传统学习的学生，BCI 可以为他们提供一种新的互动方式，如直接用思想控制计算机或其他辅助设备。

（4）认知评估与反馈。教育者可以使用 BCI 来评估学生的认知负荷、注意力和疲劳度，以便及时调整教学策略。

潜在问题与考虑：

（1）隐私与数据安全。脑数据是非常私人的，学校和培训机构需要确保数据的保密性和安全性。

（2）长期效应。长时间使用 BCI 可能对大脑活动和认知功能产生影响，这需要进一步的研究。

（3）技术准确性与依赖性。过度依赖 BCI 可能会导致传统教学方法的忽视，同时 BCI 的准确性也并不总是 100%。

未来展望：随着技术的进步和社会的接受度增加，BCI 在教育和培训领域的应用将进一步扩展。但是，同时也需要持续关注和研究其对教育质量、学生健康和社会公平性的影响。

## 20.4　适合大学生创新的计算机与生物学应用实践方案

### 20.4.1　个性化医疗数据分析平台

个性化医疗数据分析平台利用生物信息学工具提供健康建议。

1. 背景

随着基因组测序成本的降低和医疗数据的爆炸式增长，为个体提供个性化的健康建议已成为可能。然而，大多数消费者对生物信息学工具的应用尚不熟悉。

2. 主要特点

集成多源数据：平台可以整合个体的基因数据、生活习惯、医疗病历等，为其提供全方位的健康评估。

友好的用户界面：大学生可以设计直观的、易于使用的界面，帮助非专业用户轻松地理解其健康状况。

数据隐私与安全：确保用户数据的安全性和隐私保护是至关重要的。平台应加密存储数据，并只在用户授权的情况下分享。

实时反馈与建议：基于算法分析，平台可以为用户提供实时的生活习惯建议、饮食建议和锻炼建议。

3. 应用场景

预防性医疗：基于用户的遗传和生活习惯，为其提供预防性医疗建议。

疾病管理：对于已知的慢性疾病患者，提供管理策略和生活方式调整建议。

药物反应预测：预测用户对特定药物的反应，为其提供更个性化的药物选择建议。

4. 未来展望

随着生物信息学技术的进一步发展和医疗数据的不断积累，此类平台有望为更多用户提供更精确的、更个性化的健康建议，从而推进医疗健康领域的发展。

### 20.4.2　虚拟生物实验室

虚拟生物实验室是模拟生物过程的软件工具。

1. 背景

随着计算机技术和生物学的深度融合，对生物过程进行计算模拟已成为一种趋势。虚拟生物实验室能够提供一个风险低、效益高的环境，让学生、研究者和专家可以模拟和探索各种生物过程。

2. 主要特点

多级模拟：软件能够模拟从分子到生态系统的各个层次，提供多维度的生物学洞察。

互动性：用户可以实时更改参数、条件和实验设计，直观地观察到模拟结果的变化。

数据集成：软件能整合各种生物学数据库，提供丰富的背景信息和参考资料。

教育与培训：具备教学模块，为学生提供实验教学、实践方案分析和实验设计的指导。

3. 应用场景

教育：教师可以使用虚拟生物实验室为学生展示复杂的生物过程，如细胞分裂、遗传变异等。

研究：研究者可以在此环境中模拟实验、测试假设，并为真实实验提供理论支持。

药物开发：模拟药物与目标蛋白的相互作用，预测药物的疗效和副作用。

生态研究：模拟特定生态环境下的生物群落变化，预测外来物种入侵、气候变化等因素对生态系统的影响。

4. 未来展望

随着算法的进一步完善和硬件能力的提高，虚拟生物实验室有望提供更高精度的模拟结果，帮助人们更深入地理解生命的奥秘，为生物学研究提供强大的软件工具支持。

### 20.4.3 基因编辑模拟器

基因编辑模拟器可以为 CRISPR 等技术提供模拟环境。

1. 背景

CRISPR-Cas9 是一种创新的基因编辑技术，它允许研究者在特定的 DNA 位置进行精确的切割和插入。这种技术为遗传病的治疗、农作物的遗传改良以及基础生物学研究开辟了新的道路。然而，在基因编辑的过程中可能会产生预期之外的变化。因此，一个可以模拟 CRISPR 基因编辑过程的工具对于预测和优化编辑结果至关重要。

2. 主要特点

精确模拟：能够模拟 CRISPR-Cas9 及其他基因编辑技术在 DNA 上的特定切割和修复过程。

交互界面：提供直观的图形用户界面，用户可以设计 sgRNA，选择目标位点并观察预测的编辑结果。

风险评估：预测可能的非特异性切割位置，评估编辑的准确性和风险。

多种生物模型：支持各种常见的模型生物，如小鼠、斑马鱼、植物等，以满足不同研究需要。

3. 应用场景

基础研究：在进行实验之前，研究者可以使用模拟器预测和优化 CRISPR 编辑策略。

教育培训：教师和学生可以通过模拟器了解和实践基因编辑技术，不需要真实的实验条件。

治疗策略设计：为基因治疗提供参考，通过模拟评估不同治疗策略的可能效果。

4. 未来展望

随着基因编辑技术的进一步发展和新技术的出现，基因编辑模拟器可以拓展对其他编辑技术如 CRISPR-Cpf1、Base Editing 等的支持。此外，集成更多的生物学数据，如表观遗传学信息，可以提高模拟的准确性和参考价值。

### 20.4.4　脑控游戏设计

脑控游戏设计可以带来基于脑–计算机接口的新型游戏体验。

**1. 背景**

随着科技的进步，脑–计算机接口技术逐渐被引入多个领域，其中之一便是游戏设计。通过对脑波数据的解析和翻译，玩家可以实现与游戏的直接互动，为玩家提供一种前所未有的沉浸式体验。

**2. 主要特点**

直观交互：玩家无须使用传统的手柄或键盘，仅凭脑波即可控制游戏角色或互动元素。

个性化体验：游戏可以根据玩家的心情或注意力调整难度、故事走向或背景音乐，为玩家提供一个高度个性化的体验。

逼真的效果：脑控游戏可以与虚拟现实技术或增强现实技术结合，提供深度沉浸式的体验。

训练和反馈：玩家可以通过脑控游戏锻炼自己的集中注意力或其他大脑功能，并得到实时反馈。

**3. 应用场景**

冒险游戏：玩家需要利用自己的思维来控制游戏角色，避开障碍或解出谜题。

冥想与放松：游戏会根据玩家的脑波反馈调整场景或音乐，帮助玩家达到放松或冥想的状态。

教育和训练：脑控游戏可以用于教育培训，如帮助儿童提高注意力或为专业运动员提供专注力训练。

**4. 未来展望**

随着 BCI 技术的进一步优化和发展，脑控游戏可能会变得更加普及和易于使用。未来的游戏可能会结合更多的生物反馈技术，如心率、肌电信号等，为玩家提供更加丰富和多样的游戏体验。此外，脑控游戏的应用也可能扩展到医疗康复、精神健康治疗等领域。

### 20.4.5　基于遗传算法的优化工具

基于遗传算法的优化工具为各种问题提供优化解决方案。

**1. 背景**

遗传算法是模拟自然选择和遗传机制的搜索优化算法。它从一个潜在的解决方案集合（被称为种群）开始，然后通过选择、交叉（配对）和变异操作产生新一代的解决方案。经过多次的迭代，该算法有望找到问题的最佳或接近最佳的解决方案。

**2. 主要特点**

适应性强：遗传算法可以应用于多种不同的优化问题，包括那些传统方法难以解决的问题。

全局搜索：遗传算法能够在整个解空间中进行搜索，从而降低陷入局部最优解的风险。

并行处理能力：遗传算法可以同时考虑多个解决方案，使其具有天然的并行性。

易于与其他方法结合：遗传算法可以与其他优化方法（如模拟退火、蚁群算法等）结合，以实现更好的优化效果。

**3. 应用场景**

调度与排班：如车间作业调度、学校课程排班等。

工程设计：如结构设计、网络设计等。

人工智能：如神经网络的权重优化、机器学习模型的超参数调整等。

经济学：如股票投资组合优化、资源分配等。

4．实际操作

大学生可以开发一个通用的遗传算法优化工具，该工具允许用户定义自己的问题、评估函数和约束条件。工具提供可视化界面，展示算法的迭代过程和优化结果。此外，工具可以支持不同的交叉、变异和选择策略，以便用户根据特定问题进行定制。

5．未来展望

随着计算能力的提高和算法研究的深入，基于遗传算法的优化工具可能会变得更加高效和智能。未来的工具可能会自动识别问题的特点，并选择最合适的算法参数。此外，遗传算法可能会与其他算法或技术（如量子计算、深度学习等）结合，为用户提供更加强大和灵活的优化解决方案。

## 20.4.6　药物分子设计助手

利用计算机辅助药物设计技术帮助学生进行分子设计。

1．背景

计算机辅助药物设计（Computer-Aided Drug Design，CADD）是现代药物研发中的关键技术，它结合了生物学、化学和计算机科学，旨在通过计算机技术优化和预测药物分子的效能和特性。

2．主要特点

高效性：传统的药物发现方法可能需要测试数千至数百万种候选分子，而计算机辅助药物设计可以大大缩小这个范围，节省时间和资源。

灵活性：可以模拟各种化学环境和生物环境，为药物设计提供丰富的情境。

精确性：通过高级的算法和大量的生物数据，计算机辅助药物设计可以预测分子的活性、毒性和代谢特性。

3．应用场景

药物筛选：从大量的候选分子中筛选出可能的活性分子。

药物优化：对已知的药物分子进行改造，以提高其活性或减少其副作用。

靶标预测：预测药物分子可能的作用靶标。

4．实际操作

大学生可以开发一个基于云的药物分子设计助手，该助手提供直观的用户界面，允许学生绘制或上传分子结构，然后进行各种模拟和预测。工具可以包括结构建模、动力学模拟、分子对接、活性预测等功能。另外，该助手还可以集成公开的生物数据和文献，帮助学生更好地理解分子设计的背景和意义。

5．未来展望

随着人工智能和深度学习技术的进步，药物分子设计助手可能会变得更加智能，能够提供更准确的预测和更有创意的设计建议。此外，随着个性化医疗和精准医疗的兴起，药物分子设计助手可能会更加注重为特定的患者或患者群体定制药物。

### 20.4.7　生物启发的安全协议

模仿生物过程设计计算机安全协议。

1．背景

生物系统已经经过数亿年的进化，形成了复杂而精致的防御机制来对抗外部威胁。这些生物防御机制为计算机安全提供了丰富的启示，如免疫系统如何识别和消灭外来入侵者，或细胞如何通过特定的信号传导路径进行通信。

2．主要特点

自适应性：生物启发的安全协议可以自动适应新的威胁，就像免疫系统能够记忆并迅速响应未知的病原体。

多层防御：模仿生物系统的分层防御策略，如皮肤、黏膜和免疫系统提供的不同级别的防护。

冗余和多样性：生物系统中的冗余和多样性策略可以提高其抵抗外部威胁的能力，同样可以被应用于计算机安全中。

3．应用场景

入侵检测系统：模仿免疫系统，学习正常的系统行为并检测异常行为。

身份验证：模仿生物系统的配对机制（如锁和钥匙原理）来创建更为安全的身份验证方法。

数据完整性检查：模仿 DNA 修复机制，确保数据的完整性和一致性。

4．实际操作

大学生可以从简单的生物过程开始，如细胞间的信号传递、抗体和抗原的互动等，对其进行模拟并尝试将其转化为计算机安全的策略。例如，创建一个模拟免疫反应的入侵检测系统，该系统首先"学习"正常网络行为，然后检测与之不符的潜在威胁。

5．未来展望

随着对生物系统深入的理解和计算机技术的进步，生物启发的安全协议将更加精细和高效。例如，使用人工智能技术模仿神经系统的工作方式，或利用量子计算模仿生物分子的交互过程。这些新方法可能为未来的计算机安全带来革命性的变革。

### 20.4.8　脑波驱动的交互式内容

1．背景

随着脑–计算机接口技术的快速发展，利用脑波来驱动交互式内容已经成为一个前沿研究领域。脑波是大脑活动的电子信号，可以通过特定的设备捕捉，并转化为数字信号进行分析和解读。

2．主要特点

实时性：用户的脑波活动可以被即时捕捉，并立刻对交互式内容产生反应。

高度个性化：由于每个人的大脑结构和活动模式都是独特的，脑波驱动的内容可以为每位用户提供个性化的体验。

无须手动输入：用户无须进行任何物理操作，只需要集中注意力或进行特定的思考即可与内容互动。

3．应用场景

游戏与娱乐：玩家可以直接用思维来控制游戏角色或影响游戏进程，为玩家提供前所未有的沉浸式体验。

教育与培训：学习者的注意力和参与度可以通过脑波活动直接得到反馈，帮助教育者调整教学策略。

艺术与创意：艺术家可以将其思维活动直接转化为视觉、听觉或触觉的艺术作品。

### 4. 实际操作

大学生可以基于已有的 BCI 硬件（如 Muse、Emotiv 等）开发相应的软件应用。例如，设计一个脑波驱动的音乐播放器，根据用户的情绪状态自动播放相应风格的音乐；或开发一个虚拟现实游戏，玩家可以通过思维来操纵游戏中的角色或物体。

### 5. 未来展望

随着脑-计算机接口技术的进一步完善，脑波驱动的交互式内容可能会更加丰富多样。未来可能会有更多的商业应用，如广告、市场营销等，以及更加深入的医疗和心理健康应用，如基于脑波的心理治疗、注意力训练等。

## 20.4.9 基因数据可视化工具

基因数据可视化工具可以帮助学生理解和分析基因数据。

### 1. 背景

随着基因测序技术的普及和价格的降低，大量的基因数据被生产出来。但是，这些数据通常是复杂且难以解读的。为了更好地理解这些数据，可视化工具变得尤为重要。这些工具可以帮助学生、研究者甚至普通人更加直观地理解基因和它们的功能。

### 2. 主要特点

直观性：通过图形化的方式展示基因数据，如基因结构、变异、表达模式等。

交互性：用户可以通过点击、缩放和拖拽等方式与数据互动，深入探索特定的基因或功能域。

多层次：可以展示从宏观到微观的各个层次的基因信息，如染色体、基因、外显子、编码序列等。

### 3. 应用场景

教育：在生物课或生物信息学课中，教师可以使用这些工具来解释复杂的基因概念和机制。

研究：研究者可以利用这些工具来探索基因之间的关系、找出潜在的基因变异或理解基因的功能。

健康咨询：医生或遗传咨询师可以使用这些工具来解释患者的基因测序结果，帮助他们理解遗传风险。

### 4. 实际操作

大学生可以选择某些公开的基因数据库，如 NCBI、Ensembl 等，然后利用编程语言和数据可视化库（如 Python 的 matplotlib、Biopython 或 JavaScript 的 D3.js）来开发基因数据的可视化工具。此外，也可以考虑加入机器学习或 AI 算法，来自动识别和标注重要的基因特征。

### 5. 未来展望

随着生物技术的进一步发展和人类对基因的深入了解，基因数据的可视化工具可能会变得更加智能和个性化。例如，它们可能会根据用户的需求和背景知识，自动提供最相关和有价值的基因信息。

### 20.4.10　生物网络模拟软件

生物网络模拟软件可以模拟生物网络的互动和动态。

1. 背景

生物网络，如代谢网络、蛋白质互作网络或基因调控网络，是生物过程中多个组件相互作用的表示。这些网络提供了生物过程的高级视角，帮助我们理解生命如何通过复杂的互相影响的过程运作。模拟这些网络的软件工具可以为学生和研究者提供深入理解生物过程的方式。

2. 主要特点

模型构建：允许用户基于实验数据或文献中的信息构建网络模型。

动态模拟：模拟生物网络在不同条件下的动态变化，如外部刺激、环境变化或基因突变。

可视化工具：提供图形化界面展示网络结构、互动和变化。

参数分析：分析网络模型的敏感性，确定关键组件或路径。

3. 应用场景

教育：教师可以用这些工具来解释生物网络的基本概念、动态行为和调控机制。

研究：研究者可以使用模拟软件预测网络反应，设计实验或验证假设。

药物发现：通过模拟药物如何影响生物网络，帮助设计更有效的药物或疗法。

4. 实际操作

大学生可以选择开源的生物网络模拟工具，如 Cytoscape、BioPAX 或 SBML，并基于它们开发新的功能或改进算法。此外，大学生还可以与生物学家合作，应用软件模拟真实的生物问题，验证软件的有效性和准确性。

5. 未来展望

随着生物技术的进步和数据量的增长，生物网络模拟软件可能需要更加强大的计算能力和更高级的算法。此外，集成机器学习或 AI 技术，可以使软件更加智能，自动识别网络中的模式或预测未知的互动。

# 第 21 章　计算机与艺术的结合

## 21.1　计算机生成艺术与创意编程

### 21.1.1　计算机生成艺术概述

#### 1. 定义

计算机生成艺术（Computer-Generated Art）指的是利用计算机软件或硬件来创作或模拟艺术创作过程的艺术形式。它可以是完全由计算机算法自动生成的，也可以是艺术家使用计算机作为工具进行创作的。

#### 2. 历史

初期：20 世纪 60 年代，随着计算机技术的发展，艺术家们开始尝试使用计算机进行艺术创作。早期的作品大多数是基于简单的算法和几何图形而创作的。

发展：随着计算机图形学和动画技术的进步，计算机生成艺术逐渐丰富并走向主流，涵盖了从静态图像到动态影像，从 2D 到 3D 的多个维度。

#### 3. 技术与方法

算法艺术：基于特定算法生成的艺术。例如，使用分形算法创建复杂的图案和结构。

交互艺术：观众可以通过某种方式（如鼠标、键盘、传感器等）与艺术作品互动。

虚拟现实与增强现实：通过特殊的显示设备和传感器，为用户提供沉浸式的艺术体验。

神经艺术：利用神经网络，特别是深度学习，生成图像、音乐或其他艺术形式。

#### 4. 影响与价值

重新定义艺术：计算机生成艺术打破了传统的艺术创作界限，为艺术家提供了新的工具和表现手段。

跨学科融合：计算机生成艺术促进了艺术与科技、数学、物理等学科的交叉融合。

教育与研究：计算机生成艺术为教育和研究提供了丰富的资源，例如帮助学生理解复杂的数学概念或探索人类的感知和认知。

#### 5. 未来展望

随着计算能力的增强和算法的进步，计算机生成艺术将更加真实、丰富和多样。同时，其也将与其他领域如生物学、神经科学等进行更深度的融合，创造出前所未有的艺术形式和体验。

### 21.1.2　创意编程工具与平台

创意编程是一种以艺术和设计为导向的编程实践，它鼓励开发者和艺术家使用代码作为创意表达的工具。以下是一些流行的创意编程工具和平台。

1. Processing

描述：是一个开源的编程语言和集成开发环境，专为艺术家、设计师、教育者和初学者创建交互式视觉应用。

特点：易于学习，有一个庞大的社区，提供了大量的图书、教程和库。

2. openFrameworks

描述：是一个 C++的开源工具包，帮助艺术家和设计师进行创意编码。

特点：灵活性高，支持多平台，且与各种硬件兼容性好，适用于高级项目。

3. P5.js

描述：JavaScript 库，使编程在浏览器中的画布变得更加容易和有趣。

特点：基于 Processing 思想，适合网络应用和交互式设计。

4. TouchDesigner

描述：是一个节点式的视觉编程语言，用于实时交互式多媒体内容制作。

特点：主要用于现场表演、安装艺术和大型互动项目。

5. Max/MSP

描述：是一个视觉编程语言，允许艺术家、设计师和研究者创建复杂的交互式音乐和多媒体工具。

特点：灵活性高，适合声音艺术和数字音乐制作。

6. Unity3D

描述：虽然主要是一个游戏引擎，但被广泛用于交互艺术和虚拟现实项目。

特点：支持 3D 和 2D 设计，有强大的物理引擎，可以导出到多种平台。

选择哪种创意编程工具或平台主要取决于项目的需求和目标，以及创作者的技能和经验。从 Processing 和 P5.js 开始是个不错的选择，因为它们都是为初学者设计的，但当项目变得更复杂或需要特定的功能时，其他工具可能会更有用。

## 21.1.3　艺术家与开发者的合作模式

艺术家与开发者的合作为两个看似不同的领域创造了一个交汇点，这个交汇点有可能带来创新和新的艺术形式。以下是一些艺术家与开发者合作的常见模式。

1. 项目合作

描述：开发者与艺术家为特定项目共同工作，如互动装置或数字艺术展览。

优势：为特定项目带来专业技能，确保技术和艺术目标都得到实现。

2. 驻地艺术家

描述：技术公司或实验室邀请艺术家入驻，与开发者一起工作，探索新的创意和技术解决方案。

优势：促进跨学科交流，鼓励创新思维。

3. 艺术与科技实验室

描述：为艺术家和开发者提供共同工作空间，进行研究、开发和创造。

优势：鼓励探索新的艺术和技术界限，提供资源和技术支持。

4. 教育与工作坊

描述：组织工作坊或课程，帮助艺术家学习技术技能，或帮助开发者了解艺术创意过程。

优势：技能转移，增强两个领域的互相理解。

5. 开源项目与社区合作

描述：艺术家和开发者在开源项目上合作，鼓励社区参与和贡献。

优势：集体智慧，促进更广泛的参与和创新。

6. 公共艺术与技术安装

描述：在公共空间创建技术驱动的艺术作品，通常需要艺术家与开发者的密切合作。

优势：提供观众互动体验，增强公共空间的吸引力。

艺术家与开发者的合作可以创造出意想不到的艺术和技术作品。这种跨学科的合作鼓励新的创意思考，挑战常规，并推动艺术和技术的发展。

# 21.2 数字音乐与音响技术

## 21.2.1 数字音乐的进化

随着计算机技术的迅猛发展，音乐制作、传播和消费的方式都发生了巨大的变革。以下是数字音乐进化的主要阶段。

1. MIDI 技术的诞生

在 20 世纪年代早期，音乐设备数字接口（Musical Instrument Digital Interface，MIDI）技术的出现为电子音乐制作提供了革命性的工具。MIDI 允许乐器和计算机通过电子信号进行通信，这极大地扩展了音乐创作的可能性。

2. 数字音乐工作站（Digital Audio Workstation，DAW）的崛起

软件如 Ableton Live、FL Studio、Pro Tools 等开始兴起，它们提供了录音、编辑、混音和制作音乐的一站式解决方案。这些工具不仅降低了音乐制作的入门门槛，还提高了音乐制作效率。

3. MP3 格式的流行

MP3 格式为音乐的存储和分享提供了一种高效的方法，尤其是在网络上。Napster、Limewire 等平台利用这一点，使得音乐能够在网络上自由流通。

4. 音乐流媒体服务的崛起

随着互联网的普及和带宽的增加，诸如 Spotify、Apple Music 和 Tidal 等流媒体服务开始获得人们的青睐，为用户提供了无数的音乐库。

5. 移动设备的音乐应用

移动设备，如智能手机和平板电脑，与应用程序结合，为用户提供了制作、编辑和分享音乐的新方式。

6. 虚拟现实与增强现实音乐体验

随着虚拟现实技术和增强现实技术的进步，音乐体验已经超越了传统的听觉层面，变得更加沉浸和互动。

7. 人工智能在音乐制作中的应用

人工智能技术正在被用于音乐创作、推荐、分析和学习，这将为未来的音乐产业带来深远的

影响。

从简单的电子合成到复杂的 AI 驱动作曲（AI-driven compositions），数字音乐经历了一个多元化和技术驱动的进化过程。随着技术的不断发展，音乐的创作、传播和体验方式都在不断变化，为艺术家和听众带来了前所未有的机会。

## 21.2.2　音响技术与空间音频

音响技术经历了一系列令人兴奋的变革，尤其是在空间音频领域。以下是音响技术和空间音频的重要进展。

### 1. 立体声的发展

立体声技术在 20 世纪中期得到了广泛的应用，它通过左右两个声道为听众提供了更为立体和动态的音效，改变了音乐的录制、播放和消费方式。

### 2. 环绕声技术

从最初的 4.0 四声道到现在的 7.1.2 或更多声道的环绕声，这种技术通过多个扬声器为听众提供了一种沉浸式的音频体验，使听众仿佛身临其境。

### 3. 数字信号处理

数字信号处理技术允许工程师精确地控制和优化音频信号，从而得到更清晰、更高质量的音效。

### 4. 3D 音频与空间音频技术

3D 音频技术可以模拟真实环境中的声音源位置，为用户提供真正的三维听觉体验。3D 音频技术如 Dolby Atmos 和 DTS:X 技术已经在家庭影院、游戏和 VR 中得到了应用。

### 5. 物件导向音频

不同于传统的通道导向音频，物件导向音频将音频信号视为"物件"，在三维空间中进行定位。这为声音设计师提供了更大的创作自由度。

### 6. 耳机与头戴设备的个性化音效

一些先进的耳机和 VR 头戴设备现在可以进行个性化的音效调整，以匹配用户的耳朵和听觉偏好。

### 7. 无线音响技术

无线音响技术使得音响设备可以无缝连接，为用户提供更为便捷的家庭和移动音乐体验。

音响技术的进步使我们能够以前所未有的方式体验音频内容。从简单的单一扬声器到复杂的空间音频系统，我们现在可以享受到更为真实和沉浸式的音效。这种进步不仅影响了音乐和电影的制作，还为虚拟现实和增强现实创造了无限的可能性。

## 21.2.3　声音与互动技术

随着技术的发展，声音不再仅仅是一种单一的听觉体验，而是已经与互动技术紧密结合，为用户创造出更为丰富和沉浸式的体验。以下是声音与互动技术结合的一些主要趋势和应用。

### 1. 语音识别与智能助手

通过语音命令操控设备已经成为生活的一部分，如 Siri、Google Assistant 和 Alexa 等。用户可以通过简单的语音指令完成搜索、发送消息、播放音乐等任务。

### 2. 沉浸式 VR/AR 体验中的 3D 音效

在虚拟现实（VR）和增强现实（AR）应用中，3D 音效（或称空间音频）为用户提供了身临其境的体验，帮助他们更好地定位虚拟世界中的物体和事件。空间音频通过模拟现实生活中的声音传播方式，使声音来自不同方向和距离，从而增强了用户的沉浸感。

### 3. 音乐与动态互动

通过感应器和其他输入设备，音乐可以根据用户的动作或情感状态实时变化，为用户提供个性化的听觉体验。

### 4. 声音与触觉反馈

一些设备，如游戏控制器或 VR 套件，通过振动与声音结合，为用户提供更为真实的反馈。

### 5. 声音导航与辅助

为视障人士或在复杂环境中的用户提供声音指导，帮助他们导航和识别周围的物体和障碍。

### 6. 智能音乐制作与 DJ 系统

用户可以与智能音乐制作与 DJ 系统互动，它们会根据输入的旋律、节奏或风格自动生成音乐或混音。

### 7. 交互式音频故事

与传统的线上听书或播客不同，这些交互式音频故事根据听众的选择或反应产生分支，创造出多种不同的叙述结局。

### 8. 声音与健康互动

一些应用可以通过分析用户的语音来识别情绪或健康状况，为用户提供及时的建议和干预。

随着技术的不断进步，声音与互动技术的结合已经变得越来越紧密。这为创作者和开发者提供了无限的创新可能性，同时也为用户带来了更为丰富和沉浸式的听觉体验。

## 21.3　虚拟现实在电影和游戏中的应用

### 21.3.1　VR 电影的新维度

随着虚拟现实技术的发展，传统电影制作和观影体验正经历着前所未有的变革。VR 电影为观众提供了一个 360 度的沉浸式体验，使他们成为故事的一部分，而不仅仅是旁观者。以下是 VR 电影所带来的新维度。

完全沉浸的体验：与传统电影不同，VR 电影允许观众在一个全方位的环境中自由移动，使他们有机会从不同的角度和距离感受故事。

互动性：一些 VR 电影还具有互动性，观众可以通过简单的手势或眼神与故事中的角色或物体互动。

情感连接：由于观众在 VR 电影中处于故事的中心，他们与角色之间的情感连接更为强烈，更容易产生共鸣。

自定义观影路径：在某些交互式 VR 电影中，观众的选择可以影响故事的发展和结局，为他们提供了个性化的观影体验。

新的叙事技巧：对于导演和编剧来说，VR 提供了全新的叙事技巧和手段。由于没有了传统的"镜头"，导演需要考虑如何在 360 度的空间中有效地讲述故事。

技术挑战：VR 电影的制作需要新的设备、技术和方法。例如，为了创建一个真实的 3D 环境，可能需要多个摄像机同时拍摄。

配音与音效：由于 VR 环境的全方位特性，声音设计也成为一个挑战。空间音频技术可以帮助创造一个三维的声音环境，增强沉浸感。

VR 电影代表了电影制作和观影体验的下一阶段。它为观众、导演和制片人提供了前所未有的机会，也带来了新的技术和叙事挑战。随着技术的进步和观众接受度的提高，VR 电影有望成为未来电影的主流。

### 21.3.2　VR 游戏的创新与挑战

虚拟现实为游戏行业带来了全新的体验和机会，同时也伴随着一系列技术和设计上的挑战。以下是 VR 游戏中的一些创新和挑战。

1. 创新

沉浸式体验：VR 为玩家提供了一种前所未有的沉浸感，让玩家真正感受到自己身处于游戏世界中。

真实的交互性：与传统游戏控制器不同，VR 设备如手套和追踪器可以让玩家用自己的手和头等进行交互，增强真实感。

全新的游戏机制：VR 为游戏设计师提供了探索新类型和机制的机会，例如，利用玩家的头部和眼动追踪来解谜。

社交互动：多人 VR 游戏为玩家提供了与他人在虚拟空间中互动和交流的机会。

2. 挑战

运动疾病：部分玩家在使用 VR 设备时可能会出现眩晕、恶心等不适感。游戏设计师必须考虑如何最大限度地减少这种不适感。

硬件限制：高质量的 VR 体验需要强大的硬件支持，这可能导致高昂的成本和较高的技术门槛。

设计问题：传统的游戏设计原则在 VR 环境中可能不再适用，开发者需要重新思考关于用户界面、控制和叙事的设计。

空间限制：尽管部分 VR 设备可以进行室内定位，但大多数家庭环境的空间都相对有限，限制了玩家的移动范围。

社交隔离：尽管 VR 游戏提供了与其他玩家互动的机会，但长时间使用可能会导致玩家与真实世界脱离，影响现实社交互动。

VR 游戏无疑为游戏行业带来了创新的机会和体验，但要实现真正的大规模普及，仍然需要面对和解决一系列技术和设计上的挑战。随着技术的进步，我们可以期待未来的 VR 游戏体验会更加丰富和完善。

### 21.3.3　虚拟现实的社会与伦理问题

随着虚拟现实技术的发展和应用日益广泛，它在社会和伦理层面也带来了一系列的问题和挑战。以下是一些与 VR 相关的社会和伦理问题。

现实与虚拟的界限模糊：长时间沉浸在 VR 环境中可能导致个体在现实和虚拟之间的界限变得模糊。这可能会影响个体的判断和行为，甚至可能导致心理健康问题。

隐私问题：VR 设备通常需要收集大量用户数据，包括头部和眼睛的移动、身体的运动等。如何保护这些数据，以及如何使用这些数据，成为一个重要的伦理问题。

沉迷问题：就像其他形式的数字媒体和游戏，VR 也可能导致用户的过度使用和沉迷，尤其是在高度沉浸的 VR 环境中。

社交隔离：虽然 VR 提供了一种新的社交互动方式，但长时间沉浸在 VR 中可能导致个体与现实世界的社交隔离。

内容的伦理问题：在 VR 中，人们可以体验到前所未有的真实感。这意味着某些内容，如暴力或成人内容，可能会对用户产生更加深刻的影响。

技术普及与社会不平等：价格高昂的 VR 设备和较高的应用成本可能导致技术的普及存在社会不平等，使某些社会群体无法获得这种新的体验和教育资源。

人机交互的伦理问题：随着 VR 与其他技术（如 AI）的结合，如何设计人机交互，以及这些交互在道德和心理上的影响，也成为一个需要考虑的问题。

对儿童的影响：儿童在认知和社交发展的关键阶段，长时间使用 VR 可能对他们的成长产生未知的不良影响。

虚拟现实为我们带来了前所未有的体验和机会，同时也带来了众多社会和伦理问题。作为开发者、用户和决策者，我们都需要深入思考这些问题，并寻找合适的解决策略，确保 VR 技术在造福人类的同时，不带来潜在的负面影响。

# 21.4　适合大学生创新的计算机与艺术应用实践方案

## 21.4.1　AI 艺术生成器

AI 艺术生成器使用机器学习模型创建艺术作品。

### 1. 目标

创建一个 AI 艺术生成器，可以输入简单的描述或风格参考，并生成独特的艺术作品。

### 2. 方案步骤

（1）市场调研：研究当前的 AI 艺术生成器市场。确定目标受众，例如艺术家、设计师、艺术业余爱好者等。

（2）选择技术工具：使用 TensorFlow 或 PyTorch 等深度学习框架。利用预训练的 GANs 或其他风格的迁移模型。

（3）数据准备：收集大量艺术作品的数据集，如画作、雕塑、设计作品等。清洗数据，删除不清晰或不相关的图片。数据增强，如旋转、缩放等，以扩展数据集。

（4）模型训练：选择合适的神经网络结构（例如 DCGAN）。训练模型，监控损失函数，直到模型表现稳定。

（5）界面设计：创建一个对用户友好的界面，允许用户上传他们自己的艺术作品或选择预定义的风格。提供参数调整选项，如颜色强度、风格强度等。

（6）测试与优化：对生成的艺术作品进行质量评估，根据用户反馈进行必要的优化。

（7）部署与发布：使用云服务或专门的服务器来部署应用程序，为应用程序创建一个官方网站，并进行宣传。

（8）持续更新：持续收集新的艺术数据，进行模型的再训练。添加新的功能和选项，以满足用户的需求。

3. 技术细节

神经网络：使用生成对抗网络是创建 AI 艺术生成器的关键。特别是可以考虑使用像 StyleGAN 这样的模型。

风格迁移：可以采用现有的风格迁移算法，例如 Neural Style Transfer，将一种艺术风格应用于给定的图像。

计算资源：考虑到训练模型的计算密集性，建议使用具有高性能 GPU 的机器或云平台服务进行训练。

4. 应用前景

此项目为大学生提供了实践经验，并能帮助他们了解深度学习、计算机视觉和软件开发的交叉领域。成功的 AI 艺术生成器不仅能为艺术创作者带来新的工具和灵感，还有可能成为商业化的产品或服务。

## 21.4.2　音频可视化工具

音频可视化工具根据音乐动态生成视觉效果。

1. 目标

创建一个音频可视化工具，允许用户上传音乐或录音，并动态地根据音频特性生成吸引人的视觉效果。

2. 方案步骤

（1）市场调研：研究现有的音频可视化工具和软件。了解目标用户群体的需求和偏好，如音乐制作人、VJ、音乐爱好者等。

（2）选择技术工具：使用 Python 中的 Librosa 或 PyDub 进行音频处理。选择一个图形库如 Processing、p5.js 或 Three.js 进行视觉呈现。

（3）音频特性提取：从音频中提取特性，如节奏、音高、频率和能量等，为每种音频特性设计不同的动态视觉效果。

（4）视觉设计：设计基于音频特性的动态视觉效果，例如，低频音波可能产生缓慢的波纹效果，而高频音波可能产生快速的粒子效果。提供用户自定义的可视化参数，如颜色、形状和动态性等。

（5）界面设计：创建一个简单易用的用户界面，允许上传音频、选择视觉风格和调整参数，且能够实时显示音频可视化效果。

（6）测试与优化：使用不同种类的音乐和声音进行测试，根据用户反馈进行调整和优化。

（7）部署与发布：可以考虑制作一个桌面应用、移动应用或网页应用，为应用程序建立官方网站，提供下载链接和使用说明。

3. 技术细节

音频处理：Librosa 库提供了许多功能，可以帮助用户从音频中提取有用的特性。

视觉呈现：使用 Three.js 可以创建 3D 的可视化效果，而 p5.js 则更适合 2D 的动态可视化。

实时响应：为了实时响应音频，可以考虑使用 WebAudio API 或其他相关技术。

4. 应用前景

音频可视化工具不仅为大学生提供了一个学习数字艺术和音频处理的平台，而且还有潜力成为一个流行的工具，被音乐创作者、DJ 和 VJ 广泛使用。此外，此类工具也可以用于音乐节、音乐会或其他演出的背景视觉显示。

### 21.4.3　VR 电影创作平台

VR 电影创作平台为学生提供 VR 电影创作的工具和资源。

1. 目标

创建一个 VR 电影创作平台，让学生能够拍摄、编辑、分享自己的 VR 内容，并为他们提供必要的资源和教程，以深入探索虚拟现实。

2. 方案步骤

（1）需求分析与市场调研：调查大学生对 VR 内容创作的兴趣和需求。了解当前市场上的 VR 创作工具和平台。

（2）选择硬件和软件工具：推荐适合学生的 VR 拍摄硬件，例如 360 度摄像机。为学生提供基础的 VR 电影制作软件工具，如 Adobe Premiere Pro 的 VR 插件。

（3）创建教程和资源库：提供 VR 电影制作的基础教程，如拍摄技巧、编辑方法等。建立一个资源库，提供音效、背景音乐、3D 模型等资料。

（4）设计交互界面：创造一个直观的用户界面，使学生能够轻松地上传、编辑和分享自己的 VR 内容。加入社交功能，让学生能够评价、评论和分享他人的作品。

（5）集成 VR 播放器：在平台上嵌入 VR 播放器，让学生和其他观众可以在线观看 VR 电影。

（6）推广与社区建设：举办 VR 电影创作比赛，鼓励学生积极参与。与大学和艺术机构合作，为学生提供更多的学习和展示机会。

3. 技术细节

VR 拍摄：推荐使用高清的 360 度摄像机，能够捕捉全景视频。

VR 编辑：Adobe Premiere Pro、Final Cut Pro 等专业视频编辑软件都有支持 VR 内容的插件和功能。

资源库：可以考虑采用云存储，让学生可以轻松上传和下载资源。

VR 播放：利用 WebVR 技术，使 VR 内容可以在网页上播放，不需要下载任何应用。

4. 应用前景

随着 VR 技术的发展和普及，VR 电影正在逐渐成为一个新的艺术形式。为大学生提供 VR 电影创作平台，不仅可以培养他们的创意和技术能力，还能够为整个社会带来更多的高质量 VR 电影。此外，通过这样的平台，也可以培养一个热爱 VR 的社区，为未来的 VR 产业培养人才。

### 21.4.4　创意编程竞赛

创意编程竞赛鼓励学生使用编程实现艺术创意。

1. 目标

激发学生对编程与艺术结合的兴趣，培养他们的创意思维和编程能力，并为他们提供一个展示自己作品的平台。

2. 方案步骤

（1）主题选择与定义：根据当前的艺术与技术趋势，选择一个有趣且具有挑战性的竞赛主题，如"数字自然""交互式艺术"等。定义清晰的竞赛规则和评判标准。

（2）提供学习资源与工具：为参赛者提供相关的在线教程、工作坊和技术文档。推荐一些适合创意编程的工具和平台，如 Processing、p5.js、Three.js 等。

（3）组织团队与合作：鼓励学生组成跨学科的团队，如艺术家与程序员相组合。提供一个线上交流平台，让学生能够寻找合作伙伴和分享创意。

（4）作品提交与展示：设计一个简单的线上平台，供学生提交和展示他们的作品。作品可以包括代码、视频演示、设计说明等。

（5）评审与奖励：邀请艺术与技术领域的专家组成评审团。设置丰厚的奖励，包括现金、证书、实习机会等，以吸引更多的学生参与。

（6）后续支持与推广：对优秀的作品提供后续的开发和展示机会。通过社交媒体、学术会议等渠道，推广学生的创意作品。

3. 技术细节

创意编程工具：推荐使用如 Processing 或 p5.js 等开源工具，它们专为艺术家和设计师设计，简单易学，且有丰富的图形和音频功能。

在线交流平台：可以使用现有的社交媒体平台，如 Discord、Slack 等，或者搭建自己的论坛和聊天室。

作品提交平台：可以使用如 GitHub Pages 或 Netlify 等免费的静态网站托管服务。

4. 应用前景

创意编程结合了艺术与技术，为学生提供了一个全新的创作领域。通过创意编程竞赛，不仅可以培养学生的技术和艺术才能，还可以促进跨学科的合作和交流。优秀的作品可能引起艺术和技术界的关注，从而为学生提供更多的发展机会。

### 21.4.5　3D 音乐创作工作室

创建 3D 音乐创作工作室，利用 3D 音响技术进行音乐创作。

1. 目标

为学生提供一个先进的音乐创作环境，使他们能够利用 3D 音响技术创作沉浸式的、空间感强烈的音乐体验。

2. 方案步骤

（1）硬件与软件配置：准备高质量的 3D 音响设备，如多声道扬声器、耳机等。选择或开发一个支持 3D 音响技术的音乐制作软件。

（2）教育与培训：提供基础的 3D 音响技术培训，使学生了解其原理和应用。安排专家和艺术家进行高级工作坊和掌门人讲座，分享他们的经验和创意。

（3）音乐创作与实践：鼓励学生自由创作，探索 3D 音响技术的可能性。组织定期的音乐分享会或音乐会，让学生展示自己的作品。

（4）合作与交流：鼓励学生与其他学科的学生合作，如电影制作、游戏设计、虚拟现实等学科，实现跨学科的项目。建立一个线上平台，使学生能够分享、讨论和协作。

（5）技术支持与创新：提供技术支持团队，帮助学生解决在创作过程中遇到的技术问题。鼓励学生研究和开发新的 3D 音响技术和创意。

3. 技术细节

3D 音响技术：如 Dolby Atmos、Auro-3D 等，它们可以为听众提供 360 度的声音体验。

音乐制作软件：如 Ableton Live、Pro Tools 等，它们都支持多声道音频处理和 3D 音效插件。

音频接口与设备：如专业的声卡、多声道麦克风和扬声器等，它们可以确保高质量的音频录制和播放。

4. 应用前景

3D音响技术正在成为电影、游戏和音乐产业的新标准。对于大学生来说，这是一个理想的研究和创作领域，他们可以在这里学到最新的技术、锻炼自己的艺术才华，并为未来的职业生涯打下坚实的基础。

### 21.4.6　AR艺术展览

AR艺术展览能够结合增强现实技术，让艺术作品动起来。

1. 目标

为学生提供一个将传统艺术与数字技术相结合的平台，使他们能够为观众创造一个互动的、增强现实的艺术体验。

2. 方案步骤

（1）选择与准备：选择或创建合适的展览空间。使用AR硬件设备，如AR眼镜、智能手机或平板电脑。

（2）技术培训：提供AR技术培训课程，让学生了解增强现实技术的基本原理和应用。介绍AR开发工具，如ARKit、ARCore、Unity等，帮助学生入门。

（3）艺术与技术的融合：鼓励学生将他们的艺术创意转化为AR体验。提供专家指导，协助学生完善他们的AR项目。

（4）展览与分享：安排时间和地点，为学生提供展示他们AR艺术作品的机会。创设互动空间，让观众参与并体验学生的作品。

（5）反馈与迭代：收集观众的反馈，帮助学生了解他们作品的优点和不足。鼓励学生基于反馈进行改进，使作品更加完美。

3. 技术细节

AR开发工具：如ARKit（iOS）、ARCore（Android）和Unity 3D，这些工具提供了开发AR体验所需的一切。

跟踪与互动技术：利用视觉跟踪、手势识别和其他传感器技术，为用户提供沉浸式的互动体验。

3D建模与动画：使用3D建模软件如Blender或Maya来创建和动画化艺术作品。

4. 应用前景

AR技术为艺术家提供了一个新的创作平台，可以使艺术作品更加生动和具有互动性。对于大学生来说是一个绝佳的机会，他们可以在这里学习先进的技术、锻炼自己的创意才华，并为未来的艺术和技术职业生涯做好准备。

### 21.4.7　互动音乐装置

互动音乐装置观众的反应和行为实时生成音乐。

1. 目标

创建一个能够通过检测和解析观众的行为、运动和情绪来实时生成音乐的装置，从而为观众提供独特的、个性化的音乐体验。

2．方案步骤

（1）技术与材料选择：选择合适的传感器，如运动传感器、红外摄像头或心率监测器。确定音乐生成方式，例如 MIDI、数字音频工作站或其他音乐软件。

（2）传感器集成与校准：将传感器与计算机或微控制器相连接，对传感器进行校准，确保其能够准确捕捉观众的行为。

（3）音乐生成算法：开发或选择一个算法，将从传感器收到的数据转化为音乐输出。这可以基于简单的映射（如运动强度到音乐节奏）或更复杂的机器学习模型。

（4）互动体验设计：考虑观众与装置互动的方式，如舞蹈、手势或表情。确保音乐响应是有意义和令人满意的。

（5）测试与迭代：在实际环境中测试装置，收集观众的反馈，根据反馈进行调整，优化观众体验。

3．技术细节

传感技术：可以使用像 Kinect 这样的 3D 摄像头来捕获观众的全身运动，或使用心率监测器来捕捉情感变化。

音乐生成技术：MIDI 是一种通用的音乐生成方法，可以与各种软件和硬件合成器兼容。对于更先进的应用，可以考虑使用像 Pure Data 或 Max/MSP 这样的音频编程应用。

机器学习与 AI：对于更复杂的反应，可以基于观众的行为和历史数据，使用机器学习模型来预测和生成音乐响应。

4．应用前景

这种互动音乐装置为观众提供了一个新颖且参与度高的艺术体验，可以在音乐节、博物馆、公共空间或其他艺术活动中展示。对于大学生来说，这是一个将艺术、技术和设计相结合的机会，帮助他们探索新颖的创作方法并开发独特的技术解决方案。

## 21.4.8　VR 舞蹈模拟

VR 舞蹈模拟可以捕捉舞者的动作并在虚拟空间中再现。

1．目标

为舞者提供一个虚拟现实环境，在其中他们可以看到自己的舞蹈动作通过虚拟角色得以展现，同时也允许其他人在 VR 环境中观看这些舞蹈表演。

2．方案步骤

（1）技术与材料选择：使用动作捕捉技术（如 MoCap 系统）来录制舞者的动作。选择合适的 VR 平台，例如 Oculus Rift、HTC Vive 或其他设备。

（2）动作捕捉设置：在适当的场地中设置 MoCap 系统，确保舞者的每个动作都能被准确捕捉。

（3）VR 模型和环境设计：创建或导入一个虚拟人物模型，该模型将模拟舞者的动作。设计一个吸引人的虚拟环境，例如舞台、舞厅或其他场景。

（4）动作数据与 VR 结合：将从 MoCap 系统得到的数据应用到 VR 人物模型上，确保 VR 人物动作流畅且无偏差。如果需要，进行进一步的调整和优化。

（5）测试与迭代：让舞者在 VR 环境中观看自己的舞蹈并提供反馈，根据反馈进行必要的调整。

3．技术细节

动作捕捉：现代的 MoCap 系统使用传感器或摄像头来捕捉舞者的动作。然后将这些数据导入到 3D 建模软件中，如 Blender 或 Maya，进行进一步的处理和优化。

VR 技术：使用如 Unity 或 Unreal Engine 的游戏引擎来创建 VR 环境和体验，这些工具提供了用于 VR 内容创建的广泛工具和插件。

音频与互动：可以考虑添加背景音乐或允许观众与舞者互动，增强沉浸感。

4．应用前景

此项目提供了一个新颖的方式来体验和分享舞蹈。舞者可以将这个平台作为一个练习工具，看到他们的动作如何在虚拟角色上得以体现。此外，还可以创建一个在线 VR 舞蹈社区，允许用户上传自己的舞蹈并观看其他人的表演。对于大学生来说，这是一个综合应用多种技术和创意思考的机会，能够将舞蹈、技术和虚拟现实相结合。

### 21.4.9　声音驱动的游戏

玩家可以用声音来控制游戏角色或事件。

1．目标

创建一个游戏，其中玩家的声音不仅作为一个交互手段，还可以影响游戏的进程、角色和其他元素，使得游戏体验更加丰富和独特。

2．方案步骤

（1）思考和规划：决定游戏的核心机制是基于音调、音量、节奏还是特定的词汇？设计声音与游戏元素的交互方式，例如高音调可以使角色跳跃，特定的词语可以释放技能等。

（2）选择技术和工具：使用游戏开发平台，例如 Unity 或 Unreal Engine。利用语音识别 API 或工具库，如 Google Cloud Speech-to-Text 或其他开源库。

（3）开发声音识别模块：训练声音识别模块以准确捕捉玩家的声音指令。测试声音识别的准确性并进行调整。

（4）游戏设计与开发：根据声音交互的特性设计关卡和挑战。保证声音控制是流畅的，并与其他游戏控制相协调。

（5）测试与反馈：通过实际玩家测试声音交互的效果和游戏的可玩性，根据玩家的反馈进行优化。

3．技术细节

声音识别：使用适当的算法和库来识别玩家的声音，将其转化为可用的游戏命令。

游戏引擎：利用游戏引擎的音频处理模块来分析玩家的声音输入，从而触发游戏事件。

声音反馈：除声音输入外，考虑为玩家提供清晰的声音反馈，以增强游戏体验。

4．应用前景

声音驱动的游戏为玩家提供了一个新颖且具有挑战性的交互方式。这种新型的交互方式不仅可以增强玩家的沉浸感，还能开发出具有创新性的游戏机制。对于大学生来说，这是一个探索声音技术与游戏设计交叉行业的绝佳机会，能为未来的游戏产业带来新的机会和创新。

### 21.4.10　数字艺术历史图书馆

建立一个数字资源库，收集和展示计算机与艺术结合的历史。

## 1. 目标

创建一个在线的数字艺术历史图书馆或资源库，汇总并展示与计算机艺术相关的历史资料、艺术作品、访谈、文档和其他重要信息。

## 2. 方案步骤

（1）需求分析和规划：确定数字图书馆的目标受众，艺术家、研究者、学生或公众。定义要收集的资源类型，数字艺术作品、视频访谈、研究论文等。

（2）资源收集：进行市场调研，确定重要的计算机艺术时期、流派和代表性作品。与艺术家、研究者和历史学家合作，收集相关资料。

（3）平台建设：选择合适的网站建设工具或平台，如 WordPress、Wix 等。设计用户友好的界面，确保访问速度和兼容性。

（4）内容上传与整理：为每个资源提供详细的标签和分类，便于检索。保持内容的更新，定期添加新的资料。

（5）推广与宣传：通过社交媒体、学术会议和艺术展览等途径推广数字艺术历史图书馆。邀请学者和艺术家进行在线讲座或研讨，提高知名度。

## 3. 技术细节

数据库设计：为存储大量的文本、图片和视频资源，需设计一个稳定且可扩展的数据库。

前端开发：利用 HTML、CSS、JavaScript 等技术开发互动式的用户界面。

搜索引擎优化：确保数字艺术历史图书馆在搜索引擎中有好的排名，便于用户找到。

内容管理系统（Content Monogement System，CMS）：选择或开发一个 CMS，便于非技术人员上传和管理内容。

## 4. 应用前景

数字艺术历史图书馆为学者、学生和艺术爱好者提供了宝贵的资源，有助于推动计算机艺术领域的研究和教育。对于大学生来说，这不仅是一个技术项目，还是一个跨学科的合作项目，可以锻炼他们的团队合作和项目管理能力。此外，这样的数字艺术历史图书馆也有潜力成为艺术和科技融合的标志性项目。

# 第22章 计算机与医疗健康

## 22.1 医学影像处理与分析

### 22.1.1 医学影像技术的发展

医学影像技术是医学领域中的一个重要分支，它涉及使用各种技术获取身体内部的结构和功能图像。随着时间的推移，这些技术已经从最初简单的 X 光片发展到了现代的磁共振成像（Magnetic Resonance Imaging，MRI）、正电子发射断层（Positron Emission Tomography，PET）和超声（Ultrasound，US）等复杂技术。

1. X 光技术

定义：使用 X 射线透视身体并在片子上形成影像的技术。

应用：广泛用于骨折、结石等的诊断。

进化：从初步的静态影像到现在的数字化 X 光和三维重建。

2. 超声技术

定义：使用高频声波在身体内部产生回声，并从这些回声中产生图像的技术。

应用：在妇产科、心脏病学和其他领域中被广泛使用。

进化：从二维到三维和四维超声，以及 Doppler 技术的引入。

3. 磁共振成像

定义：使用强大的磁场和射频脉冲，显示身体内部软组织的详细结构。

应用：用于检测各种软组织疾病，如脑部疾病、关节问题等。

进化：从基本的 MRI 到功能性 MRI 和磁共振波谱。

4. 计算机断层扫描（Computed Tomography，CT）

定义：使用 X 射线技术获得身体各个层面的图像，并使用计算机将它们组合成详细的三维图像。

应用：用于检测各种身体疾病，特别是癌症。

进化：从初步的 CT 到螺旋 CT 和多切面 CT。

5. 正电子发射断层扫描

定义：检测身体内部放射性物质释放的正电子，以显示身体功能和代谢。

应用：用于研究大脑活动、心脏疾病和癌症。

进化：PET 与 CT 和 MRI 的结合，提供结构和功能信息。

随着技术的发展，医学影像技术已经变得越来越复杂和高效，能够为医生提供关于患者健康状况的深入洞察。而计算机技术在这一过程中发挥了关键作用，使得图像的获取、处理和分析变得更加快速和准确。

## 22.1.2　影像增强与处理技术

医学影像处理技术已经成为现代医疗诊断的基石。随着计算机技术的进步，医学影像处理技术已经从基本的图像增强发展到了复杂的图像分割、三维重建和自动诊断等技术。

1. 图像增强

定义：通过改变图像的对比度、亮度或锐度来提高图像的质量和可读性。

技术：直方图均衡化、噪声滤波、锐化处理等。

应用：使图像中的细节更加清晰，特别是在低对比度或嘈杂背景的情况下。

2. 图像分割

定义：将图像分为多个部分，通常是为了识别和定位图像中的特定结构或对象。

技术：阈值分割、区域生长、水平集方法等。

应用：用于定位病变区域、血管、肿瘤等。

3. 三维重建

定义：根据一系列二维图像生成三维模型。

技术：表面重建、体素重建等。

应用：在外科规划、病变体积测量和教育中都有广泛应用。

4. 图像配准

定义：将两个或多个图像对齐，使它们在同一坐标系统中。

技术：刚性配准、非刚性配准、特征配准等。

应用：用于时间序列分析、多模态图像融合等。

5. 自动诊断和机器学习

定义：使用算法自动识别图像中的异常。

技术：特征提取、分类器、深度学习等。

应用：自动检测和分类疾病，如肺结节、视网膜病变等。

医学影像处理技术是医学诊断的重要工具，它能够帮助医生更快、更准确地做出决策。计算机技术在此过程中起到了关键作用，不仅使图像处理变得更加快速和高效，还推动了新技术和方法的发展。随着机器学习和人工智能的进步，未来的医学影像处理还有巨大的潜力和发展空间。

## 22.1.3　影像识别与计算机辅助诊断

随着技术的进步，计算机在医学影像分析中的作用逐渐增强。计算机辅助诊断系统为医生提供了一个有效的工具，帮助他们在大量的医学图像中快速、准确地识别疾病征兆，从而提高诊断的准确性。

1. 影像识别的基础

定义：利用计算机算法来分析和解释图像数据，从而实现目标检测、分割和分类。

技术：图像预处理、特征提取、分类器选择等。

应用：在医学影像中用于检测各种病变，如肿瘤、炎症、感染等。

2. 计算机辅助诊断

定义：一个系统或软件，可以帮助医生识别和解释医学图像中的异常模式。

技术：机器学习、深度学习、图像处理和模式识别等。

应用：乳腺癌筛查、肺结节检测、脑疾病分析等。

3. 深度学习在医学影像中的应用

定义：深度学习是一种机器学习方法，它可以自动学习和识别图像中的复杂模式。

技术：卷积神经网络、递归神经网络等。

应用：在心脏疾病、皮肤疾病和其他多种医学问题中的自动诊断。

4. CAD 系统的优点和局限性

优点：提高诊断速度、增加诊断准确性、减轻医生的工作负担。

局限性：可能产生误诊、需要大量的训练数据、有时与医生的判断存在差异。

5. 未来发展方向

随着技术的进步，CAD 系统将更加智能，能够处理更复杂的医学影像任务。结合人工智能和辅助诊断，可能出现完全自动化的医学诊断系统。更多的医疗专家和技术人员将共同合作，推进 CAD 系统的发展。

影像识别和计算机辅助诊断在医学领域的应用日益普及，为医生提供了强大的工具来提高诊断质量和效率。未来，随着技术的进步和更多创新的应用，这些系统有望进一步改变医疗领域。

# 22.2 电子健康记录与遥测监控

## 22.2.1 电子健康记录的进化

随着信息技术在医疗领域的应用，电子健康记录（Electronic Health Records，EHR）已逐渐替代传统的纸质病历，为医疗服务提供了更高效、准确和便捷的方式。

1. 从纸质到数字

纸质病历的局限性：易遗失、难以分享、手写可能导致误解、存储和检索困难。

电子健康记录的诞生：为解决上述问题，医疗机构开始尝试使用电脑存储患者信息，逐步发展成为今天的 EHR 系统。

2. 电子健康记录的特点

集中存储与管理：所有患者的信息在一个集中的系统中存储和管理。

方便访问和分享：医生和其他医疗专家可以随时随地访问患者的医疗记录。

数据分析与挖掘：可用于疾病预测、患者管理、药物剂量调整等。

3. 互联性的增强

健康信息交换（Health Information Exchange，HIE）：允许医疗机构之间共享患者的电子健康记录。

互操作性标准：确保各种 EHR 系统之间可以无缝地共享信息。

4. 患者参与度的提高

患者门户：允许患者在线查看自己的医疗记录、预约、药物续方等。

移动应用：提供健康跟踪、疾病管理、药物提醒等功能，加强医患互动。

5. 安全与隐私的挑战

由于 EHR 中包含大量的敏感信息，如何保护这些信息不被泄露或不被非法访问成了一个重要的议题。相关法规和政策也逐渐形成，规定医疗机构如何处理和分享患者的电子健康记录。

电子健康记录的发展不仅提高了医疗服务的效率和质量，而且为患者带来了更多的便利和更高的参与度。与此同时也带来了一系列的挑战，特别是在数据安全和隐私保护方面。

### 22.2.2　遥测监控和远程医疗

随着技术的进步，医疗服务已不再局限于医院和诊所的墙壁之内。遥测监控和远程医疗已经成为当代医疗体系的重要组成部分，为患者和医生提供了更多的便利和选择。

1. 遥测监控

定义：遥测监控是一种远程数据收集和传输技术，用于实时监测患者的生理数据。

应用领域：心律监测、血压监测、血糖监测等。

设备与技术：可穿戴设备（如心律带、智能手表）、无线通信技术、云数据存储和处理。

2. 远程医疗

定义：远程医疗利用信息通信技术提供医疗服务，不受地理位置的限制。

应用形式：视频会诊、在线处方、远程手术指导等。

技术支持：高清视频通信、电子健康记录、人工智能辅助诊断等。

3. 遥测监控和远程医疗的优势

提高医疗资源的利用效率：医生可以为更多的患者提供服务，不受地理位置的限制。

及时发现和处理健康问题：实时的数据监测可以及时发现患者潜在的健康风险。

为患者提供便利：患者可以在家中或其他舒适的环境中接受医疗服务，减少了出行的麻烦。

4. 面临的挑战

技术标准和互操作性问题：不同厂商的设备和系统可能存在兼容性问题。

数据安全和隐私保护：如何确保患者数据的安全和隐私是一个重要的议题。

医疗法规和政策：如何在确保医疗质量和患者安全的前提下，制定合适的法规和政策。

5. 未来的发展趋势

技术的持续进步：5G、IoT、边缘计算等技术将为遥测监控和远程医疗带来更多的可能性。

跨学科合作：医学、计算机科学、通信工程等学科的交叉合作将推动遥测监控和远程医疗的发展。

遥测监控和远程医疗不仅为医疗服务提供了新的形式和方法，还有助于提高医疗资源的利用效率和患者的满意度。然而，随之而来的技术、安全和政策挑战也需要我们认真对待和解决。

## 22.3　AI 在医疗诊断和治疗中的应用

### 22.3.1　AI 在疾病预测与诊断中的角色

人工智能技术的迅速发展已经深刻地影响了医疗健康领域。其中，疾病的预测与诊断是 AI 展现其强大能力的关键领域之一。

1. AI 与传统医疗诊断的对比

效率与精度：AI 可以快速分析大量数据并提供预测或诊断，常常比传统方法更为准确。

连续监测：通过可穿戴设备与 AI 相结合，可以进行 24/7 的健康监测。

无偏见决策：AI 根据数据进行决策，避免了人为的偏见和误差。

2. 具体应用实践方案

影像诊断：通过深度学习技术，AI 可以识别医学影像中的异常，如 MRI、CT 和 X 射线等。

基因数据解析：AI 能够分析复杂的基因数据，预测遗传疾病的风险。

早期疾病预测：例如，通过眼底摄影图像预测糖尿病风险。

**3. 技术支持**

深度学习与神经网络：大多数医学图像分析算法基于深度学习模型，特别是卷积神经网络。
自然语言处理：用于解析医学文档、患者的病史等。

**4. 与医生的协同**

增强工具：AI 为医生提供了强大的辅助工具，帮助他们更快地、更准确地进行诊断。
决策支持系统：AI 可以为医生提供数据驱动的决策建议。

**5. 面临的挑战与问题**

数据隐私和安全：如何确保患者数据的隐私和安全。
算法偏见：如何确保 AI 算法公正，避免潜在的偏见。
过度依赖技术：医生不能完全依赖 AI，需要综合考虑各种因素。

AI 为疾病预测与诊断带来了革命性的变化，提高了诊断的速度和准确性。与此同时，它也带来了新的挑战。未来的目标是确保人工智能和医生能够协同工作，为患者提供最佳的医疗服务。

## 22.3.2　AI 在医疗治疗与药物研发中的潜力

随着人工智能在医疗诊断中的成功应用，其在医疗治疗及药物研发中的潜力也被逐渐挖掘和实现。AI 在这些领域的进展为医学界带来了史无前例的机会和挑战。

**1. 个性化医疗治疗**

基因治疗计划：AI 可以分析患者的基因组数据，为其推荐最适合的治疗方法。
治疗方案优化：基于患者过去的医疗记录，AI 可以提供最优化的治疗建议。

**2. AI 与机器人手术**

提高精确性：AI 助力的机器人手术可以提供比人手更稳定、精确的手术操作。
远程手术：结合 5G 等技术，医生可以在千里之外进行远程机器人手术。

**3. AI 与药物研发**

药物筛选：AI 可以快速筛选数以百万计的化合物，寻找可能的新药物。
预测药物反应：AI 可以预测患者对特定药物的反应，降低药物副作用的风险。
药物设计：通过深度学习模型，AI 能够在分子级别进行药物设计，寻找新的治疗方法。

**4. 技术支持**

深度学习与结构生物学：AI 结合蛋白质结构等数据，帮助研究人员了解药物与生物体的相互作用。
增强学习：在药物筛选过程中，可以使用增强学习优化筛选策略。

**5. 面临的挑战与问题**

数据问题：医疗数据的准确性、完整性及其隐私问题。
解释性：AI 的决策过程需要更加透明和可解释。
监管和认证：AI 在医疗应用上的决策需要满足更高的标准和法规。

人工智能为医疗治疗和药物研发带来了巨大的潜力，能够大大加速研发进程、降低成本并提供更为精确的治疗方案。然而，为了确保其在实际应用中的安全性和有效性，仍需要跨学科的合作和持续的研究。

# 22.4　适合大学生创新的计算机与医疗健康应用实践方案

## 22.4.1　AI 辅助诊断平台

开发一个简单的 AI 模型，帮助医生分析医学图像并提供初步诊断意见。

**1. 项目背景**

医学影像是医疗诊断的关键部分。然而，准确地解读这些图像需要经验丰富的放射科医生，且可能受到诸如疲劳、工作量过大等因素的影响。AI 辅助诊断平台可以帮助医生更准确地、快速地诊断，并减少遗漏或误诊。

**2. 目标**

使用深度学习模型自动检测和分类医学影像中的异常。创建一个对用户友好的界面，医生可以上传医学影像并得到 AI 的初步诊断意见。

**3. 方案步骤**

（1）数据准备：收集医学影像数据，如 X 光、MRI、CT 等。使用专家标注的数据进行训练和验证。

（2）模型选择与训练：选择合适的深度学习模型，如 CNN。使用标注的数据进行模型的训练。对模型进行验证和测试，确保其准确性。

（3）开发用户界面：设计简单、直观的界面，允许医生上传医学图像。展示 AI 的初步诊断结果，并提供下载或打印选项。

（4）反馈与迭代：允许医生对 AI 的诊断意见提供反馈，根据这些反馈来不断优化和改进 AI 模型。

（5）部署与推广：在医院或诊所进行试点，收集用户反馈。根据反馈进行相应调整，并推广到更多的医疗机构。

**4. 技术考量**

使用如 TensorFlow 或 PyTorch 等深度学习框架进行模型开发。考虑数据安全和隐私问题，确保医学影像的加密和匿名化。为了减少误诊风险，AI 的诊断建议只作为参考，最终决策仍由医生做出。

AI 辅助诊断平台为医生提供了一个强大的工具，帮助他们更快地、更准确地做出决策。对于大学生来说，这是一个既有实际应用价值，又能够提高技术和创新能力的项目。

## 22.4.2　虚拟健康助手

结合聊天机器人技术，提供健康咨询和建议。

**1. 项目背景**

随着医疗健康信息的普及，公众对于日常健康问题有了更多的关注和咨询需求。但是，直接咨询医生可能既昂贵又不方便。虚拟健康助手可以提供一个平台，让用户获取初步的健康建议。

**2. 目标**

创建一个能够回答常见健康问题的聊天机器人，提供基于用户输入的个性化健康建议。

**3. 方案步骤**

（1）数据准备：收集常见的健康问题和医疗建议。标注数据，为机器学习模型提供训练素材。

（2）模型选择与训练：使用 NLP 模型进行聊天机器人的开发，训练模型，使其能够理解用户输入的信息并给出相应的回答。

（3）开发用户界面：创建一个友好的聊天界面，使用户能够与虚拟健康助手互动。集成到网站、应用或其他平台上，方便用户访问。

（4）持续更新与反馈：根据用户的反馈，定期更新聊天机器人的回答库，添加更多的健康信息和建议，以满足用户的需求。

（5）部署与推广：在社交媒体、医疗网站等平台进行推广。与医疗机构合作，将虚拟健康助手作为一个补充服务。

4. 技术考量

使用如 Rasa、Dialogflow 或 GPT-3 等 NLP 工具进行聊天机器人的开发。但要考虑用户数据的安全和隐私，确保用户信息的保密。为了减少误导风险，所有建议都应有明确的免责声明，强调仅为初步建议，具体问题应咨询医生。

虚拟健康助手为公众提供了一个方便、快速的健康咨询平台，减少了直接咨询医生的需求和成本。对于大学生来说，这是一个结合 NLP 技术和医疗知识的实际应用项目，具有很高的创新和学习价值。

### 22.4.3　智能健康监测手环

设计一个可以实时监测身体指标的手环，并通过手机 App 进行数据分析。

1. 项目背景

随着人们健康意识的加强，智能穿戴设备逐渐成为市场上的热门产品。它们可以实时监测用户的健康指标，如心率、血压和睡眠质量，并为用户提供有价值的健康建议。

2. 目标

设计并制造一个可以实时监测多种健康指标的智能手环。同时开发一个手机 App，可以同步手环数据并为用户提供健康建议。

3. 方案步骤

（1）选择监测指标：监测用户的心率、血压、睡眠质量、运动距离和卡路里消耗等。考虑加入更高级的功能，如血氧饱和度、压力指数等。

（2）硬件开发：选择合适的传感器进行健康数据的采集；设计电路板并确保其电池续航和稳定性；设计手环外观，确保舒适度和时尚性。

（3）软件开发：开发一个手机 App，与手环进行蓝牙同步。App 内可以查看历史数据、趋势分析和健康建议。添加云存储功能，使用户能够备份并跨设备查看数据。

（4）数据分析与 AI 整合：利用 AI 技术进行数据分析，为用户提供更准确的健康建议。设定阈值，当某些健康指标超出正常范围时，向用户发出警告。

（5）市场测试与反馈：邀请一小部分用户测试手环和手机 App，收集反馈。根据反馈进行产品改进，并准备市场推广。

4. 技术考量

考虑手环的耐用性和防水性。数据的安全性和隐私是首要考虑的，需要加密数据并在手机 App 中提供明确的隐私政策。考虑与其他健康 App 的兼容性，如 Apple Health、Google Fit 等。

智能健康监测手环为用户提供了一个方便、实用的健康管理工具。对于大学生来说，这是一个结合硬件、软件和医疗知识的综合项目，具有很高的实践和学习价值。

### 22.4.4　药物互动查询工具

开发一个工具，用户输入正在服用的药物，返回可能的药物互动信息。

1. 项目背景

随着慢性病患者数量的增加，许多人每天都需要服用多种药物。这些药物可能会相互作用，导致不良反应或影响药物的效果。因此，有一个工具能够提供药物互动信息对于患者和医生来说是非常有价值的。

2. 目标

创建一个数据库，包含大量药物的信息以及它们之间的可能互动。

开发一个对用户友好的界面，允许用户输入药物名称，并快速返回相关的药物互动信息。

3. 方案步骤

（1）药物数据库构建：收集公开可用的药物信息及其互动数据，如 FDA、WHO 和其他医疗组织发布的资料。确保数据的准确性和最新性。

（2）软件开发：创建一个简单易用的输入界面，允许用户输入或选择药物名称。设计查询算法，从数据库中检索并显示药物互动信息。当检测到高风险的药物互动时，提供明确的警告和建议。

（3）移动应用或网页应用：考虑开发移动应用，以便用户随时随地查询，或创建一个网页应用，使用户可以在浏览器中访问。

（4）用户反馈与改进：开放 Beta 版本给部分用户试用，收集反馈。根据用户的反馈进行改进，提高查询的准确性和速度。

（5）持续更新数据库：定期更新数据库，添加新的药物和互动信息。考虑与医疗机构或药房合作，获得最新的药物数据。

4. 技术考量

数据的隐私和安全：虽然此工具不存储用户个人信息，但应确保所有数据传输都是加密的。

用户友好性：确保界面直观，搜索结果清晰并容易理解。

可扩展性：设计过程中考虑到未来数据库的扩展和新功能的添加。

药物互动查询工具为医疗专业人员和患者提供了一个快速、简便的方法来了解药物之间的相互作用。对于大学生来说，这是一个融合了医学知识、数据库技术和软件开发的实践项目，具有很高的学习价值。

### 22.4.5　电子健康日记

创建一个应用，用户可以记录每日的饮食、锻炼和健康指标，同时提供数据分析功能。

1. 项目背景

在当今健康意识日益增强的社会，许多人希望跟踪他们的日常饮食、锻炼和健康状况，以更好地管理自己的健康。一个集成了这些功能的应用程序可以为用户提供详细的反馈和建议，帮助他们做出更健康的生活选择。

**2．目标**

设计一个对用户友好的界面，方便录入每日饮食、锻炼和健康指标。提供数据分析功能，如饮食热量统计、锻炼量统计等。

根据用户输入的信息提供健康建议和提醒。

**3．方案步骤**

（1）用户界面设计：创建一个简洁的界面，用户可以轻松地输入食物、运动和健康指标（如心率、血压等）。提供多种录入方式，如文本输入、语音输入和图片识别（对于食物）。

（2）数据存储与管理：设计一个安全的数据库，存储用户的输入数据。确保数据隐私和安全，只有用户可以访问自己的数据。

（3）数据分析与反馈：设计算法统计用户的饮食热量、锻炼消耗等。根据用户的健康数据，提供合理的锻炼和饮食建议。添加图表功能，方便用户查看自己的健康趋势。

（4）提醒与通知：设计系统定期提醒用户录入数据，当系统检测到不健康的趋势时，自动为用户提供建议和提醒。

（5）社交功能：允许用户分享自己的进度和成果，鼓励更多的人参与到健康管理中来。添加好友系统，用户可以互相激励和比赛。

**4．技术考量**

数据隐私：保证用户数据的安全性，防止任何非法访问。

用户体验：确保应用响应迅速，提供清晰直观的反馈。

扩展性：为未来增加的功能预留空间，如更深入的数据分析和其他健康管理工具。

电子健康日记不但为用户提供了一个便捷的方式来跟踪自己的健康数据，而且通过数据分析和反馈，帮助他们更好地理解自己的健康状况并做出改变。对于大学生来说，这是一个融合了健康科学、数据管理和应用程序开发的实践项目。

## 22.4.6 虚拟医学教育平台

使用虚拟现实技术模拟医学操作，为医学生提供实践机会。

**1．项目背景**

医学教育在很大程度上依赖于实践经验，但由于各种原因（如患者安全、设备可用性等），学生可能没有足够的机会进行实践。使用虚拟现实技术可以为学生创造一个接近真实的环境，使他们能够在安全的环境中进行实践。

**2．目标**

开发一个使用虚拟现实技术的医学模拟平台。提供各种医学操作的模拟场景，如外科手术、病例诊断等。通过实时反馈，帮助学生提高技能和知识。

**3．方案步骤**

（1）平台架构设计：确定硬件要求，如VR头盔、控制器等。开发用户界面，包括选择模拟操作、查看反馈等功能。

（2）模拟场景创建：与医学专家合作，确定最适合模拟的操作和场景。使用3D建模工具创建详细和真实感的模拟环境，为每个场景添加相应的交互逻辑。

（3）实时反馈系统：设计算法，根据学生的操作提供实时反馈。提供详细的分析报告，帮助学生识别和纠正错误。

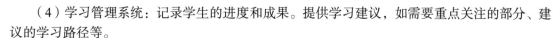

（4）学习管理系统：记录学生的进度和成果。提供学习建议，如需要重点关注的部分、建议的学习路径等。

（5）社交与协作功能：允许学生与同伴一起进行模拟操作，培养团队合作能力。提供讨论区，学生可以分享经验、提问和交流想法。

4．技术考量

图形质量：为了达到高度的真实感，模拟场景的图形质量必须很高。

交互逻辑：模拟操作的交互逻辑需要非常准确，以确保学生得到正确的反馈。

数据安全：学生的数据和进度必须安全存储，防止丢失或被非法访问。

虚拟医学教育平台利用虚拟现实技术为医学生提供了宝贵的实践机会，帮助他们提高技能和知识。对于大学生来说，尤其是医学专业的大学生，这是一个结合了医学知识、VR 技术和教育理念的创新项目。

### 22.4.7　智能心理健康检测

设计一个问卷工具，结合 AI 进行初步的心理健康评估。

1．项目背景

随着现代社会压力的增加，心理健康问题逐渐被人们关注。然而，许多人可能不易意识到自己存在心理健康问题，或由于种种原因没有寻求专业人士帮助。通过设计一个结合 AI 的心理健康检测工具，可以为个体提供初步的心理健康评估，从而及时采取措施。

2．目标

设计一个互动问卷，收集用户的相关数据。利用 AI 进行数据分析，给出初步的心理健康评估，并给用户提供建议或推荐专业咨询。

3．方案步骤

（1）问卷设计：与心理健康专家合作，设计评估问卷，确保问卷内容能全面覆盖各种可能的心理健康问题。

（2）AI 模型建立：使用历史数据训练 AI 模型，例如已有的心理健康调查数据。持续更新模型，确保其准确性和可靠性。

（3）用户交互界面：设计友好的用户界面，使用户容易填写问卷。确保用户数据的隐私和安全。

（4）结果反馈：根据 AI 模型的分析，为用户提供初步的心理健康评估。提供相应的建议或推荐，如进一步的专业咨询。

（5）后续跟踪与支持：设计功能，允许用户在一段时间后再次进行评估，以跟踪他们的心理健康状况。提供心理健康资源和建议，帮助用户寻求进一步的帮助。

4．技术考量

数据隐私：用户的心理健康数据是敏感的，需要确保其安全和隐私。

AI 模型的准确性：确保模型能够准确分析用户数据，提供可靠的评估结果。

用户体验：设计简单、直观的用户界面，确保用户易于使用。

智能心理健康检测工具可以为大众提供方便、快捷的心理健康评估，帮助他们及时认识到可能存在的心理健康问题。对于大学生来说，这是一个结合了心理健康知识、AI 技术和用户体验设计的创新项目。

## 22.4.8　远程医疗咨询平台

开发一个线上平台，患者可以预约并与医生视频咨询。

**1. 项目背景**

随着数字化和互联网技术的发展，远程医疗咨询正在成为一种受欢迎的医疗服务模式。尤其在全球疫情背景下，远程医疗咨询为患者提供了一个避免亲自前往医院、降低交叉感染风险的选择。

**2. 目标**

提供一个在线平台，供患者与医生预约并进行视频咨询。确保咨询的隐私和安全。提供高效、便捷的医疗服务。

**3. 方案步骤**

（1）平台建设：设计用户友好的界面，分别为医生和患者设置不同的账户类型。

（2）预约系统：允许患者浏览医生的可用时间段并进行预约；允许医生设置自己的工作时间和休息时间。

（3）视频咨询模块：集成高质量的视频通话功能，确保通话过程中的数据加密和安全。

（4）支付系统：提供多种支付方式供患者选择，确保支付的安全性。

（5）医疗记录管理：允许医生在咨询后录入医疗建议或处方。患者可以随时查看自己的医疗记录。

（6）评价与反馈：允许患者对咨询服务进行评价。收集用户反馈以不断优化平台服务。

**4. 技术考量**

数据隐私与安全：医疗信息是高度敏感的，需要严格的数据加密和存储策略。

视频通话质量：确保视频通话清晰、流畅，不受网络波动影响。

可扩展性：平台应具备扩展性，能够随着用户数量的增加而进行扩展。

远程医疗咨询平台是未来医疗领域的重要方向，为患者提供了方便、快捷的医疗服务方式。对于大学生来说，这是一个结合了医疗知识、互联网技术和用户体验设计的创新项目。

## 22.4.9　AI 眼疾识别

基于深度学习技术，开发一个工具帮助眼科医生识别常见的眼部疾病。

**1. 项目背景**

眼疾在早期往往较难识别，而早期的诊断和治疗对于预防疾病恶化和保护视力至关重要。AI 技术，特别是深度学习，已经在医学影像分析中显示出其强大的潜力，它可以帮助医生准确地检测和诊断多种眼疾。

**2. 目标**

开发一个 AI 模型，能够准确地识别出各种眼疾，如青光眼、黄斑病变、糖尿病视网膜病变等。提供一个用户友好的界面，供医生快速上传眼部影像并获取诊断结果。

**3. 方案步骤**

（1）数据收集：收集大量的眼部医学影像，并确保每张影像都有明确、准确的诊断标签。对数据预处理，如去噪、归一化等。

（2）模型训练与验证：使用深度学习框架，如 TensorFlow 或 PyTorch，进行模型的构建和训练。采用交叉验证等方法，对模型的性能进行评估。

（3）用户界面开发：设计简洁明了的上传界面，使医生可以轻松上传眼部影像。显示 AI 诊断的结果，并提供一定的解释或证据。

（4）结果反馈系统：医生可以对 AI 的诊断结果进行反馈，提供正确的诊断信息，帮助进一步优化模型。

（5）持续优化：定期更新 AI 模型，确保其在新的数据上也能表现良好。

4．技术考量

数据隐私与安全：医学影像是敏感信息，需要确保数据的隐私和安全性。

模型准确性：需要确保 AI 模型有高准确率和低误诊率。

用户体验：界面需要简洁、直观，使医生能够快速有效地使用。

AI 眼疾识别工具不仅可以为医生提供高效、准确的眼疾诊断服务，还可以大大减少误诊和漏诊的可能性，为患者提供更好的医疗保障。对于大学生来说，这是一个充满挑战和机会的创新项目，涉及医学知识、深度学习技术和软件开发技能。

## 22.4.10　口腔健康自检工具

设计一个可以通过手机摄像头检测口腔健康状况的应用。

1．项目背景

口腔健康直接影响到全身健康，但许多人因为各种原因并不经常去看牙医。一个可以自我检测口腔健康状况的移动应用，有助于及时发现潜在的口腔问题，并鼓励用户定期看牙医。

2．目标

开发一个移动应用，用户可以通过手机摄像头拍摄口腔内部。

应用能够识别并分析图像，提示用户口腔的健康状况，如牙齿有无龋洞、牙龈是否发炎等。应用还可以提供初步的建议，如"建议及时看牙医"或"牙齿状态良好"。

3．方案步骤

（1）数据收集：收集大量的口腔医学影像，确保影像包括健康和不健康等多种情况。数据预处理，包括图像增强、裁剪等。

（2）模型训练与验证：选择合适的机器学习或深度学习模型进行训练，如 CNN。使用验证集测试模型的准确性和鲁棒性。

（3）应用开发：设计用户友好的界面，引导用户如何正确地拍摄口腔图像。显示分析结果，并提供相应的建议。

（4）反馈机制：允许用户给予反馈，修正可能的错误诊断，帮助优化模型。

（5）用户教育：在应用内提供口腔保健的知识和建议，鼓励用户定期看牙医。

4．技术考量

数据隐私与安全：用户的口腔图像是敏感信息，需要确保数据的安全。

环境变化：由于家庭环境光线和手机摄像头的不同，需要确保模型对于不同条件下的图像都有较好的识别能力。

用户体验：简单的、直观的操作流程，确保用户容易上手。

口腔健康自检工具为大众提供了一个便捷的方式，以及时了解自己的口腔健康状况。这不仅可以帮助用户提前发现口腔问题，而且还有助于提高公众的口腔健康意识。对于大学生来说，这是一个跨学科的项目，结合医学、计算机视觉和移动应用开发等多方面的知识。

# 第 23 章  计算机、电子与环境科学

## 23.1  气候模型与环境数据分析

### 23.1.1  气候模型的基础

1. 定义

气候模型是一种数学表示法，用于描述地球的气候系统，包括大气圈、海洋水圈、冰雪圈、陆地表面和生物圈等各个部分。这些模型结合物理定律，尝试模拟气候系统的行为，以预测未来的气候变化或理解过去的气候变迁。

2. 模型的主要组件

大气模型：描述空气的流动和热量转移。

海洋模型：描述海水的流动、热量和盐分的传输。

陆地表面模型：描述陆地与大气间的水、能量和动量交换。

冰冻土模型：描述冰冻土和雪的融化和再冻结过程。

生物地球化学模型：描述生物、土壤和海洋的碳循环。

3. 模型的分类

简化模型：考虑较少的物理过程，适用于大范围的或长时间尺度的研究。

复杂模型：包括更多的物理、化学和生物过程，适用于更精确的模拟和预测。

4. 模型的应用

预测未来的气候变化，如全球变暖、海平面上升等；研究人类活动对气候的影响；了解过去的气候变迁及其原因。

5. 技术与计算

由于气候模型涉及大量的计算和数据处理，通常需要使用超级计算机进行模拟。同时，由于模型的不确定性和复杂性，需要不断地验证和完善。

气候模型是气候科学的核心工具，通过模拟气候系统的行为，科学家们可以更好地理解气候变化的机制和预测未来的气候变化。这为政策制定者提供了科学依据，以采取相应的应对措施。对于大学生来说，了解气候模型可以帮助他们认识到计算机在环境科学中的重要应用，鼓励他们跨学科合作，为解决全球气候问题做出贡献。

### 23.1.2  计算机在气候模型中的作用

随着计算机技术的不断进步，我们现在可以对气候进行更复杂、更精细的模拟。计算机在气候模型中的作用可以归纳为以下几点。

大规模数值计算：气候模型通常包括数百万个方程，描述了大气、海洋、冰冻土和陆地表

面等的物理和化学过程。计算机可以快速地解决这些方程，生成模拟结果。

空间分辨率提高：早期的气候模型可能每几百公里只能有一个数据点。现代的高性能计算机允许我们在更小的空间尺度上进行模拟，从而更精确地描述局部的气候特征。

时间分辨率提高：计算机的计算能力也允许我们对气候进行长时间序列的模拟，从而分析长期趋势和季节性变化。

模型复杂性：随着计算能力的增加，科学家可以在模型中加入更多的物理、化学和生物过程，从而更全面地模拟气候系统。

数据存储与分析：模拟生成的数据量通常非常大，需要高效的数据存储和检索系统。此外，数据分析工具可以帮助科学家从模拟结果中提取有价值的信息。

可视化：计算机图形技术可以将模拟结果转化为直观的图形和动画，帮助科学家和公众更好地理解气候变化。

多模型对比与集成：通过计算机，科学家可以运行多个不同的气候模型，并将其结果进行对比，从而评估模型的不确定性。此外，多模型集成方法可以整合不同模型的预测，提供更可靠的气候预测。

实时监测与预警：计算机可以实时分析观测数据和模拟结果，为突发的气候事件（如台风、洪水）提供预警。

计算机在气候模型中的作用是不可或缺的。它不仅提供了强大的计算能力，而且为数据存储、分析和可视化提供了便利。随着技术的不断进步，我们可以期待在未来对气候进行更精确、更全面的模拟。

### 23.1.3　大数据在环境科学中的应用

随着技术的发展，大数据已经成为环境科学中的一个关键要素，尤其在收集、分析和解释环境数据方面。以下是大数据在环境科学中的主要应用。

遥感数据分析：通过卫星和无人机收集的遥感数据为我们提供了有关地表覆盖、气候变化和环境影响等方面的大量信息。这些数据集往往非常庞大，并需要高级的分析技术来提取有价值的信息。

气候模型与预测：如前所述，计算机模型生成的数据量巨大。大数据技术可以帮助我们分析这些模型数据，预测气候变化趋势和潜在影响。

生物多样性与生态系统研究：通过对大量的观测数据进行分析，我们可以了解生物种群的分布、动态和生态互作，从而更好地保护生物多样性。

环境监测与报告：传感器网络可以实时收集有关空气、水质和土壤污染等方面的数据。大数据分析可以帮助我们快速识别环境问题，并采取相应的应对措施。

资源管理与优化：大数据可以帮助我们更好地管理和分配有限的资源，如水、能源和土地，从而实现可持续的环境管理。

灾害预警与响应：通过对大量的气象、地理和社会经济数据进行分析，大数据技术可以帮助我们预测并应对自然灾害，如洪水、干旱和森林火灾。

环境健康与公众参与：大数据分析可以帮助我们了解环境因素如何影响人类健康，并为公众提供有关环境保护的信息和建议。

城市规划与可持续发展：在城市规划和管理中，大数据可以为我们提供关于交通流量、能源消耗、空气质量等方面的实时信息，从而建设更智能、更绿色的城市。

研究与创新：大数据为环境科学研究提供了前所未有的机会。通过对大量数据的分析，科学家可以获得新的见解，发现新的关联，并开发新的技术和方法。

大数据在环境科学中的应用为我们提供了一个全新的视角，帮助我们更好地理解、保护和管理我们的环境。随着数据收集和分析技术的进一步发展，我们可以期待在未来实现更多的环境创新和突破。

# 23.2　智能农业与精准农耕技术

## 23.2.1　智能农业的技术演进

智能农业，也被称为精准农业或数字农业，是指通过使用先进的技术工具和设备，如传感器、无人机、卫星、大数据和人工智能，来提高农业生产的效率和可持续性。以下是智能农业技术演进的简要概述。

初期的精准农耕：20 世纪 90 年代早期，精准农业主要使用 GPS 技术。GPS 为农机装备提供了位置信息，使得如施肥、播种和喷药等作业能够更加精确。

遥感技术的引入：随后，卫星和无人机开始被用于监测农田。这些遥感技术为农民提供了有关农作物健康、土壤湿度和病虫害等方面的实时信息。

物联网在农业中的应用：传感器技术的发展为农田中的实时监测提供了可能。土壤传感器、气象站和农作物健康监测设备等开始广泛部署在农田中，为农民提供实时数据。

大数据和数据分析：随着数据收集设备的广泛使用，农业数据迅速增加。大数据技术开始应用于农业，以帮助农民分析数据、优化决策，并预测农业生产的各种因素。

人工智能和机器学习：最近，AI 技术开始被引入到农业中。机器学习算法可以识别和预测病虫害，自动化管理农田，并进行农作物预测。

自动化和机器人技术：除了传统的农机装备，农业机器人也开始出现在农田中，它们可以进行如收割、除草和施肥等作业。与此同时，农田中的无人机也开始执行喷药、监测和数据收集等任务。

智能灌溉系统：基于土壤湿度和天气预测的智能灌溉系统可以确保农作物获取适当的水分，同时减少水资源的浪费。

数字化的供应链和市场接入：数字技术还帮助农民更好地连接市场，优化供应链，使产品更快速、高效地达到消费者手中。

可持续性和环境监测：智能农业技术还强调对环境的关注，帮助农民采用更加可持续的农业实践，减少化肥和农药的使用，同时减少对环境的负面影响。

随着技术的不断发展，智能农业正逐渐成为全球农业生产的标准，带来的效益不仅是生产力的提高，还有更高的可持续性、更低的环境影响和更好的食品质量。

## 23.2.2　精准农耕与土地管理

精准农耕是农业生产中的一种先进管理方法，它结合了现代信息技术、农业装备和农业生产的实际需求，旨在对土地、气候和农作物之间的关系进行精细化管理，提高生产效率和农产品质量，同时减少对环境的负面影响。

1. 土壤质量和健康监测

土壤传感器：在田间部署的土壤传感器可以实时监测土壤湿度、pH 值、温度、盐分、有机质和养分等关键参数。

土壤采样与实验室分析：定期的土壤采样与高级实验室分析可以为农民提供深入的土壤健康报告，进一步指导农耕活动。

2. 土地制图和区域化管理

利用遥感、无人机和卫星图像，农民可以创建详细的农田地图，明确土壤类型、坡度和生产潜力的差异。

通过分析这些数据，农田可以被划分为不同的管理区，每个区域根据其独特的需求进行特定的管理，如施肥、灌溉和播种。

3. 数据驱动的决策制定

精准农耕系统通常会集成大数据分析工具，帮助农民根据实时数据和历史记录制定决策。

AI 和机器学习技术也开始在农业中应用，为农民提供预测性的建议，如最佳播种日期、灌溉建议和病虫害预警。

4. 资源最优化

通过对土地进行精准管理，农民可以更有针对性地使用资源，如水、肥料和农药，避免过度使用或浪费。

智能灌溉系统可以确保农作物在需要的时候得到正确的水量，而不是盲目地浇水。

5. 土地健康与可持续性

精准农耕的方法鼓励农民采用更加可持续的农业实践，如保护性耕作、有机农业和多元种植。

这样不仅有助于增加农田的生产力，还有助于维护土壤健康、提高土壤有机质含量和增加生物多样性。

6. 土地使用权和土地登记

精准农耕技术还可以支持土地权利的记录和管理，确保土地的合法使用。

在很多国家，土地权利记录系统已经与现代地理信息系统工具集成，使得土地管理更加透明和高效。

精准农耕与土地管理紧密结合，为现代农业提供了一个框架，确保农产品的高效生产，同时尊重并维护土地的健康和可持续性使用。

# 23.3　环境监测与灾害预测

## 23.3.1　实时环境监测技术

实时环境监测是关键的环境保护和管理工具。随着技术的进步，我们现在有了许多能够实时或近实时监测环境变化的工具和系统。以下是实时环境监测的主要技术。

1. 传感器网络

这是分布在特定地区的传感器集合，用于监测各种环境参数，如温度、湿度、空气质量、土壤湿度等。这些传感器可以无线传输数据到中央数据库或云平台进行分析。

2. 遥感技术

卫星和无人机（Unmanned Aerial Vehicles，UAVs）提供了大范围的环境监测能力。它们可以捕捉到地表温度、植被覆盖、水体污染等数据。

这些数据可以被实时或近实时获取，依赖于卫星的传输和处理速度。

### 3. 水质监测技术

专门的设备和传感器可以实时监测河流、湖泊和海洋的水质，包括浑浊度、pH 值、含氧量等。此外，特定的传感器可以检测特定的污染物，如重金属或有机化学物质。

### 4. 地震和火山活动监测技术

地震仪和其他监测设备不断监控地球的震动，提前发布地震和火山喷发的警告。

### 5. 气象站和天气雷达

这些工具提供有关天气条件和气候的实时数据，包括风速、风向、温度、湿度和降水。天气雷达可以实时追踪风暴和降水，为气象预报和警告提供数据。

### 6. 激光雷达（Light Detection And Ranging，LiDAR）

LiDAR 是一种遥感技术，通过发送激光脉冲并测量其返回的时间来测量地面、建筑物和其他特征的距离。它常用于高精度的地形测绘、洪水建模和森林资源评估。

### 7. 声呐技术

声呐用于水下测量和映射，可用于监测海底地形、水生生物和船舶。

### 8. 社交媒体和众包

人们通过社交媒体分享的信息，如照片、视频和描述，可以为环境监测提供实时数据。例如，人们可能会分享有关洪水、野火或野生动植物的观察结果。

通过结合以上技术和方法，实时环境监测为决策者、科学家和公众提供了宝贵的数据，帮助他们更好地理解和保护我们的环境。

## 23.3.2　灾害预测与应急响应

灾害预测和应急响应是关键的，以减少灾害带来的损失和影响。准确的灾害预测和及时的响应可以保护成千上万的生命与财产。以下是计算机在灾害预测与应急响应中的应用。

### 1. 早期预警系统

利用地震仪、气象站、天气雷达和其他传感器收集的数据，可以预测地震、洪水、飓风、台风和其他自然灾害。这些系统可以自动发送警报给相关部门和公众，提醒他们采取必要的预防措施。

### 2. 模拟与建模

通过对气候、地形、土壤和其他因素的建模，可以预测特定地区的洪水、滑坡或火灾的风险。这些模型还可以帮助决策者了解在特定条件下灾害的可能影响和持续时间。

### 3. 卫星遥感

卫星可以监视地球的大部分区域，提供关于天气模式、火灾、干旱和其他环境条件的实时信息。无人机也可以被部署在灾害区域进行快速评估。

### 4. 移动通信技术

通过手机和其他移动设备，可以实时更新和发送灾害警告和信息。在灾害发生后，这些技术还可以用于定位受困的或失踪的人员。

5. 社交媒体分析

分析社交媒体上的信息和数据，可以帮助救援团队确定受影响的区域和优先需求。人们也经常使用社交媒体平台分享自己的位置和需求，以获得帮助。

6. 地理信息系统

地理信息系统可以用于映射受影响的区域，规划救援路径和资源分配。它还可以与其他数据源（如人口统计数据）结合，以确定最需要帮助的地方。

7. 自动化响应机制

一些系统可以自动部署救援资源或启动紧急流程，如断电或关闭阀门，以减少灾害的影响。

8. 数据中心与云计算

在灾害中，数据中心和云计算平台提供必要的数据存储和处理能力，支持灾害响应活动。

计算机技术在灾害预测和响应中的应用为我们提供了强大的工具，帮助我们更好地准备和应对各种自然和人为灾害。但与此同时，也需要不断地研发和创新，确保技术的准确性和可靠性。

## 23.4　适合大学生创新的计算机与环境科学应用实践方案

### 23.4.1　个人空气质量检测仪

设计一个小型的、可携带的个人空气质量检测仪，并与手机 App 连接，提供实时数据。

1. 目标

让个人用户能够随时随地检测周围的空气质量，并对其进行分析和提供建议。

2. 核心功能

实时检测：设备能够检测并实时显示 PM2.5、PM10、$CO_2$、VOC 等关键空气污染物的浓度。

数据存储与分析：设备应存储检测的数据，并在需要时与手机 App 同步，方便用户查看历史数据和趋势。

环境建议：基于检测数据，手机 App 能提供如开窗、使用空气净化器等的建议。

地图集成：用户可以查看地图上其他用户共享的空气质量数据，获取更广泛的环境信息。

社区功能：用户可以分享和讨论自己的数据，建立一个关心空气质量的社区。

健康建议：提供与空气质量相关的健康建议，如戴口罩、减少外出等。

3. 技术实现

硬件设计：使用微型传感器如激光散射传感器、电化学传感器等，配备一个充电电池和蓝牙模块。

软件设计：开发一个手机 App，能与检测仪通过蓝牙连接，获取数据、进行分析并提供建议。此外，还要设计云端数据库用来存储和处理大量用户数据。

数据分析：使用简单的数据分析方法，如滑动平均值、阈值检测等，来处理和解释空气质量数据。

用户界面：设计直观的用户界面，让用户轻松了解空气质量状况并采取相应行动。

4. 方案步骤

市场调研：调查当前市场上的同类产品，确定产品的差异化功能和卖点。

硬件选择与采购：选择合适的传感器和其他组件，并进行采购。

原型制作：设计并制作硬件原型，进行初步的功能测试。

软件开发：编写手机 App 和云端数据处理代码，实现所需功能。

测试与迭代：邀请用户进行测试，收集反馈并不断优化产品。

推广与市场营销：利用社交媒体、学校活动等方式，推广产品并吸引用户。

此项目不仅可以帮助大学生掌握硬件设计和软件开发的技能，还可以加深他们对环境科学的了解，培养他们的环保意识。

### 23.4.2 智能花园监控系统

利用传感器技术，实时监控土壤湿度、阳光强度，并为植物提供自动化的灌溉和肥料供应。

**1. 目标**

为家庭花园或小型农场提供一个自动化的管理系统，确保植物获得最佳的生长条件，同时减少浪费和过度使用资源。

**2. 核心功能**

环境监测：使用土壤湿度传感器、阳光强度传感器、温度传感器等，持续监控植物生长环境。

自动灌溉：当土壤湿度低于预设值时，自动开启灌溉系统为植物提供水分。

肥料管理：监测土壤中的营养成分，根据需要自动供应肥料。

远程控制与通知：用户可以通过手机应用远程查看花园的状态、调整设置，以及接收系统通知。

数据记录与分析：存储历史数据，并提供图形化分析，帮助用户了解植物的生长趋势。

**3. 技术实现**

硬件设计：选择合适的传感器，如土壤湿度传感器、光敏电阻、温湿度传感器等。同时，需要电磁阀来控制灌溉和肥料供应。

软件设计：开发一个手机应用，与硬件系统通过 Wi-Fi 或蓝牙连接，实现远程监控和控制功能。

自动控制逻辑：编写程序实现肥料供应和自动灌溉的逻辑，确保植物获得恰当的养分和水分。

云数据存储：利用云平台存储历史数据，方便用户随时查看。

**4. 方案步骤**

需求分析：调研市场需求，确定产品的功能和特点。

组件选择与采购：根据需求选择合适的传感器其他硬件组件。

系统设计与实现：设计整体系统架构，包括硬件连接、软件界面和逻辑控制。

测试与优化：在真实环境中部署系统，进行测试并根据反馈进行优化。

推广与应用：与农业或园艺爱好者合作，展示系统的优势并收集用户反馈。

通过实施此项目，大学生可以学习到传感器技术、自动控制技术、软件开发等多方面的知识，同时也可以为社区或家庭提供有益的解决方案，帮助大家更好地照顾植物。

### 23.4.3 灾害预警 App

根据各种气象数据，为用户提供地震、台风或洪水的预警信息。

**1. 目标**

为用户提供及时、准确的灾害预警信息，帮助他们做好应急准备，降低自然灾害带来的损失。

**2. 核心功能**

多种灾害监测：能够监测地震、台风、洪水、暴雨等多种自然灾害。

实时通知：当监测到潜在的灾害风险时，立即通过 App 推送通知用户。

地理定位：根据用户的实时位置，提供与其位置相关的灾害预警信息。

安全指南：为用户提供在不同灾害情况下的应急响应指南和建议。

社区交流：用户可以在 App 内部分享他们的观测和经验，互相提醒和帮助。

**3. 技术实现**

数据源接入：与气象部门或其他可靠的数据源进行合作，实时获取灾害数据。

后台处理系统：建立一个后台系统，对接入的数据进行处理和分析，判断是否需要发送预警信息。

移动应用开发：开发 iOS 和 Android 版本的应用，提供用户友好的界面和体验。

地理信息系统：利用 GIS 技术进行用户位置的跟踪和灾害影响区域的划分。

社交功能设计：为用户提供论坛或聊天室，让他们能够交流信息和经验。

**4. 方案步骤**

需求分析：调查目标用户的需求，确定 App 的功能和特点。

数据源寻找：与相关部门或机构联系，获取可用的灾害数据源。

系统设计与实现：设计 App 的界面和逻辑，开发后台处理系统。

测试与反馈：邀请用户进行测试，根据他们的反馈进行优化。

发布与推广：在各大应用市场发布 App，并进行宣传推广。

通过此项目，大学生可以学习到数据处理、移动应用开发、GIS 技术等多方面的知识，同时为社区提供有价值的服务，帮助人们更好地应对自然灾害。

## 23.4.4　虚拟森林保护项目

使用 AR 技术，为用户提供虚拟的自然保护区体验，教育大众环境保护的重要性。

**1. 目标**

通过沉浸式的 AR 体验，让用户了解森林的生态价值，认识到保护环境的重要性，并采取实际行动参与环境保护。

**2. 核心功能**

虚拟森林探索：用户可以在真实环境中，通过 AR 技术看到虚拟的森林生态，如树木、动物等。

互动任务：为用户提供一系列保护森林的任务，例如"清理垃圾"或"种植树木"。

教育资讯：在体验过程中，为用户提供关于森林生态和保护方法的知识。

社交分享：用户可以拍摄他们的 AR 体验，并分享到社交网络上，推广环境保护意识。

环境捐赠链接：引导用户为真实的森林保护项目捐款。

**3. 技术实现**

AR 技术平台：利用 ARKit、ARCore 等技术，开发虚拟森林的 3D 模型和互动元素。

移动应用开发：为 iOS 和 Android 平台开发应用，整合 AR 技术和其他功能。

数据集成：整合来自各种来源的关于森林保护的资料，为用户提供教育内容。

社交功能：整合社交网络 API，方便用户分享和推广。

4. 方案步骤

需求调研：了解目标用户的兴趣和需求，确立项目方向。

内容策划：设计虚拟森林的内容和故事线，使其既有教育意义又有娱乐性。

技术开发：学习 AR 技术，并基于此进行应用开发。

测试与反馈：进行初步的用户测试，收集反馈，并进行相应的优化。

推广与宣传：联合环保组织或学校社团，对项目进行推广，鼓励更多人参与。

此项目不仅可以帮助大学生掌握 AR 技术和应用开发的技能，还能让他们对环境保护有更深的认识，从而更积极地参与到环保行动中。

### 23.4.5 城市噪声地图

设计一个系统，收集并分析城市各区的噪声水平，为市民提供噪声污染的地图。

1. 目标

为市民提供实时的噪声污染信息，帮助他们选择安静的生活或工作环境，同时为政府和相关部门提供数据支持，推动城市噪声管理和治理。

2. 核心功能

实时噪声数据收集：通过部署在城市各地的噪声传感器，收集实时的噪声数据。

数据分析与处理：系统自动分析收集到的噪声数据，计算平均噪声值、峰值等关键数据。

可视化地图：在地图上以颜色或其他形式显示噪声水平，用户可以清晰地看到城市各区的噪声分布情况。

噪声预警系统：当某区域的噪声超过一定阈值时，系统自动发送预警信息。

噪声统计与报告：系统提供历史噪声数据的统计与分析功能，生成周期性的噪声报告。

3. 技术实现

物联网技术：部署噪声传感器，并通过网络将数据发送到中央服务器。

数据库管理：使用数据库系统如 MySQL、MongoDB 等存储和管理大量的噪声数据。

数据分析工具：如 Python 的 pandas 和 numpy 库，用于数据处理和分析。

地图 API：如 Google Maps API 或高德地图 API，用于展示噪声地图。

移动与网页应用开发：开发移动应用和网页应用，为用户提供便捷的数据查询和查看功能。

4. 方案步骤

调研与需求分析：先了解当前城市噪声状况和市民需求，确定项目目标。

系统设计与开发：设计系统架构，确定需要的技术与工具，然后进行开发。

数据收集与分析：部署噪声传感器，收集初步数据，并进行分析，验证系统准确性。

应用推广与优化：将应用推广给市民使用，收集用户反馈，并根据反馈进行系统优化。

持续运营与更新：持续收集和更新噪声数据，确保系统的实时性和准确性。

此项目可以帮助大学生了解物联网、数据分析和应用开发等多个领域的技术，同时也有助于提高公众的环境保护意识。

### 23.4.6　智能农田管理系统

利用 AI 和 IoT 技术，为农田提供精准灌溉、施肥和病虫害预测。

*1．目标*

最大化农作物的产量和质量，同时最小化资源的浪费和环境影响，提高农业的可持续性。

*2．核心功能*

实时农田数据收集：通过部署在农田的传感器，收集土壤湿度、温度、光照强度、土壤 pH 值等关键数据。

精准灌溉和施肥：根据收集的数据，智能计算灌溉和施肥的最佳时间和量，自动控制水泵和施肥设备。

病虫害预测与预警：使用 AI 技术分析农田数据，预测可能暴发的病虫害，并自动给农民发送预警信息。

农作物生长监测：使用图像识别技术，分析农作物的生长状况，预测产量和收获时间。

数据分析与报告：为农民提供实时和历史的农田数据分析报告，帮助他们优化农业决策。

*3．技术实现*

物联网技术：部署农田传感器，并通过网络将数据发送到中央服务器。

深度学习与图像识别：使用如 TensorFlow、PyTorch 等框架，开发病虫害和农作物生长的识别模型。

数据库管理：如 MySQL、MongoDB 等，存储和管理农田数据。

云计算与数据分析：利用云计算资源进行大数据分析，提供实时的农业建议。

移动与网页应用开发：为农民开发移动应用和网页应用，便于他们实时查看和管理农田。

*4．方案步骤*

调研与需求分析：了解当地农业的具体需求，确定项目目标和功能。

系统设计与开发：设计整个系统的架构和流程，选择合适的技术和工具，然后进行开发。

数据收集与模型训练：部署传感器和摄像头，收集初步数据，进行 AI 模型的训练和验证。

系统测试与优化：在实际农田中测试系统的效果，根据测试结果进行优化。

应用推广与服务：将系统推广给更多的农民使用，提供技术支持和服务。

此项目将帮助大学生理解如何将先进的 AI 和 IoT 技术应用到传统的农业领域，为农业的现代化和可持续发展做出贡献。

### 23.4.7　海洋生态健康监测

设计一个水下无人机，监测海洋生态系统的健康状况并收集数据。

*1．目标*

监测和保护海洋生态系统，确保生物多样性，同时收集海洋环境的关键数据，为科研提供支持。

*2．核心功能*

实时水下摄像：无人机配备高清摄像头，能够实时捕捉海洋生态的画面。

数据收集：通过各种传感器收集水温、盐度、pH 值、溶解氧等基础数据。

生物识别：使用图像识别技术自动识别和分类海洋生物。

深度测量：无人机能够深入到人类达不到的深度，监测深海环境和生态。

长时程监测：无人机配备持久的电池，支持长时间的监测任务。

数据传输与分析：无人机将收集的数据实时或定时传输至研究中心，并进行数据分析。

### 3. 技术实现

水下无人机技术：研究和开发专为水下环境设计的无人机，确保其稳定性和耐压性。

图像处理与 AI 识别：使用如 TensorFlow、PyTorch 等框架，开发海洋生物的识别模型。

传感器技术：部署各种海洋环境传感器，如温度传感器、盐度传感器等。

无线通信技术：考虑到水下环境的特殊性，研究和应用适合水下的通信技术，如声波通信。

能源管理：考虑使用太阳能、波浪能等可再生能源为无人机供电，以增加其工作时长。

### 4. 方案步骤

市场调研与需求分析：了解当前的海洋监测需求和存在的技术难题。

原型设计与开发：基于调研结果，设计无人机的原型，并开始开发。

传感器与通信测试：在实验环境中测试传感器的精确度和通信技术的可靠性。

实地测试与数据收集：在真实的海洋环境中测试无人机的性能，收集和分析数据。

持续优化与完善：根据实地测试的结果，对无人机进行持续的优化和完善。

此项目可以让大学生了解如何将先进的计算机技术和无人机技术应用到海洋科研中，为海洋环境和生态的保护做出贡献。

## 23.4.8　AI 助力垃圾分类

开发一个应用，基于用户拍摄的垃圾图片，由 AI 辅助识别并提供分类建议。

### 1. 目标

提高垃圾分类的准确性，提升人们的环保意识，推动垃圾分类成为日常生活的一部分。

### 2. 核心功能

图像上传与拍摄：用户可以直接使用应用拍摄垃圾图片，或从相册中选择上传。

AI 图像识别：应用将利用训练好的模型，对上传的图片进行识别。

分类建议：基于识别结果，应用提供垃圾的分类建议，如“可回收物”“厨余垃圾”等。

分类知识库：为用户提供详细的垃圾分类知识库，方便查询和学习。

用户反馈系统：用户可以对 AI 的分类结果提供反馈，有助于不断优化模型。

### 3. 技术实现

移动应用开发：使用如 React Native、Flutter 等框架，开发跨平台的移动应用。

深度学习与图像识别：利用 TensorFlow、PyTorch 等框架，训练垃圾分类模型。

云端计算：为了减轻移动设备的计算负担，可以考虑将图像上传至云端进行处理和识别。

数据库技术：用于存储垃圾的分类信息和用户的反馈数据。

### 4. 方案步骤

数据收集与预处理：收集各种垃圾的图片，对其进行标注和分类。

模型训练与优化：利用收集到的数据，训练和优化图像识别模型。

应用开发与集成：开发移动应用，并将训练好的模型集成进去。

用户测试与反馈：让一部分用户优先试用，收集其反馈并对模型和应用进行优化。

持续更新与推广：随着时间的推移，可以持续更新模型和扩充知识库，同时推广应用，让更多人参与垃圾分类。

此项目不仅能够让大学生学习和应用深度学习与移动应用开发的技术，还能让他们为环境保护做出实际贡献。

### 23.4.9　环境友好出行建议

设计一个 App，为用户提供基于环境影响的出行建议，如骑行、公共交通或步行。

1. 目标

鼓励用户选择低碳、环境友好的出行方式，减少私家车使用，降低交通碳排放，促进可持续交通。

2. 核心功能

出行建议：用户输入起始点和目的地，App 提供不同出行方式的环境影响评估，并推荐最环保的出行方式。

路线规划：为所推荐的出行方式提供详细的路线规划。

碳足迹计算器：显示选择特定出行方式会产生多少碳足迹，并与其他方式进行比较。

公共交通查询：整合公共交通信息，为用户提供时刻表、线路查询等功能。

奖励机制：为选择环保出行方式的用户提供积分或奖励，可用于获取折扣或兑换奖品。

社区互动：用户可以分享他们的低碳出行故事，互相鼓励。

3. 技术实现

移动应用开发：利用如 React Native、Flutter 等框架开发移动应用。

地图与导航 API：集成如 Google Maps API、高德地图 API，为用户提供精确的路线规划。

数据库技术：用于存储用户数据、积分信息以及公共交通信息。

碳足迹算法：开发算法评估各出行方式的碳排放量。

4. 方案步骤

市场调研：了解目标用户群的需求和期望。

功能设计与原型制作：基于调研结果，设计应用的功能并制作原型。

应用开发与测试：按照设计进行开发，并进行多轮测试，确保功能稳定。

数据集成与更新：将公共交通信息、地图数据等集成到应用中，并确保数据实时更新。

推广与反馈：发布应用并进行推广，鼓励用户下载使用，同时收集用户反馈，进行持续优化。

这个项目不仅有助于提高大学生的技术能力，还能培养他们的环保意识，同时为社会提供有价值的服务。

### 23.4.10　虚拟珊瑚礁保护培训

使用 VR 技术，为潜水爱好者提供珊瑚礁保护的虚拟培训课程。

1. 目标

提高潜水爱好者对珊瑚礁生态的认识，培养他们的环保意识，减少潜水活动对珊瑚礁的破坏。

2. 核心功能

VR 珊瑚礁体验：模拟真实的珊瑚礁环境，使用户能够深入珊瑚礁世界，感受其美丽与脆弱。

互动教育模块：通过互动任务，教授用户如何正确潜水，避免损害珊瑚礁，比如不触摸珊瑚礁、保持浮力等。

环境保护课程：介绍珊瑚礁的生态价值、受威胁的原因以及保护措施。

模拟应急情境：模拟如何应对可能对珊瑚礁造成伤害的情况，如遇到珊瑚白化、垃圾污染等。

实时反馈与评估：在用户完成各项任务后，提供实时的反馈和评估，帮助他们了解自己的表现。

### 3. 技术实现

VR 开发框架：使用如 Unity、Unreal Engine 等工具进行 VR 内容开发。

3D 模型设计：利用 3D 建模软件创建珊瑚礁、海洋生物等模型。

互动设计：根据课程内容设计互动元素，如点击、拖动、选择等。

用户数据跟踪：跟踪用户的操作和选择，为其提供反馈和评估。

### 4. 方案步骤

需求分析：对目标用户进行调研，了解他们对珊瑚礁的认识、潜水习惯和培训需求。

内容策划：确定培训课程的内容和结构，制定课程大纲。

VR 内容制作：进行 3D 建模、场景设计、互动设计等工作。

系统测试：在完成 VR 内容制作后，邀请用户进行体验，根据反馈进行调整。

发布与推广：将 VR 课程发布到相关平台，并通过社交媒体、潜水俱乐部等途径进行推广。

通过这种方式，不仅可以提高潜水爱好者的环保意识，还能为珊瑚礁的保护做出实质性的贡献。

# 第24章　计算机与社会科学的融合

## 24.1　社交媒体分析与大数据

### 24.1.1　社交媒体的演进与重要性

#### 1. 社交媒体的历史发展

21 世纪初期：互联网的普及导致了第一波社交媒体的出现，如 Friendster、MySpace 等。

2004—2010 年：Facebook、Twitter 和 LinkedIn 等平台的快速崛起，定义了社交媒体的新方向，其用户数量迅速增加。

2010—2020 年：社交媒体进入移动设备，如 Instagram、Snapchat 和 TikTok 等，为用户提供了新的互动方式。同时，一些专门的平台如 Pinterest、Reddit 等根据特定的兴趣或主题吸引了特定的群体。

#### 2. 社交媒体的影响

社会连接：人们可以随时随地与家人、朋友和同事保持联系。

信息传播：从政治运动到疾病暴发，社交媒体成为快速传播信息的主要途径。

商业营销：品牌利用社交媒体进行广告推广，与消费者互动并获取反馈。

文化传播：社交媒体为不同文化和思想的传播打开了新的通道。

#### 3. 社交媒体的重要性

数据量巨大：每天都有数十亿的帖子、图片和视频在社交媒体上发布。

用户参与度高：大多数互联网用户至少使用一个社交媒体平台。

多样性：不同的社交媒体平台吸引了不同的用户群体，有助于研究不同的社会现象。

#### 4. 社交媒体与计算机科学的融合

数据采集：使用爬虫技术从社交媒体平台上收集数据。

数据分析：使用机器学习和统计方法对收集的数据进行分析，以识别模式和趋势。

可视化：利用图形和图表将复杂的数据简化为易于理解的视觉信息。

自然语言处理：对用户的帖子和评论进行情感分析和主题建模。

推荐系统：使用算法为用户推荐相关的内容或朋友。

社交媒体不仅反映了现代社会的状态和变化，而且为计算机科学提供了大量的数据和研究机会。通过深入分析这些数据，研究者可以更好地理解社会现象，预测趋势，并为决策者提供有价值的见解。

### 24.1.2　大数据在社交媒体分析中的应用

随着社交媒体平台的普及，用户每天都在产生和分享大量的数据。这些数据为研究者和企业提供了深入了解消费者行为、社会趋势和市场动态的机会。以下是大数据在社交媒体分析中的一些主要应用。

1. 情感分析

通过分析用户在社交媒体上的评论和帖子，企业可以获得对其产品或服务的公众情感的实时反馈。例如，电影制片公司可以通过情感分析预测即将上映电影的反响。

2. 趋势预测

社交媒体数据可以用来捕捉即时的公众兴趣和热点话题，从而预测市场和社会趋势。

3. 用户细分和目标定位

企业可以使用社交媒体数据来识别特定的用户群体、其兴趣和行为模式，从而制定更精准的营销策略。

4. 网络影响力分析

通过分析社交媒体上的关系网络，企业可以识别行业内的意见领袖或关键影响者。

5. 危机管理和响应

社交媒体为企业提供了实时了解品牌形象或公关危机的机会。通过实时监测和数据分析，企业可以快速响应危机并采取行动。

6. 产品研发

社交媒体上的用户反馈和讨论可以为企业提供产品改进的建议和新产品开发的灵感。

7. 竞争分析

企业可以监控竞争对手在社交媒体上的活动，了解其营销策略、产品发布和用户反馈。

8. 社会研究

研究者可以利用社交媒体数据来分析社会现象、公众意见和文化趋势。

9. 用户行为分析

了解用户在社交媒体上的行为模式，如内容消费、分享习惯和互动方式。

10. 推荐系统

社交媒体平台利用用户行为数据来推荐相关的内容、广告和其他用户。

大数据为社交媒体分析提供了前所未有的深度和广度，使得企业和研究者能够更加精准地理解和预测用户行为和社会现象。

## 24.1.3　社交网络分析

社交网络分析（Social Network Analysis，SNA）是研究社交结构和模式的一个跨学科方法，它关注个体（称为"节点"或"顶点"）以及它们之间的关系或互动（称为"边"或"连接"）。

1. 基本概念

节点：在社交网络中，节点通常代表个体，例如人、公司或任何其他实体。

边：边表示两个节点之间的关系。边可以是有向的（例如，Twitter上的关注）或无向的（例如，Facebook上的好友）。

2. 关键指标

度：一个节点的度是与其直接相连的边的数量。

中心度：衡量一个节点在网络中的重要性或中心性。

聚集系数：衡量一个节点的邻居之间有多少可能是相互连接的。

路径长度：两个节点之间的最短连接数。

3. 应用领域

市场营销：通过理解社交网络中的影响者和关键节点，企业可以更有效地进行目标营销。

组织研究：了解组织内部的信息流和团队协作模式。

社会研究：研究社交结构和群体动态，如社区形成、社交资本等。

4. 工具和技术

许多工具和框架可用于社交网络分析，如 Gephi、Cytoscape 和 NetworkX。

5. 社交媒体中的应用

通过分析社交媒体平台上的网络，研究者可以识别意见领袖、推荐系统的改进和社交动态的演变。

6. 隐私和伦理考虑

进行社交网络分析时，研究者需要注意收集和分析数据的隐私和伦理问题。

社交网络分析为我们提供了深入了解和分析复杂网络和系统的工具和技术。从社会科学到计算机科学，从市场营销到公共健康，它已在许多领域中产生了深远的影响。

# 24.2　虚拟经济与数字社交行为

## 24.2.1　虚拟货币与虚拟商品的经济模型

随着在线游戏、社交媒体平台和其他在线社区的兴起，虚拟经济已经成为现实世界经济的重要组成部分。这些经济体系主要是基于虚拟货币和虚拟商品的交易。

1. 虚拟货币

定义：在线平台或应用中用于交易的数字化货币。与真实货币不同，虚拟货币仅在其特定的系统或平台中有效。

类型：包括游戏货币（如"金币"或"宝石"）和加密货币（如比特币）。

应用：虚拟货币常用于在线游戏、社交网络和其他在线平台中购买虚拟商品和服务。

2. 虚拟商品

定义：在线环境中创建、买卖和使用的非物质资产或权益。

类型：包括游戏内的物品、虚拟宠物、虚拟服饰、电子书、音乐、视频等。

经济模型：虚拟商品的价格通常是由供需、稀缺性和消费者的愿支付价格来确定的。某些虚拟商品可能因其稀缺性或与现实世界事件的关联而变得更有价值。

3. 经济影响

货币流动：在大型在线游戏或平台中，虚拟货币与真实货币之间可能存在交易，导致实际的经济流动。

炒卖与投资：虚拟商品，尤其是那些具有独特性或稀缺性的商品，可能会成为投资和炒卖的对象。

4. 社交行为的影响

社交地位：在某些在线社区中，拥有特定的虚拟商品可能会提高用户的社交地位或声誉。

交互：虚拟商品交易可以促进玩家或用户之间的互动和合作。

5. 道德与法律考虑

盗窃与欺诈：虚拟商品和虚拟货币的流行带来了盗窃和欺诈的问题。

监管：由于虚拟经济与真实经济的交互，各国政府可能需要考虑如何监管和征税。

虚拟经济已经成为数字时代不可或缺的一部分，并且与真实经济的界限日益模糊。对于研究人员和决策者来说，了解其工作原理和影响是至关重要的。

### 24.2.2　数字社交行为的特征与影响

数字社交行为是指在数字平台，尤其是社交媒体和在线社区上的人际互动。随着科技的进步，人们的社交方式也发生了巨大的变化。以下是数字社交行为的主要特征及其对个人和社会的影响。

1. 特征

即时性：无论在什么地点，只要有网络，人们就可以实时交流。

无边界性：社交媒体允许用户跨越地理、文化和语言的界限进行交流。

可度量性：可以量化的数据（例如，点赞、分享、评论数）使得用户可以对自己的社交活动进行衡量。

多样性：用户可以在多个平台上创建多重身份，与各种各样的群体交往。

2. 个人影响

社交网络的扩张：个人现在有能力与全球的人建立联系，扩大他们的社交网络。

信息过载：由于社交媒体上的信息量巨大，用户可能会感到信息过载。

确认偏见：人们倾向于与持有相似观点的人互动，这可能会加强他们原有的信仰。

社交比较：看到他人的生活亮点可能会导致某些用户感到羡慕或不满。

疏离现实：过度依赖数字互动可能会导致现实生活中的社交疏离或孤立。

3. 社会影响

集体行动：社交媒体使得组织和发起集体行动变得更为容易。

信息传播：信息和新闻可以迅速传播，但这也带来了假新闻和误导信息的问题。

社交动态：社交媒体改变了人们之间的互动方式，也带来了新的问题，如网络霸凌、"键盘侠"现象等。

隐私问题：在线社交行为可能暴露用户的个人信息，导致隐私泄露或滥用。

数字社交行为为现代社交生活带来了方便和新的机会，同时也带来了一系列的挑战和问题。理解这些特征和影响对于个人、企业和政府来说都是至关重要的，因为他们都在试图适应这个不断变化的数字世界。

# 24.3　电子政务与智慧城市

## 24.3.1　电子政务的基础与发展

1. 定义

电子政务是指政府使用信息通信技术（如互联网、无线网络、移动技术等）来提供信息和服务，增强公共部门的效率和效果，并促进公民和政府之间以及政府内部部门之间的互动。

**2. 电子政务的基础**

技术基础：包括硬件（服务器、数据中心）、软件（数据库、操作系统、应用程序）和网络技术。

数据基础：政府的大数据存储、管理和分析能力。

标准与规范：对于数据的收集、存储、交换和使用的标准和规范。

政策与法规：政策和法规为电子政务提供了法律支撑，确保其正当、合法地运行。

人力资源：需要具备相应技能的公务员和技术专家来运行和维护电子政务系统。

**3. 电子政务的发展**

信息发布阶段：政府使用网站或其他平台发布政府信息，如法规、政策和公告。

互动阶段：公民可以通过电子渠道与政府互动，如提问、投诉或参与在线讨论。

交易与服务阶段：公民可以在线办理业务，如缴税、申请执照或办理其他服务。

集成与全面服务阶段：将政府各部门的服务和数据整合在一个平台上，为公民提供一站式服务。

智慧政府阶段：利用先进的技术如 AI、大数据和物联网，使政府决策更倾向于数据驱动，更加智能且具有预测性。

电子政务不仅提高了政府的工作效率，还提高了透明度，加强了公民与政府之间的沟通和信任。然而，它也带来了挑战，如数据安全、隐私保护和数字鸿沟等挑战。尽管如此，随着技术的不断进步，电子政务的优势和潜力远远大于它的挑战。

## 24.3.2　智慧城市的构建与管理

定义：智慧城市利用先进的信息和通信技术为城市居民提供高效、便捷和更高质量的公共服务，从而提高居民的生活质量，促进经济增长和实现可持续发展。

**1. 智慧城市的主要构建要素**

信息基础设施：包括传感器网络、数据中心、宽带网络等，用于收集、存储和传输大量城市数据。

数据与分析：利用大数据技术对城市数据进行分析，为决策者提供有价值的数据分析结果。

智能交通系统：通过实时的交通流量和道路状况信息，优化交通运输和减少拥堵。

智慧能源管理：利用先进的技术提高能源效率，促进可再生能源的使用，并减少能源浪费。

智慧公共服务：如智慧健康、智慧教育、智慧安全等，提供高效的和贴心的服务。

数字公民参与：利用社交媒体和移动技术加强公民与政府的互动。

**2. 智慧城市的管理**

跨部门合作：智慧城市的成功依赖于不同政府部门之间的紧密合作，确保数据和资源的共享。

公私伙伴关系：政府与私营部门的合作对于提供技术、资金和创新方案至关重要。

持续创新：随着技术的快速发展，智慧城市的解决方案需要不断更新和优化。

数据隐私和安全：保护公民的隐私和确保数据安全是智慧城市管理的重要部分。

公民参与和教育：公民的参与和教育对于智慧城市的成功至关重要。

未来的智慧城市将更加重视可持续性、公民参与和以人为中心的设计，利用先进的技术为公民提供更高质量的生活和更好的服务。

## 24.4 适合大学生创新的计算机与社会科学应用实践方案

### 24.4.1 社交媒体趋势预测工具

1. 描述

通过收集和分析社交媒体上的数据，社交媒体趋势预测工具能够预测未来的热门话题或趋势，帮助内容创作者、广告商和普通用户了解哪些话题可能会在未来受到关注。

2. 功能特点

数据收集：实时从主要的社交媒体平台获取数据，如推文、标签、点赞和分享数。

数据分析：利用大数据和机器学习技术分析历史数据，识别出话题的增长趋势。

话题预测：基于分析结果，预测可能成为热门的话题。

可视化：为用户提供直观的图表和报告，显示热门话题趋势的变化。

个性化推荐：根据用户的兴趣和历史行为，提供个性化的趋势预测。

3. 实现技术

爬虫技术：用于从社交媒体平台获取数据。

机器学习和深度学习：用于分析和预测数据。

云计算：提供足够的计算资源处理大量数据。

4. 应用场景

内容创作者可以利用这个工具预测热门话题，提前制定内容策略。

广告商可以更准确地针对潜在客户进行营销。

普通用户可以了解哪些话题可能会受到关注，保持与时俱进。

5. 挑战

如何确保数据的准确性和完整性。

如何处理大量的实时数据。

如何处理和保护用户的隐私数据。

此项目为大学生提供了一个很好的机会，是一个既可以深入研究计算机技术，又可以了解社会科学的项目。这也是计算机科学与社会科学融合的一个典型例子。

### 24.4.2 虚拟社区管理平台

1. 描述

虚拟社区管理平台是一个为虚拟社区或论坛管理员设计的工具，以便于他们监控、管理和增进社区成员之间的互动。此平台旨在提高社区的活跃度，确保积极健康的讨论氛围，并及时解决可能出现的问题。

2. 功能特点

实时监控：实时查看用户发帖、评论和其他互动活动。

内容过滤：自动检测和过滤不良内容，如侮辱性言论、广告等。

用户行为分析：监测用户的活跃度、互动模式等，识别社区的关键意见领袖。

反馈系统：允许社区成员报告问题或不良行为。

成员管理：提供工具对成员进行管理，如禁言、封号或特别标注活跃成员。

数据可视化：通过图表展示社区的活跃度、热门话题等。

互动提升建议：基于用户行为数据，给予管理者增进社区互动的建议。

3．实现技术

文本分析：自动检测和过滤不良内容。

机器学习：预测用户行为，例如判断某用户是否可能违规。

云计算：处理大量数据，保证平台的稳定运行。

数据可视化工具：为管理员提供直观的数据展示。

4．应用场景

大型论坛或社交平台，需要监控数以万计的用户活动。

小型社区，如兴趣小组或学术论坛，希望提高成员互动质量。

企业或组织的内部社区，确保沟通的有效性和安全性。

5．挑战

如何准确检测不良内容，避免误封或漏掉。

如何保护用户隐私，确保数据安全。

如何进行跨文化、跨语言的社区管理。

此项目不仅涉及计算机技术，还需要对社会科学、心理学和社区动态有深入的了解，为大学生提供了一个跨学科的研究和创新机会。

### 24.4.3　智慧城市交通解决方案

1．描述

智慧城市交通解决方案旨在通过集成各种交通数据，为城市居民和管理者提供实时的交通信息，预测交通拥堵，并为用户推荐最佳的出行路线。此外，该方案还能帮助城市规划者优化交通布局，提升城市交通效率。

2．功能特点

实时交通数据监测：收集和展示实时交通流量、速度、事故信息等。

交通拥堵预测：基于历史和实时数据，预测未来某时间段的交通状况。

智能路线推荐：为用户提供最快的、最短的或最经济的出行路线。

公共交通查询：显示公共交通工具的实时位置、时刻表和拥挤程度。

停车场信息：提供附近停车场的位置、费用和剩余车位数量。

数据分析报告：为城市规划者提供交通流量、事故热点等数据报告。

3．实现技术

物联网：部署传感器，收集交通数据。

机器学习：对交通数据进行分析、预测交通趋势。

地图 API：为用户提供实时地图和路线规划。

云计算：处理和存储大量的交通数据。

4．应用场景

通勤高峰期，为上班族提供交通建议，避免拥堵路段。

对于城市活动或大型事件，预测并管理交通流量。

对于城市规划者，提供数据支持优化交通布局。

### 5. 挑战

数据实时性与准确性：如何确保数据实时、准确地传输到平台。

用户隐私：在收集和处理数据时，如何确保用户的隐私权益。

跨平台集成：如何与其他交通管理系统或应用无缝集成。

智慧城市交通解决方案结合了计算机技术和社会科学知识，尤其是城市规划和管理。对于大学生来说，这是一个具有深远影响的跨学科项目，它可以帮助城市实现更高效、更绿色的管理交通。

## 24.4.4　舆情监控与管理工具

### 1. 描述

舆情监控与管理工具是一个专门为企业、政府或其他组织提供网络舆情实时追踪、分析和管理的平台。它可以捕获与特定品牌、事件或主题相关的在线内容，并提供对有关公众情绪、关键观点和传播趋势的分析。

### 2. 功能特点

实时数据捕获：从各大社交媒体、新闻网站、论坛等捕获与关键词相关的内容。

情感分析：对捕获的内容进行情感分析，判断正面、中性或负面舆情。

热点话题挖掘：识别出与品牌或事件相关的热门话题或关键词。

舆情趋势分析：展示舆情的变化趋势，如情感走势、讨论量的增减等。

警报设置：当负面舆情超过一定阈值时，自动发送警报。

可视化报告：提供图形化的舆情分析报告，便于决策者理解。

### 3. 实现技术

数据爬虫：从各大平台捕获相关数据。

自然语言处理：进行情感分析、主题建模等。

机器学习：训练模型进行更复杂的舆情分析任务，如预测舆情走势。

数据可视化：为用户展示直观的舆情分析结果。

### 4. 应用场景

企业品牌危机：企业在发生品牌危机时，及时了解网络舆情并制定应对策略。

政府政策反馈：了解公众对新政策的态度和反应。

事件响应：对突发事件（如自然灾害、社会事件）的公众反应进行监控和分析。

### 5. 挑战

数据实时性：如何确保实时捕获和处理大量的网络数据。

语境识别：网络语言复杂，如何准确识别语境并进行正确的情感分析。

多语言支持：如何支持多种语言的舆情分析，特别是对于国际品牌或事件。

对于大学生来说，开发这样的工具不仅可以锻炼他们的技术能力，还能让他们更好地理解社会动态和公众情绪。此外，这个项目也体现了计算机技术与社会科学的完美结合。

## 24.4.5　电子政务咨询机器人

### 1. 描述

电子政务咨询机器人是一个为公众提供关于政务信息、流程和服务的自动化咨询服务的平台。它能够快速回应公众的咨询，提供准确的信息和解决方案，减轻公务员的工作负担，并提高政府服务的效率。

2. 功能特点

问题识别：能够理解并准确回应用户提出的各种问题。

信息查询：能够即时查询后台数据库，提供最新的政务信息。

自助服务指导：为用户提供自助服务流程和指导，例如如何在线办理某个证件。

多语言支持：为不同语言的用户提供服务。

人工干预接口：当机器人无法处理某些复杂问题时，能够及时转接到人工客服。

3. 实现技术

自然语言处理：理解用户的提问并生成适当的回应。

数据库管理：管理政务信息，确保数据的准确性和实时性。

机器学习：通过持续的训练和学习，提高机器人的回应准确率。

界面设计：提供用户友好的交互界面。

4. 应用场景

政府官方网站：为访问者提供即时的政务咨询服务。

移动应用：在政府相关的移动应用中嵌入机器人服务，方便用户随时咨询。

社交媒体平台：在政府的社交媒体账号上部署机器人，为粉丝提供咨询。

5. 挑战

数据安全性：如何确保用户提供的信息安全，并确保查询的政务信息不被滥用。

持续更新：政务信息和流程可能经常更改，如何确保机器人的数据和知识库始终保持最新状态。

处理复杂问题：如何处理机器人无法回答或需要深入了解的问题。

对于大学生来说，开发这样的机器人是一个既有技术挑战又能真正为社会带来价值的项目。他们可以深入了解公共服务的需求，同时也能够应用计算机和 AI 技术为社会提供真正有价值的服务。

## 24.4.6　社交媒体数据驱动的广告推荐系统

1. 描述

社交媒体数据驱动的广告推荐系统通过分析用户在社交媒体上的行为、兴趣和互动，为用户推送相关的和有针对性的广告。该系统旨在提高广告的点击率和转化率，同时增强用户的广告体验。

2. 功能特点

用户行为分析：监测用户在社交媒体上的浏览、点赞、分享和评论等行为。

兴趣标签构建：根据用户行为和内容互动为用户构建兴趣标签。

广告匹配算法：将广告与用户的兴趣标签进行匹配，确保广告的相关性。

多样化推荐：在考虑相关性的同时，也为用户提供一些新鲜的、有创意的广告内容。

实时反馈机制：根据用户对广告的点击、互动、转化等行为进行实时反馈，持续优化推荐算法。

**3. 实现技术**

自然语言处理：分析用户的评论、分享内容等，提取关键词和情感。

机器学习：使用分类、聚类等算法对用户行为进行分析并预测未来行为。

深度学习：通过神经网络模型进行复杂的用户行为和兴趣模式识别。

大数据技术：处理和分析大量的社交媒体数据。

**4. 应用场景**

社交媒体平台：为用户提供个性化的广告内容。

电商平台：根据用户的社交媒体行为为其推送相关商品的广告。

内容平台：结合用户的兴趣和社交行为推荐有益的内容和广告。

**5. 挑战**

隐私保护：如何在进行数据分析的同时保护用户的隐私。

广告恰当性：如何确保推荐的广告不令用户反感或感觉被冒犯。

多样性与相关性：如何在保持广告相关性的同时，也为用户提供多样化的内容。

对于大学生而言，该项目不仅可以锻炼他们的技术能力，还能让他们更深入地了解市场营销和用户行为，为未来的职业生涯打下坚实的基础。

## 24.4.7 智慧社区管理系统

**1. 描述**

智慧社区管理系统是一个综合性的数字平台，旨在提高社区管理效率和居民生活品质。它通过整合各种社区资源，利用先进的信息技术，为居民提供各种便捷的日常生活服务，如垃圾分类指导、停车位预约和管理等。

**2. 功能特点**

垃圾分类指导：为居民提供垃圾分类的信息、教育和建议。使用图像识别技术辅助用户确定垃圾类别。

智能停车管理：允许居民预约停车位，同时显示当前社区的空闲停车位。对于非法停车，系统可以自动识别并通知管理人员。

社区安全监控：集成 CCTV 摄像头和其他传感器数据，实时监控社区的安全状况。

社区通信平台：为居民提供一个交流的平台，可发布通知、分享信息、举报问题等。

自动化服务请求：允许居民在线报修、申请公共资源等，自动将请求转发给相应的部门或人员。

能源和水资源管理：提供实时的能源和水使用数据，帮助居民和管理者实现资源节约。

**3. 实现技术**

IoT：通过各种传感器收集数据，如停车位传感器、能源计量设备等。

云计算：为系统提供强大的数据存储和处理能力。

大数据与 AI：分析收集到的数据，为用户提供预测、建议和自动化服务。

移动应用：为居民提供一个方便的界面，可以在手机或平板电脑上使用各种服务。

**4. 应用场景**

居民生活：为居民提供各种日常所需的便捷服务。

社区管理：提高社区管理的效率和效果，降低管理成本。

环境保护：鼓励居民参与资源节约和环境保护。

5．挑战

数据安全与隐私：确保居民的个人数据安全，不被未经授权的人员访问或使用。

系统的稳定性和可靠性：确保系统 24/7 的可用性，不会因为技术问题而导致服务中断。

用户教育与接受度：需要确保居民了解和信任这个系统，愿意使用它来改善自己的生活品质。

对于大学生而言，开发此类系统可以提高他们的综合能力，这个项目既涉及技术开发，也涉及与真实用户的互动，理解他们的需求和预期。

## 24.4.8　虚拟世界经济研究工具

1．描述

随着在线游戏和虚拟现实技术的发展，虚拟世界中的经济活动变得越来越活跃。玩家之间进行的交易、虚拟物品的买卖、虚拟货币的流动都对应着真实世界的经济行为。这款工具旨在研究和分析这些虚拟经济活动，帮助经济学家、游戏开发者和政策制定者更好地理解虚拟世界的经济机制。

2．功能特点

交易数据收集：自动收集和整理虚拟世界中的交易数据，包括物品的买卖、价格、交易时间等。

经济指标分析：计算虚拟世界的经济指标，如 GDP、通货膨胀率、失业率等。

虚拟货币追踪：分析虚拟货币的流动、供需关系以及与真实货币的兑换率。

玩家行为分析：研究玩家的消费习惯、投资策略以及其他经济行为。

经济模型模拟：基于收集的数据，模拟不同的经济政策或事件对虚拟经济的影响。

3．实现技术

数据采集技术：与游戏或虚拟世界的 API 接口对接，自动收集交易数据。

大数据处理：存储和处理大量的交易数据，进行高效的查询和分析。

机器学习与 AI：预测虚拟经济的发展趋势，识别玩家的行为模式。

可视化工具：将分析结果以图表、地图等形式展现给用户。

4．应用场景

游戏开发：帮助开发者了解玩家的经济行为，优化游戏的经济系统。

经济学研究：提供一个新的研究平台，探索虚拟经济与真实经济的关系。

政策制定：为虚拟世界的管理者提供经济数据支持，制定合理的经济政策。

5．挑战

数据真实性：虚拟世界的数据可能受到作弊、机器人等因素的干扰，如何确保数据的真实性是一个挑战。

数据安全与隐私：如何在收集和处理玩家数据时保护其隐私是非常重要的。

经济模型的准确性：虚拟经济可能与真实经济有很大的不同，如何建立合适的经济模型是一个研究课题。

对于大学生来说，这是一个跨学科的项目，既涉及计算机技术，也涉及经济学原理。这样的项目不仅能提高他们的技术能力，还能培养他们的跨学科思维和研究能力。

### 24.4.9 公众参与的政策制定平台

1. 描述

在现代民主社会中，公众参与政策制定是提高政策质量和增强政策公众接受度的关键。公众参与的政策制定平台旨在提供一个开放、互动的环境，让公众可以对政策提议提供反馈、提出建议和发起讨论，同时使政府可以直接听取公众的声音。

2. 功能特点

政策展示：展示政府部门或议员提出的政策提议或草案。

反馈系统：允许用户提交对政策的反馈、建议和意见。

公众讨论区：为用户提供论坛或讨论区功能，让他们可以公开讨论政策。

投票功能：允许公众对某个政策进行投票，表达支持或反对的立场。

数据分析：分析用户的反馈数据，为政策制定者提供有价值的数据分析。

通知机制：当有新的政策提议或政策变动时，通知相关的公众用户。

3. 实现技术

Web 开发技术：创建对用户友好的平台界面。

数据库技术：存储政策内容、用户反馈和讨论数据。

机器学习与 AI：分析公众的反馈，自动分类意见，预测公众对政策的接受度。

消息推送技术：为用户提供实时的政策更新通知。

4. 应用场景

政策制定：政府部门在制定或修订政策时，可以先在平台上发布，收集公众意见。

公众参与：公众可以主动参与政策讨论，提出自己的建议和意见。

决策者反馈：决策者可以了解公众对政策的看法，对政策进行调整。

5. 挑战

数据安全与隐私：如何保护用户的个人信息和反馈内容不被滥用或泄露。

信息过载：可能会有大量的反馈和讨论，如何有效地筛选和整理信息是一个挑战。

真实性与公正性：确保反馈和投票的真实性，避免机器人或恶意用户的干扰。

对于大学生来说，这是一个结合了计算机技术、社会学和政治学的跨学科项目。通过这个项目，他们不仅可以学习和实践技术知识，还可以了解公众参与和政策制定的重要性。

### 24.4.10 智慧旅游指南

1. 描述

随着技术的进步，越来越多的旅行者期望得到个性化的旅游体验。智慧旅游指南应用可以分析用户的旅行偏好、历史行为和反馈，为游客提供量身定制的旅游路线建议，使旅游体验更加丰富和个性化。

2. 功能特点

用户偏好设置：允许用户输入他们对旅游的偏好，如景点类型、活动、餐饮等。

旅行日历与计划：用户可以设置旅行日期，应用会为其提供最佳的行程建议。

实时天气与事件信息：为用户提供目的地的天气预报、当地事件和节日信息。

社交功能：用户可以分享自己的行程、照片和体验，并查看其他用户的分享。

景点评分与反馈：用户可以对参观的景点进行评分和反馈，帮助系统优化建议。

AR 导航与信息：利用 AR 技术为用户提供景点的实时信息和导航。

### 3. 实现技术

移动应用开发：为用户提供方便的界面和体验。

数据库技术：存储景点信息、用户数据和反馈。

机器学习与 AI：分析用户的行为和反馈，优化行程建议。

AR 技术：为用户提供增强现实的导航与景点信息。

云计算：快速处理大量的用户数据和请求，为用户提供实时建议。

### 4. 应用场景

个性化旅游建议：为不同的用户提供个性化的旅游路线和建议。

旅游团队规划：为旅游团队提供优化的行程规划。

本地文化与活动推荐：推荐给用户当地的文化活动和特色。

### 5. 挑战

数据准确性：如何确保提供给用户的信息和建议是准确的和可靠的。

多语言支持：为来自不同国家和地区的用户提供多语言支持。

隐私保护：如何保护用户的个人信息和旅行偏好不被滥用。

对于大学生来说，开发智慧旅游指南不仅可以帮助他们实践技术技能，还可以让他们更深入地了解旅游业和用户行为。这是一个结合了计算机技术、旅游管理和人文社科的跨学科项目。

# 第25章 计算机与金融的交叉

## 25.1 量化交易与算法交易

### 25.1.1 量化交易的基础

#### 1. 定义

量化交易，通常简称为"量化"，是指利用数学模型、统计技术和计算机技术来指导投资决策的交易策略。它的主要目标是找出有预测性的统计模式，然后根据这些模式创建算法并自动执行买卖指令。

#### 2. 主要组成部分

数据：这是量化交易的基石。数据可以包括股价、交易量、宏观经济指标、公司财报等。

策略研究与开发：使用历史数据进行策略的回测，以确定其在过去的表现。

风险管理：评估策略的风险，包括可能的最大回撤、夏普比率等。

执行：自动地或半自动地在实际市场中执行交易。

#### 3. 优势

速度：计算机可以在毫秒或微秒内执行交易。

纪律：消除了由于人为因素如情绪而引发的交易错误。

能力：能够处理大量数据并在多个市场中同时交易。

#### 4. 限制

模型风险：如果模型基于的假设不再成立，那么策略可能会失效。

技术风险：如系统崩溃、网络问题等。

市场影响和流动性：如果交易太大，就可能会影响市场价格。

#### 5. 主要工具与技术

编程语言：如 Python、R、C++和 Java 等。

统计学和机器学习：用于模型建设和策略优化。

软件和平台：如 QuantConnect、Backtrader 等，用于策略的回测和实时交易。

#### 6. 量化交易的未来

随着技术的进步和大数据的普及，量化交易可能会变得更加复杂和多样。人工智能和机器学习技术的应用可能会更加广泛，同时交易策略也可能会更加多样化。

对于计算机科学与金融的交叉学科，量化交易是一个绝佳的研究领域，它结合了数学、统计学、计算机科学和金融学知识。对于学生和研究者来说，这是一个充满机会和挑战的领域。

## 25.1.2　算法交易与其重要性

### 1. 定义

算法交易，有时也称为"algo trading"或"黑盒子交易"，是指使用预定的指令集（算法）来执行交易，而不是依靠人工来做决策。这些指令可以基于各种参数，如时间、价格、交易量等。

### 2. 主要特点

速度：算法交易能够在极短的时间内自动执行大量的订单。

精确性：算法可以在指定的价格和时间点准确执行交易。

成本效益：由于减少了手工操作，交易成本可能会降低。

策略多样性：可以基于各种策略执行交易，如趋势跟踪、套利、市场制造等。

### 3. 重要性

市场效率：算法交易可以快速识别并利用市场上的定价差异，这有助于市场更加高效。

流动性提供：某些算法交易策略，如市场制造，可以提供市场流动性。

风险管理：通过自动化的方式，可以更好地实施风险管理策略，如止损和止盈。

避免人为误差：算法交易消除了因情绪和其他人为因素导致的交易误差。

### 4. 挑战

技术风险：与任何计算机系统相关的风险，如软件错误、网络延迟等。

策略衰退：当过多的交易者使用相似的策略时，该策略可能不再有效。

市场滥用：如"掠食性"交易或"闪电崩盘"，这可能是由特定算法策略引发的。

### 5. 在金融中的影响

随着技术的进步，算法交易在金融市场中的重要性日益增强。许多大型投资银行和对冲基金都依赖算法交易来优化其交易活动。此外，许多交易所和监管机构都在调整其规则，以适应算法交易带来的挑战和机会。

算法交易结合了计算机科学、数学和金融学，为金融市场带来了高效的、自动化的交易方式。然而，它也带来了新的风险和挑战，需要持续的研究和创新来应对。对于计算机科学和金融学的学生和研究者来说，这是一个充满机会的领域。

# 25.2　金融科技的崛起

## 25.2.1　金融科技的定义与演进

### 1. 定义

金融科技，简称"Fintech"，是指在金融服务行业中应用新技术的活动，尤其是在投资、银行业务和数字货币领域。它旨在优化金融服务、促进金融包容性、减少成本并提高工作效率。

### 2. Fintech 的演进

1）初期（1950—1970 年）

早期的自动取款机（Automated Teller Machine，ATM），电子交易系统的开发，电脑用于管理和跟踪证券交易。

2）技术驱动时代（1980—1990 年）

电子支付和在线银行的兴起；金融衍生品和复杂金融产品的开发；数据存储和处理的进步，允许更复杂的金融模型。

3）互联网金融时代（2000 年）

点对点（Peer to Peer Lending，P2P）贷款和众筹平台的兴起；移动支付和移动银行应用的推出；云技术在金融服务中的应用。

4）现代金融科技时代（2010 年至今）

区块链和加密货币的快速发展；大数据、人工智能和机器学习技术在金融分析、风险管理和预测中的应用；机器人理财顾问和算法交易的兴起；金融科技初创企业和创新实验室在传统银行和金融机构中的出现。

Fintech 从早期的电子化和自动化进化到现在的智能化和高度互联。随着技术的发展，金融科技领域正在经历前所未有的创新速度，为消费者和企业提供了前所未有的金融服务机会。

## 25.2.2　金融科技的挑战与机遇

随着科技的发展，金融科技正逐步改变我们的日常生活和商业活动。它提供了更多的机遇，同时也带来了许多挑战。

1. 机遇

用户体验优化：通过数字化解决方案，客户可以享受到更快、更便捷的服务。

金融普及：在那些传统金融服务不易到达的地方，Fintech 提供了一种简单、经济的方式，使得更多人可以获得金融服务。

成本降低：数字化和自动化可以帮助金融机构降低运营成本。

新产品与服务：基于大数据、AI 和其他技术的创新使得金融机构可以提供全新的产品和服务。

全球化交易：跨境支付和数字货币使得全球交易变得更加简单和快捷。

2. 挑战

安全性问题：随着金融服务的数字化，网络安全和数据隐私成为主要关注点。

监管问题：随着 Fintech 的发展，新的监管问题也随之出现，要求金融机构、政府和监管机构不断地进行适应和调整。

技术更新的速度：技术的快速迭代意味着金融机构必须持续地投资和更新他们的系统。

传统金融机构的竞争：Fintech 公司需要与已经存在的金融机构竞争，这些机构拥有强大的品牌效应和大量的客户。

客户信任：对于许多新的 Fintech 企业，赢得客户的信任是一个主要的挑战，尤其是当涉及客户的金钱和个人数据时。

# 25.3　区块链与金融服务

## 25.3.1　区块链技术的基础与特性

1. 基础概念

区块：每一个区块都包含了一系列的交易。当一个区块被"挖掘"或创建出来后，它会被加到链上，形成一个新的链接。

链：这是一系列按时间顺序排列的区块，每一个新的区块都包含前一个区块的哈希值，这确保了数据的完整性和不可篡改性。

2. 核心特性

去中心化：不同于传统的中心化数据库，区块链技术运行在一个分布式的网络上。这确保了没有任何单一的实体可以控制整个网络。

不可篡改性：一旦数据被写入区块链，则不可能被修改。这是因为每一个区块都包含了前一个区块的哈希值，任何数据的变动都会导致后续所有区块的哈希值改变。

安全性：区块链使用密码学技术来确保数据的安全和完整性。

透明性：所有的交易都是公开的，任何人都可以查看（尽管某些私有或权限链可能限制访问权限）。

智能合约：这是自动执行的合同，当预定的条件得到满足时，它会自动触发合同条款。

在金融服务领域，区块链技术有着广泛的应用前景，从简化和加速跨境汇款，到为证券交易提供一个去中心化的平台。此外，区块链还可以用于提高透明度、减少欺诈、简化合同执行等许多其他功能。

## 25.3.2　区块链在金融领域的应用

区块链技术在金融领域的应用广泛而深入，从支付结算到资产管理，都有一系列的创新实践。以下是一些核心的应用领域。

跨境支付和结算：传统的跨境支付需要经过多家银行和金融中介，费时费力且成本高昂。区块链提供了一个去中心化的解决方案，使得跨境转账更快速、更便宜。

供应链融资：供应链融资涉及多个参与方，区块链提供了一个透明的、不可篡改的平台，使得交易验证和信贷风险评估更为简单和准确。

证券发行与交易：通过区块链技术，股票、债券和其他金融资产可以被代币化，并在去中心化的平台上进行交易，这简化了交易过程并提高了效率。

智能合约：在金融衍生品、保险合同和其他复杂的金融交易中，智能合约可以自动执行合同条款，减少了执行风险，降低了相关成本。

身份验证和了解客户（Know Your Customer，KYC）规则：

区块链可以提供一个安全的、去中心化的身份验证系统，简化了客户的身份核查过程，同时增强了数据的安全性。

贷款和抵押：通过区块链，金融机构可以更加有效地验证和管理抵押物，降低欺诈风险。

保险：区块链可以简化保险索赔过程，通过智能合约自动处理某些索赔，并为保险交易提供透明的、不可篡改的记录。

资产管理和数字资产：金融资产如房地产、艺术品等可以被代币化，并在区块链平台上进行交易和管理。这不仅增加了资产的流动性，还简化了资产的买卖过程。

受托投资管理：投资组合管理、投资策略执行等环节可以借助区块链进行自动化操作，确保资产分配与客户的投资意向和合约条款完全一致。

反洗钱（Anti-Money Laundering，AML）和反恐怖分子融资：通过提供一个完整的、不可篡改的交易历史记录，区块链可以帮助金融机构更好地遵循反洗钱和反恐怖分子融资的法规。

随着技术的发展和实践的深入，区块链在金融领域的应用将会进一步拓展，带来更多的创新和机遇。

## 25.4  适合大学生创新的计算机与金融应用实践方案

### 25.4.1  虚拟资产交易模拟平台

**1. 目的**

为学生提供一个虚拟的金融市场环境，让他们能够实践自己的量化策略和交易策略，而不用担心真实的资金损失。

**2. 核心功能**

虚拟资产管理：每位用户在注册时获得一定数量的虚拟资金，用于模拟交易。

实时行情模拟：虽然资金是虚拟的，但可以提供真实市场的数据流，使学生能够在真实的市场环境中进行模拟交易。

策略测试与回测：学生可以编写自己的交易策略，并在平台上进行测试和回测，以评估策略的有效性。

交易模拟：提供买卖、设置止损和止盈、杠杆等交易功能，使学生能够全面地体验交易过程。

教育和资源：集成金融和技术的教程、视频和文档，帮助学生更好地理解市场和技术。

社区交流：设立论坛或社交功能，使学生能够分享策略、讨论市场和获取反馈。

**3. 应用的优势**

安全性：学生可以在没有任何真实财务风险的情况下尝试和学习交易。

实用性：通过模拟真实市场环境，学生可以更好地理解市场的工作原理和交易策略的实际应用。

创新性：鼓励学生创新，尝试不同的策略，不断优化并获得实际的反馈。

教育意义：除了交易实践，平台还可以提供有关金融知识和编程技巧的学习资源。

此类平台的成功例子有 Investopedia 的股票模拟器等，但为大学生专门设计的平台更加注重教育、交流和创新，帮助他们为将来的职业生涯做好准备。

### 25.4.2  金融新闻自动化分析工具

在金融市场中，新闻和事件对资产价格的影响是巨大的。因此，自动化地捕捉并分析这些信息，为投资者提供及时且有价值的建议，具有巨大的市场需求。

**1. 目的**

为投资者提供实时的金融新闻分析，帮助他们迅速了解市场动态，并做出明智的投资决策。

**2. 核心功能**

自动新闻抓取：从各大金融新闻网站、社交媒体和其他相关渠道自动抓取新闻和文章。

情感分析：应用 NLP 技术，分析新闻中的情感，判断其对市场的潜在影响是正面的还是负面的。

关键信息提取：自动提取新闻中的关键信息，如涉及的公司、股价变动、重要事件等。

实时推送：基于用户的关注点和投资组合，向用户实时推送相关新闻和分析结果。

交互式图表：为用户提供交互式的图表和数据，展示新闻事件与资产价格变动之间的相关性。

社区交流：允许用户在平台上分享和讨论新闻，获取其他投资者的观点和建议。

**3．应用的优势**

及时性：在金融市场中，信息的时效性至关重要。这个工具可以为投资者提供实时的新闻分析。

客观性：自动化分析可以消除人为偏见，提供更客观的市场观点。

个性化：根据用户的投资偏好和关注点，提供定制化的新闻和建议。

学习与进步：通过机器学习技术，工具可以不断地从用户反馈和市场变化中学习和进步。

省时省力：投资者不再需要花费大量时间筛选和分析新闻，工具可以为他们提供简洁明了的信息。

**4．技术细节**

在技术方面，构建一个金融新闻自动化分析工具涉及多个领域的知识和技能。以下是一些建议的技术组件和实现方法。

1）爬虫技术

使用 Python 的 Scrapy 和 BeautifulSoup 库来抓取各大金融新闻网站的内容。

对于实时新闻流和社交媒体，可以考虑使用 API 接入。

2）数据存储

选用数据库技术如 MySQL、PostgreSQL 或 MongoDB 来存储和管理抓取的新闻数据。

对于大规模数据处理和实时查询，可以考虑使用 Elasticsearch。

3）自然语言处理

使用 spaCy、NLTK 或 BERT 模型来进行文本的预处理、实体识别和情感分析。

利用预训练模型或微调特定于金融领域的数据集，来提高分析的准确性。

4）机器学习/深度学习

使用 TensorFlow、PyTorch 或 Scikit-learn 进行模型训练和预测。

根据历史数据和市场反应对模型进行训练，预测新闻对市场的潜在影响。

5）实时分析与流处理

使用 Kafka 或 Apache Flink 进行实时数据流的处理。

结合 Redis 等内存数据库技术实现实时数据的存储和查询。

6）前端技术

使用 React、Vue.js 或 Angular 构建用户界面。

利用 D3.js 或其他可视化库，为用户提供动态的图表和数据展示。

7）服务器和部署

使用 Docker 和 Kubernetes 进行应用的容器化和集群部署。

考虑使用云服务如 AWS、Google Cloud 或 Azure，实现弹性扩展和高可用性。

8）API 和集成

使用 RESTful API 或 GraphQL 实现后端服务。

与其他金融工具或平台进行集成，提供更广泛的服务。

9）安全性

实施 HTTPS 和数据加密技术来确保数据的安全传输。

定期进行安全性测试和审查，确保平台的安全性。

大学生在开发此类工具时，可以分工合作，根据个人的技能和兴趣选择特定的技术领域进行深入研究和实践。这不仅有助于技术的学习和应用，还可以培养团队合作和跨领域沟通的能力。

### 25.4.3    金融行为分析与教育应用

金融行为分析与教育应用结合了心理学、行为经济学与金融学，旨在通过用户的金融行为分析，为其提供个性化的金融教育和指导。用户可以在应用中输入或连接其金融账户来自动跟踪其支出、投资和储蓄习惯，应用则会基于这些数据给出建议和教育内容。

1. 目的

通过深入了解每个用户的金融行为，提供个性化的教育材料和建议，帮助用户形成更健康的金融习惯。

2. 核心功能

金融行为跟踪：用户可以手动输入或连接其银行和投资账户，应用会自动分析其金融活动。

行为分析报告：应用会定期生成关于用户支出、投资和储蓄行为的报告。

个性化教育材料：基于用户的金融行为，应用提供相关的文章、视频和课程，帮助用户了解金融知识。

智能建议：应用会根据用户的行为和目标，给出金融建议，如增加储蓄、减少不必要的支出等。

社区互动：用户可以在应用中与其他用户交流，分享自己的经验和学到的知识。

模拟投资：为初学者提供一个无风险的环境，他们可以使用虚拟货币进行模拟投资，学习投资策略。

3. 技术细节

数据加密：确保所有与用户金融数据相关的信息都是加密的，以保护用户隐私。

机器学习与AI：利用机器学习模型预测用户的金融行为，为他们提供个性化的建议和内容。

API集成：与银行和其他金融机构的API集成，实时获取和分析用户的金融数据。

云计算：使用云服务，如 AWS 或 Google Cloud，为应用提供高可用性和可扩展性。

金融行为分析与教育应用旨在帮助大学生和初入职场的年轻人更好地理解和管理自己的财务。对于大学生来说，这是一个绝佳的机会，他们可以在这个平台上实践金融理论知识，同时也能为未来的职业生涯打下坚实的基础。

### 25.4.4    区块链驱动的供应链平台

在全球化的今天，供应链的复杂性不断增加。对于消费者和企业来说，确保产品来源的透明性和可追溯性变得越来越重要。区块链技术以其分散、不可篡改和透明的特性，成为供应链领域的理想解决方案。

1. 目的

创建一个供应链平台，利用区块链技术确保每个生产和销售环节的信息都被记录和验证，从而为消费者和各方提供完全透明的产品来源和流通情况。

2. 核心功能

注册和身份验证：允许供应链中的各个参与方（如制造商、运输商、零售商等）在平台上注册并进行身份验证。

数据上链：每当产品完成一个环节（如生产、运输、检验等），相关信息都会被记录在区块链上。

实时追踪：允许用户实时追踪产品在供应链中的位置和状态。

智能合约：使用智能合约自动执行某些供应链操作，如自动支付、验货等。

可视化界面：为用户提供图形界面，展示产品的完整供应链路径和详情。

审计和报告：自动生成供应链的操作报告，便于审核和分析。

安全性：确保所有数据都经过加密，只有授权的用户才能访问。

3．技术细节

选择区块链平台：可以基于 Ethereum、Hyperledger Fabric 或其他专门为企业设计的区块链平台。

智能合约开发：使用 Solidity（针对 Ethereum）或其他相应的编程语言开发智能合约。

前端界面：使用 React、Vue.js 或 Angular 等框架为用户提供友好的界面。

集成 API：与现有的供应链管理系统或其他业务系统进行集成。

数据存储：除了区块链本身，还可能需要使用 IPFS 或传统的数据库技术如 MySQL、PostgreSQL 等，来存储非链上的数据。

加密与安全：使用如 SSL/TLS 技术来确保数据传输的安全性，并进行定期的安全性测试和审查。

对于大学生来说，这是一个具有深度和广度的项目，需要结合多个技术领域的知识。同时，这样的平台对于提高供应链的透明性和效率具有实际价值，为大学生提供了一个很好的实践和创新的机会。

## 25.4.5　AI 驱动的投资顾问机器人

AI 驱动的投资顾问机器人是近年来金融科技领域中的热门趋势。这种机器人通过集成先进的数据分析、机器学习和自然语言处理技术，为用户提供个性化的投资建议。

1．目的

为用户提供基于其金融目标、风险承受能力和市场情况的投资建议，助其实现资产增值。

2．核心功能

用户资料收集：收集用户的基本信息、财务状况、投资经验和风险承受能力等。

金融目标设定：与用户交互，了解其短期和长期的金融目标。

投资组合建议：根据用户信息和市场数据，为用户推荐合适的投资组合。

实时市场分析：对市场数据进行实时分析，监测投资组合的表现。

自动调整和再平衡：根据市场变化和用户的金融目标，自动调整投资组合。

自然语言交互：允许用户通过自然语言与机器人交互、提问和获取建议。

教育与培训：为用户提供金融知识和投资策略的学习资源。

3．技术细节

机器学习/深度学习：使用 TensorFlow、PyTorch 和 Scikit-learn 等工具和库，构建预测模型，分析市场数据和用户行为。

自然语言处理：使用 spaCy、NLTK 或 BERT 等工具进行语言分析，实现与用户的自然语言交互。

前端技术：使用 React、Vue.js 或 Angular 等框架，为用户提供友好的界面和交互体验。

实时数据处理：使用 Kafka、Apache Flink 或 Apache Spark 等技术，进行实时数据流的处理和分析。

API 集成：与金融数据提供商和其他服务平台进行集成，获取实时的市场数据和新闻。

云计算：利用 AWS、Google Cloud 或 Azure 等云服务，实现高性能的数据处理和存储。

安全性：确保用户数据的隐私和安全，使用如 SSL/TLS 技术加密数据传输，并进行定期的安全性测试。

对于大学生来说，开发这样的 AI 投资顾问机器人既是对技术知识的应用，也是对金融知识的学习和实践。此外，考虑到金融市场的复杂性和不确定性，这也是一个很好的机会，能让学生学习如何在实际情境中应用 AI 和数据分析技术。

### 25.4.6　金融服务安全评估工具

金融科技的迅速崛起带来了无数的机会，同时也带来了安全挑战。对于银行、金融机构和初创公司，确保其提供的金融科技应用安全至关重要。一个针对金融服务的安全评估工具可以为这些机构提供必要的安全分析和建议。

1. 目的

评估金融科技应用的安全性，识别潜在的安全漏洞，提供加固建议，以保护用户资料和金融交易。

2. 核心功能

自动扫描：对金融科技应用进行自动安全扫描，识别常见的安全问题和漏洞。

手工测试：提供框架和指导，帮助安全专家进行深入的手工测试。

数据加密评估：检查数据传输和存储的加密标准是否符合行业标准。

身份验证和授权评估：评估应用的身份验证和授权机制，确保只有授权用户才能访问相关数据。

报告生成：自动生成安全评估报告，列出识别的漏洞和其潜在影响，以及建议修复的措施。

持续监控：为金融机构提供实时的安全监控服务，迅速发现并响应任何安全威胁。

教育与培训：提供关于金融科技应用安全的学习资源和培训。

3. 技术细节

漏洞扫描：集成开源或商业的漏洞扫描工具，如 OWASP ZAP、Nessus 或 Burp Suite。

加密标准评估：检查应用所使用的加密算法和协议，如 SSL/TLS、AES 等。

身份验证分析：分析使用的身份验证机制，如 OAuth、OpenID、SAML 等。

前端技术：使用 React、Vue.js 或 Angular 为安全团队和管理者提供易于使用的界面。

数据库：使用 MySQL、PostgreSQL 或 MongoDB 存储安全扫描和评估的结果。

云服务：利用 AWS、Google Cloud 或 Azure 等云服务进行大规模的扫描和数据分析。

实时监控：使用 ELK Stack（Elasticsearch、Logstash、Kibana）或其他日志管理解决方案，对应用进行实时安全监控。

对于大学生来说，开发一个金融服务安全评估工具不仅可以让他们深入地了解金融科技应用的安全性，还能培养他们在实际场景中应用安全知识的能力。此外，这也为他们提供了与安全专家和金融机构合作的机会，加深对金融领域的理解。

### 25.4.7　智能合约模板库

随着区块链技术的广泛应用，智能合约已经成为金融、供应链、房地产和许多其他行业的核心组成部分。然而，为了编写一个安全且有效的智能合约，需要更深入的专业知识。一个智能合约模板库可以为那些不熟悉区块链编程的人提供一个快速启动的平台。

#### 1. 目的

简化并标准化智能合约的开发流程，减少错误，增加对区块链技术的普及。

#### 2. 核心功能

多种模板：为各种常见场景提供预先编写的智能合约模板，如众筹、票据、资产交易、投票等。

参数化配置：允许用户通过简单的参数输入来定制模板，以满足特定的业务需求。

安全审查：确保所有模板都经过严格的安全审查，以防止常见的合约漏洞。

模板更新：随着区块链技术的进步，定期更新模板，包括新功能和安全性改进。

简易部署：提供一键部署功能，让用户轻松地将智能合约部署到所选的区块链网络。

文档和教程：为每个模板提供详细的使用说明和教程，帮助用户理解和修改。

社区反馈和贡献：允许社区成员提供反馈、分享和贡献自己的模板。

#### 3. 技术细节

编程语言：根据目标区块链选择合适的编程语言，如 Ethereum 的 Solidity、EOS 的 C++等。

前端技术：使用 React、Vue.js 或 Angular 为用户提供友好的界面和交互体验。

版本控制：使用 Git 或其他版本控制系统来管理模板的版本。

自动化测试：集成 Truffle、Mocha 或其他测试框架，确保每个模板的功能和安全性。

区块链集成：提供与主要区块链平台（如 Ethereum、EOS、Binance Smart Chain 等）的集成，以便于模板的部署。

对于大学生来说，创建和维护一个智能合约模板库是一个极好的学习机会。他们不仅可以深入了解区块链和智能合约的工作原理，还可以与社区合作，学习如何编写安全和高效的代码，同时为普及区块链技术做出贡献。

### 25.4.8　金融数据可视化工具

金融数据通常包含了大量的信息，包括股价、利率、经济指标等。将这些复杂的数据以图形方式呈现可以帮助用户快速地理解市场动态，做出明智的投资决策。

#### 1. 目的

将大量且复杂的金融数据转化为直观、易于理解的图形，从而帮助投资者、分析师和金融机构更好地洞察市场和做出决策。

#### 2. 核心功能

多种图表类型：提供柱状图、线图、饼图、热力图、雷达图等多种图表选项。

实时数据展示：与金融数据提供商集成，实时展示市场动态。

历史数据查询：允许用户查询特定日期范围的历史数据。

指标筛选与对比：允许用户选择和对比多个金融指标。

交互式探索：提供缩放、拖动、高亮等交互功能，帮助用户深入挖掘数据。

数据导出：允许用户导出图表或原始数据，以便于进一步分析。

定制化主题：提供多种主题和颜色方案，以满足不同用户的审美需求。

#### 3. 技术细节

前端库与框架：利用如 D3.js、Chart.js、Highcharts 等前端库进行数据可视化。

后端处理：使用 Python（如 Pandas 和 Flask）或 Node.js 进行数据处理和 API 开发。

数据库：使用 MySQL、PostgreSQL 或 MongoDB 存储金融数据。

数据获取：通过与金融数据提供商（如 Quandl、Alpha Vantage 等）的 API 集成，获取实时和历史数据。

缓存与优化：使用 Redis 或其他缓存工具，确保数据的快速加载和展示。

云服务与部署：使用 AWS、Google Cloud 或 Azure 进行应用部署和扩展。

对于大学生来说，开发一个金融数据可视化工具不仅可以提高他们对金融数据的理解，还可以锻炼他们的编程和设计能力。这种项目也有助于培养大学生的团队合作和项目管理能力，为他们日后进入金融或技术领域打下坚实的基础。

### 25.4.9　Fintech 创新实验室

金融科技是金融与技术的结合，旨在改进金融服务与流程的使用和交付，并实现这一过程的自动化。对于学生来说，一个专为他们打造的 Fintech 创新实验室可以提供一个现实中的环境，帮助他们将理论知识转化为实践经验。

1. 目的

为学生提供一个实践、创新和学习最前沿的金融技术的环境，鼓励他们开展实验性研究和项目。

2. 核心功能

多功能工作站：配备高性能计算机、多屏显示器和专业软件，满足各种金融模型的计算和分析需求。

实时金融数据访问：与全球主要的金融数据提供商集成，为学生提供实时或历史的股票、债券、货币和衍生品数据。

金融模拟交易平台：允许学生进行虚拟交易，实践他们的投资策略和理论。

区块链沙箱环境：提供一个安全的沙箱环境，使学生可以测试和部署智能合约，研究不同的共识机制和区块链架构。

AI 与机器学习工具：提供最先进的机器学习框架和库，如 TensorFlow 和 PyTorch，支持学生进行金融数据的深度分析和预测。

培训和研讨会：定期邀请金融和技术领域的专家，为学生提供培训和研讨会。

项目孵化与导师支持：为学生的创新项目提供必要的资源和指导，帮助他们将想法转化为现实。

3. 技术细节

硬件配置：高性能的 CPU、大容量的 RAM、高速的 SSD 存储、GPU 加速卡，以及高分辨率的显示器。

软件支持：金融建模和分析软件（如 MATLAB、R、Python）、数据库系统（如 MySQL、MongoDB）、区块链开发工具（如 Truffle、Ganache）等。

网络安全：确保实验室的网络环境是安全的，防止数据泄露或出现其他安全威胁。

云计算与存储：与主要的云服务提供商（如 AWS、Azure、Google Cloud）集成，提供弹性计算和存储资源。

对于大学生，Fintech 创新实验室是一个宝贵的资源，他们可以在这里实践、研究和学习。通过实际的项目和研究，学生可以更好地使自己进入这个迅速发展的领域，并为未来的职业生涯打下坚实的基础。

### 25.4.10　区块链教育平台

随着区块链技术在多个行业中的应用和影响逐渐增长，对这项技术的理解和掌握变得越来越重要。一个专门的区块链教育平台可以为初学者和进阶者提供全面的、系统的学习材料和实践机会。

**1. 目的**

为有兴趣学习和研究区块链的人员提供一个系统化的、互动式的在线学习环境。

**2. 核心功能**

课程体系：涵盖从基础入门到高级应用的多个课程，如"区块链基础""智能合约开发""加密货币原理"等。

互动式教学：除传统的视频教程和文本资料外，还提供交互式编程练习、模拟实验和在线测试。

区块链沙箱：为学生提供一个实际操作的环境，可以测试和部署智能合约，体验真实的区块链网络。

社区与论坛：创建一个社区环境，鼓励学生和专家之间进行交流和讨论。

项目和实践方案库：收集并展示实际的区块链项目和应用实践方案，帮助学生更好地理解区块链技术在现实中的应用。

认证与徽章：为完成课程的学生提供认证证书或徽章，以证明他们的技能和知识。

持续更新：随着技术的发展，定期更新课程内容和资源，确保学生获得最新的知识。

**3. 技术细节**

前端开发：使用现代的 Web 框架和库，如 React、Vue.js 或 Angular，提供良好的用户体验。

后端架构：使用 Node.js、Python 或 Java 搭建稳定和高效的后台服务。

数据库：使用关系型或非关系型数据库如 MySQL、PostgreSQL 或 MongoDB 存储用户数据和课程内容。

区块链环境：利用 Ethereum、Hyperledger 或其他主流区块链平台提供实际操作环境。

内容分发网络（CDN）：为全球用户提供快速和稳定的内容访问。

云服务：使用 AWS、Google Cloud 或 Azure 等云平台，确保平台的可扩展性和稳定性。

通过区块链教育平台，学生和专业人员可以更轻松地掌握这一新兴技术，为未来的职业生涯或研究项目做好准备。对于大学生，这样的平台更是提供了一个宝贵的机会，让他们能在实际应用中深入体验和了解区块链的魅力。

# 第 5 部分

# 从创意到实践：大学生计算机与电子项目实践与参赛指南

# 第26章 从点子到原型

## 26.1 创意的来源与灵感的激发

创意和灵感往往来自对周围环境的观察和对问题的思考。任何一个伟大的发明或创新，无论是技术上的还是艺术上的，都始于一个观察到的问题、一个需要或一个灵感瞬间。

### 26.1.1 日常生活中的问题与需求

观察日常生活：我们每天都会遇到各种各样的问题或需求。有些问题可能是我们已经习惯的，有些问题可能是新出现的，但每一个问题都可以成为一个新创意的种子。

家居自动化：每次离开家时都会忘记关灯，如果有一个应用或设备可以自动控制家里的电器就太好了。

智能提醒：每次去超市都会忘记需要买的东西，如果手机可以自动记录并在合适的时候提醒就好了。

生活中的问题和需求很多，如何选择其中一个来进行创新和改进？

可以记录下所有的问题和需求：无论大小，记录下你观察到的问题和需求。这样你就可以有一个清晰的列表来选择。

分析问题的紧迫性和广泛性：有些问题可能只是你个人的，有些可能是很多人都有的。选择那些更普遍的、更紧迫的问题，这样你的创新解决方案可能更有市场价值。

研究现有解决方案：在你决定针对某个问题创新之前，先研究一下现有的解决方案。这可以帮助你避免重复发明，并找到更好的方法。

创意的转化：有了一个好的创意是迈向成功的第一步，但如何把这个创意变为现实，需要技术、资源、团队和策略。后续章节将详细探讨这些方面，帮助你从一个点子走向一个完整的原型。

### 26.1.2 创意激发的方法与技巧

在创新和发明的过程中，创意的激发经常被视为一个关键步骤。有时候，面临问题，我们很可能找不到答案。以下是一些可以帮助你激发创意的方法和技巧。

头脑风暴（Brainstorming）：这是一个组内无约束的思维方式，鼓励每个人提出任何想法，不论多么奇特或不切实际。这可以帮助团队拓宽思维，找到不寻常的解决方案。

思维导图（Mind Mapping）：通过图形方式组织和连接相关的想法和信息。这可以帮助你看到不同想法之间的联系，并进一步发展它们。

逆向思考（Reverse Thinking）：改变你看问题的角度。例如，不是考虑如何实现某事，而是考虑为什么你想这样做或为什么其他方法不行。

模拟他人的视角：考虑问题从其他人或对象的角度，这种变化的视角可能会揭示新的方法或看待问题的方式。

限制/约束法：人们往往在面临限制时更加具有创造性。尝试为自己设定时间、资源或其他约束，看看它如何激发你的创意。

随机词法：选择一个随机的词汇，然后尝试将其与你的项目或问题关联起来。这种不相关的联想可能会导致新的洞察和创意。

休息和切换：当过于专注于一个问题时，可能会产生"思维定势"。暂时离开，做点别的事情，然后再回来，你可能会有新的视角。

学习和研究：了解与你的项目相关的其他领域和行业。跨学科的知识往往能产生最有创意的解决方案。

与他人交流：分享你的想法和问题，听听他人的看法。他人可能会提供你没有考虑过的角度或解决方案。

保持好奇心：对周围的世界保持好奇心，始终寻求学习和探索新事物。

记住，创意的激发往往是一个迭代的过程，需要时间和练习。不要急于求成，允许自己犯错误，并从中学习。

# 26.2　项　目　策　划

## 26.2.1　明确项目的目标

确立项目的目标是策划的第一步，也是最为关键的一步，这将为后续的所有决策提供方向。

SMART 原则：确保你的项目目标是具体的（Specific）、可衡量的（Measurable）、可实现的（Achievable）、相关的（Relevant）和时限的（Time-bound）。

需求分析：与相关人员或潜在用户交流，了解他们的需求和期望，确保项目的目标是符合市场需求的。

竞争分析：研究市场上的竞争对手，了解他们的优势和劣势，找出你的项目可以与他们的项目区分开的地方。

SWOT 分析：考虑你的项目在 Strengths（优势）、Weaknesses（劣势）、Opportunities（机会）和 Threats（威胁）方面的情况。这可以帮助你更好地定位项目，并了解潜在的风险和机会。

目标的分解：一旦确定了整体目标，就要将其分解为更小的、更具体的任务或里程碑。这将使任务变得更加明确和可管理。

定位：根据项目的目标和竞争分析，确定项目的市场定位。这可以是基于价格、功能、用户群体或其他独特的卖点。

反馈循环：在项目进行中定期回顾和更新目标。随着项目的进展，你可能会获得新的信息或面临新的挑战，需要对目标进行调整。

一个定位正确的项目目标可以为团队提供明确的方向，减少浪费，提高项目的成功率。

## 26.2.2　项目时间与资源的管理

管理时间和资源是确保项目成功的关键。有效的管理不仅可以提高工作效率，还可以确保项目在预算和期限内完成。

1. 项目时间表

甘特图：这是一个流行的工具，可以可视化地显示任务、持续时间和依赖关系。

关键路径法：识别项目中必须按时完成的关键任务，以确保项目整体按时完成。

里程碑：确定项目中的关键阶段和日期，确保团队对重要时间点有共同的理解。

2．资源分配

识别关键资源：明确项目需要哪些资源，包括人员、设备、软件和资金。

优先级设定：确保关键任务和阶段得到所需的资源。

资源调度：根据任务的优先级和时效性分配和调整资源。

3．预算管理

成本估算：为项目的各个阶段和任务估算成本。

成本追踪：持续监控实际花费与预算的差异。

调整与控制：根据实际的成本和进度调整预算或重新分配资源。

4．风险管理

风险识别：提前识别可能影响项目时间和资源的风险。

风险评估：评估每个风险的可能性和影响程度。

制定应对策略：为高风险因素制定应对策略，例如增加备用资源或调整项目时间表。

5．团队协作与沟通

定期会议：组织定期的项目会议，以确保团队成员对进度和资源有共同的理解。

使用工具：使用项目管理软件或协作工具，如 Trello、Asana 或 Jira，来跟踪任务和资源。

开放沟通：鼓励团队成员在遇到问题或需要资源时及时沟通。

6．监控和调整

进度追踪：持续监控项目的实际进度与预定时间表的对比。

资源审核：定期检查资源的使用情况，确保资源被有效利用并按计划分配。

项目时间与资源的管理需要持续的注意和调整。通过有效的工具、沟通和风险管理，项目经理可以确保项目在有限的时间和资源内成功完成。

# 26.3　设计与原型开发

在创意被明确并进行了初步策划后，接下来的步骤是将其转化为可视化的设计，并创建一个工作原型。这一阶段可以让开发者、设计师和其他利益相关者对项目有一个清晰的、可交互的视觉效果。

## 26.3.1　软件设计与原型开发工具

软件设计与原型开发工具使团队能够创建、测试和完善他们的想法。以下是一些流行的工具和它们的主要特点。

1. Sketch

专为界面设计制作，Sketch 提供了一系列的工具和插件来支持 UI/UX 设计，

与其他工具（如 Zeplin 和 InVision）能够很好地集成。

2. Adobe XD

Adobe XD 是 Adobe 推出的用户体验设计工具，支持原型设计和协作。允许设计师在一个应用中进行设计、原型制作和分享。

### 3. Figma

Figma 是云基础的 UI 设计工具，允许多人实时协作，无须安装任何软件，可直接在浏览器中使用。

### 4. InVision

InVision 专注于交互式原型制作，允许用户快速转化设计为可交互的原型，并收集反馈。

### 5. Balsamiq

Balsamiq 专为草图和低保真原型设计，拥有简单的界面和大量预制组件，使其成为初步草图设计的理想选择。

### 6. Axure RP

Axure RP 是一个功能强大的原型设计工具，支持高度交互性和逻辑性，适合高保真度和复杂的项目原型。

### 7. Proto.io

Proto.io 是一个基于 Web 的原型制作工具，支持从简单的点击原型到复杂的交互设计。提供大量预制的组件和模板，可以快速制作原型。

这些工具通常提供拖放功能，预制的设计组件和高级交互功能，使设计师能够轻松地创建并迭代设计。选择合适的工具在很大程度上取决于项目的需求、团队的经验和预期的交付成果。

## 26.3.2 硬件原型的搭建与测试

硬件原型开发涉及将设计从概念转化为实际的物理设备。与软件不同，硬件涉及物理组件的选择、组装以及实际测试。对于大学生，这个过程非常具有挑战性，也是一个学习和创新的好机会。

1. 选择合适的开发板

Arduino：适合初学者，拥有丰富的库和社区支持，非常适合快速原型制作。

Raspberry Pi：一个小型的计算机，可以运行 Linux，适合需要处理能力的应用。

ESP8266/ESP32：低成本的 Wi-Fi 模块，适用于物联网应用。

2. 组件选择与购买

根据项目需求，选择并购买所需的传感器、执行器和其他组件。在中国，淘宝和京东等电商平台上有许多电子组件供应商。

3. 搭建与焊接

使用面包板进行初步的组装和测试，确认电路设计无误后，可以进行 PCB 设计和焊接。

4. 编程与控制

根据选择的开发板，使用相应的编程语言和 IDE 进行编程。Arduino IDE、Raspberry Pi 的 Raspbian OS 以及其他开发环境提供了丰富的库和支持。

5. 测试与验证

功能测试：确保所有部件都按预期工作。

性能测试：测量电池寿命、响应时间等关键指标。

用户测试：让目标用户使用原型并收集反馈。

6. 迭代与优化

根据测试结果进行调整和优化。可能需要重新设计部分电路或重新编程以改善性能或用户体验。

### 7. 安全性考虑

确保电路设计是安全的，避免短路或过载。如果原型涉及与人体接触，需确保所有部分都是安全的，并遵循相关标准。

对于中国的大学生，参加各种硬件竞赛和马拉松（如"创客马拉松"）是一个很好的学习和实践的机会。这些活动通常提供了大学生所需的工具和资源，使学生能够将他们的创意转化为实际的硬件原型。

# 26.4　用户测试与反馈

用户测试是产品开发流程中的关键步骤，它可以确保产品满足用户的需求和预期。测试产品原型并获取真实用户的反馈可以及时发现并解决潜在问题，从而优化产品。

## 26.4.1　用户测试的设计与方法

### 1. 确定测试目标

在开始用户测试之前，需要明确测试的目的。是为了验证界面的易用性？还是测试新功能的受欢迎程度？或是评估整体的用户体验？

### 2. 选择适当的测试方法

A/B 测试：给不同的用户组提供两种或多种版本，看哪个版本的表现更好。

可用性测试：让用户在受控环境中完成特定任务，观察他们的行为和反应。

远程用户测试：让用户使用在线工具在自己的环境中测试产品。

问卷调查：收集用户的意见和建议。

### 3. 招募测试用户

尽量选择目标用户或潜在用户进行测试。使用社交媒体、学校论坛或专门的平台如UserTesting 进行招募。

### 4. 设计测试任务

创建明确的、具体的任务供用户完成，这有助于评估产品的特定部分。例如，如果你正在测试一个购物应用，你可以让用户搜索特定的产品，添加到购物车并完成购买流程。

### 5. 收集反馈

在测试期间，观察用户的行为，记录他们在哪里遇到问题或困惑。结束测试后，进行简短的访谈，询问他们的体验和建议。

### 6. 分析结果

整理收集到的数据，找出常见的问题和趋势。使用工具如 Hotjar 或 Lookback 可以帮助你更深入地理解用户的行为。

### 7. 迭代与改进

根据用户的反馈，对产品进行调整和优化。之后可能需要进行更多的测试，以确保所做的改变是有效的。

对于大学生，进行用户测试可以为他们的项目或产品提供宝贵的见解。同时，它也是一种学习和研究用户行为和需求的好机会。

## 26.4.2 收集与解读用户反馈

用户反馈是优化产品的宝贵资源，但有效地收集和解读这些反馈是一门技术。

1. 收集方法

直接观察：在可用性测试中直接观察用户如何使用产品，并记录下他们的行为。

访谈：在用户测试结束后进行一对一的访谈，询问他们的体验、感受和建议。

问卷调查：使用在线工具如 SurveyMonkey 或 Google Forms 创建问卷，集结用户的反馈。

用户日志：要求用户在使用产品过程中记录他们的经验和感受。

反馈按钮或表格：在应用或网站上设置一个易于访问的反馈按钮。

2. 优质反馈的特点

具体且明确："我在注册页面卡住了"比"我不喜欢这个应用"更有用。

可行性：用户提供的建议或意见应该是实际且可操作的。

客观性：尽量获取基于事实或观察的反馈，而不是基于情感的反馈。

3. 解读用户反馈

寻找共同点：多位用户提到的同一个问题可能表明这是一个需要关注的关键区域。

权衡反馈：不是所有的反馈都是平等的。需要根据项目的目标和策略来决定哪些反馈是最重要的。

考虑背景：尝试了解给出反馈的用户的背景。例如，技术新手和技术高手可能会有不同的需求和挑战。

避免立刻做出决策：在做出任何决策之前，花些时间思考和评估所有收集到的反馈。

4. 反馈的整合与行动计划

将反馈分类并优先处理。例如，可以按照问题的严重性、影响的用户数量等因素来优先处理。创建一个反馈整合文档，列出所有的反馈点、可能的解决方案以及负责人。定期检查进度，并再次进行用户测试以验证所做的改变是否有效。

对于大学生，收集和解读用户反馈不仅可以帮助他们优化项目，还可以培养他们的沟通、分析和决策能力，这些都是职业生涯中非常宝贵的能力。

# 第27章 技术展示与宣传

在项目完成之后，进行有效的技术展示与宣传是至关重要的。这不仅可以吸引潜在的用户或投资者，还可以为开发者或团队树立专业形象。

## 27.1 技术文档与白皮书的撰写

良好的技术文档或白皮书可以帮助读者理解技术的核心原理、应用场景和优势，为产品或解决方案赢得信任。

### 27.1.1 结构与组织技术文档的基本框架

标题：为文档撰写一个清晰、简洁的标题，反映文档的主题。

摘要：简短地描述文档的主要内容和目的，帮助读者快速了解是否符合他们的需要。

引言：为读者提供背景信息，例如技术的历史、目前的挑战以及为何这个技术或解决方案是重要的。

核心原理：解释技术背后的基础概念或理论。

组件与架构：描述技术的主要组件和它们如何互相配合。

实现方法：描述如何从零开始实现该技术或解决方案。

应用场景：描述技术的实际应用和实例，帮助读者理解它在真实环境中的功能和效果。

优势与局限性：列出技术的主要优点。诚实地讨论其局限性或潜在的缺陷。

未来展望：基于当前技术趋势，探讨技术的未来发展方向和可能的改进方向。

结论：总结文档的主要内容，强调技术的关键点。

参考文献：列出所有引用的资源，增加文档的可信度。

附录：提供额外的详细信息，例如代码示例、数据表或更深入的讨论。

撰写技术文档或白皮书时，确保使用清晰、简洁的语言，并避免过多的术语或复杂的句子结构。考虑使用图表、图片或示意图来辅助解释。

### 27.1.2 如何使内容既专业又易懂

使技术文档内容既专业又易懂是一项挑战，但这样的文档更容易吸引和留住读者。以下是一些建议和方法，确保内容专业性不降低的同时，也为广大读者提供易于理解的信息。

明确目标受众：了解你的读者是谁。是技术人员、决策者还是大众？根据目标受众调整内容的深度和复杂度。

使用简单的句子结构：长句可能会使读者迷失，短句和直接的陈述句更容易消化。

避免过多的术语和缩略词：如果必须使用，确保在首次出现时给出定义或解释。

使用示例和案例：真实的例子和情境可以帮助读者更好地理解抽象的概念或复杂的技术。

图形化解释：图表、流程图、示意图和其他视觉工具可以将复杂的数据和概念简化为更易于理解的信息。

使用清晰的标题和子标题：这不仅帮助读者跟踪内容的结构，还便于他们快速扫描文档找到感兴趣的部分。

逻辑结构：确保内容按照明确的、逻辑的顺序进行组织，使读者可以循序渐进地理解。

提供深入阅读的链接或参考：对于想要深入研究某个话题的读者，提供进一步的学习资源。

使用实例和故事叙述：讲述与内容相关的故事或实例可以增加情境感，使概念更有意义。

校对和测试：在发布前，请一些目标读者阅读并提供反馈，看看他们是否能理解和吸收内容。

强调关键点：使用粗体、斜体或彩色文本突出显示主要概念或关键信息。

保持一致性：在整个文档中，保持术语、格式和结构的一致性。

撰写既专业又易懂的内容需要时间和练习。但随着时间的推移，这种努力会为你带来巨大的价值，提高你的专业度。

# 27.2　有效的项目展示技巧

在技术和创新领域，将项目表达得既有深度又引人入胜是至关重要的。无论你是在校园内、投资者面前还是大型技术会议上展示，以下技巧都可以帮助你更好地展示你的项目。

## 27.2.1　制定展示策略与要点

了解你的听众：首先，你需要了解你的听众。他们的背景是什么？他们对你的项目知道多少？确定你的信息对听众有实际意义，并根据他们的知识水平调整你的演讲。

明确展示目的：你希望听众在展示结束后采取什么行动？是投资、合作还是只是了解更多？确保你展示的内容与目标对齐。

起始与结束：首先提出一个吸引人的观点或问题，最后再以强有力的结论或行动结束。

突出关键要点：确定你希望听众记住的三到五个关键信息，并确保它们在展示中被突出表示。

故事叙述：使用故事来解释复杂的技术或概念，这可以帮助听众更容易地理解和记住。

清晰的视觉辅助：使用简洁、不拥挤的幻灯片，以图形和简短的文本突出关键概念。避免使用复杂的图表或数据表，除非它们真的是必要的。

实例与演示：如果可能的话，展示一个简短的项目演示或实例。这可以是一个视频、互动应用程序或其他形式的实时演示。

准备问题与答案：预测并准备可能的问题，并为其提供简洁、准确的答案。

练习：确保你熟悉演讲的内容，并对你的演讲时间有准确的控制。尝试在不同的听众面前练习，收集反馈并进行调整。

使用正面的肢体语言：与听众建立眼神联系，保持开放和自信的身体姿态，避免过多的"嗯"或"啊"等语气词。

鼓励互动：如果适当，鼓励听众提问或参与讨论，这会使展示更有活力和引人入胜。

最后，保持你的热情和兴奋。如果你对你的项目感到兴奋，那么听众也更容易被吸引。

## 27.2.2　技术展示的实用技巧与常见错误

技术展示有其特殊性，特别是在解释复杂的概念或创新时。正确地进行技术展示可以确保你的听众理解并对你的项目感兴趣。以下是一些实用技巧以及在技术展示中应避免的常见错误。

1. 实用技巧

简化复杂性：尽量将复杂的技术概念简化为易于理解的术语和比喻。

用实际例子：提供真实应用的例子可以帮助听众更好地理解技术的实际意义和价值。

交互演示：直接展示你的技术是如何工作的，可以是一个实时演示、视频或其他交互式展示。

提前准备技术设备：确保所有技术设备都在展示前经过测试和调试，以避免展示时出现技术故障。

保持时间管理：确保你的展示内容可以在分配的时间内完成，留出时间回答问题。

备份方案：如果主要的演示失败或技术出现问题，预备一个替代方案或备用设备。

2. 常见错误

过度技术化：使用太多的技术术语或过于深入地探讨技术细节可能会使非技术背景的听众感到困惑。

缺乏结构：没有明确的展示结构或顺序，可能会导致听众对你的要点产生困惑。

过长时间的展示：过长时间的展示可能会导致听众的注意力下降，尤其是内容很技术化。

忽视听众的问题：不留出时间回答听众的问题或不重视听众的疑虑可能会导致他们对你的技术失去信心。

不适当的视觉辅助：复杂的幻灯片、字号小或不清晰的图像都可能使听众分心或困惑。

未适应听众：如果你在展示前没有了解你的听众，可能会发现你的内容对他们来说太简单或太复杂。

进行有效的技术展示需要充分的准备、练习和对听众的了解。确保你的内容既有深度又容易理解，并随时准备调整，以满足听众的需求和问题。

# 27.3　在线平台与社交媒体的利用

随着数字化和社交媒体的普及，利用在线平台推广技术项目和建立品牌变得至关重要。以下是如何使用这些工具来最大限度地提高你的影响力的一些建议。

## 27.3.1　定位与建立个人/团队品牌

明确定位：首先，需要确定你或你的团队想要在数字领域达到什么目标。你希望被视为某个领域的专家吗？或者你希望展示你的项目和创新吗？

定义品牌属性：品牌不仅仅是一个标志或名称，它包括了一系列的属性，如使命、愿景、价值观以及你想与之关联的感情。

一致的形象：无论是在 LinkedIn、Twitter、Instagram 还是在其他平台，确保使用一致的头像、背景和颜色方案，这会帮助人们轻松地识别和记住你的品牌。

专业主页：考虑创建一个网站或博客，展示你的项目、研究成果和其他相关信息。有些平台，如 LinkedIn，也允许用户发布长篇文章，这可以用来深入探讨你的专长领域。

高质量的内容：定期发布与你所在的领域相关的高质量内容。这可以是你自己的研究、项目更新，或者是对当前行业趋势的见解。

互动与参与：社交媒体的主要优势是它的互动性。回应评论、参与讨论并与你的追随者建立联系。

建立网络：与行业内的其他专家和团队建立联系。这不仅可以增加你的曝光度，还可以为合作和其他机会创造条件。

持续的学习与适应：数字领域和社交媒体的趋势总是在变化。定期评估你的策略，看看哪些工作得好，哪些需要调整。

维护网络礼仪：在互联网上，一切都是公开的。始终保持专业，避免参与任何可能损害品牌形象的争议或负面互动。

通过建立一个强大、一致和互动的在线品牌，你可以增加你的可见性，建立信任并在你的领域中建立专家地位。

### 27.3.2 如何高效地使用各大平台

社交媒体和在线平台为技术团队和个人提供了一个展示技能和与他人互动的宝贵机会。为了最大限度地利用这些平台，要了解每个平台的特点和最佳实践。

1. LinkedIn

目标受众：职业人士、招聘者、行业专家。

最佳实践：发布行业新闻、个人成果、参与行业讨论、建立职业网络。

提示：利用 LinkedIn 的文章功能来展示深入的专业见解。

2. Twitter

目标受众：广泛的公众、行业观察者、新闻媒体。

最佳实践：分享实时更新、行业动态、参与实时讨论、使用相关的话题标签。

提示：参与热门话题和实时事件讨论，增加曝光度。

3. Instagram

目标受众：年轻用户、设计师、创意工作者。

最佳实践：展示项目视觉效果、团队文化、进行故事分享。

提示：使用 Instagram Stories 来进行实时更新和交互。

4. GitHub

目标受众：开发者、技术团队、研究者。

最佳实践：发布和更新项目代码、文档，与其他开发者合作。

提示：维护一个清晰的 README，有助于他人理解你的项目。

5. 微信

目标受众：广泛的中国用户。

最佳实践：发布文章、更新，与粉丝交互、进行在线市场营销。

提示：利用微信小程序来为用户提供更丰富的互动体验。

6. bilibili/抖音

目标受众：年轻的中国用户、内容创作者。

最佳实践：创建有趣和有教育意义的视频内容。

提示：保持与当前的热门趋势和话题相关性。

7. Medium

目标受众：读者、行业观察者、其他作家。

最佳实践：发布长篇文章、深入分析、分享见解。

提示：参与 Medium 上的相关社区或刊物，增加文章的曝光度。

8. Reddit

目标受众：特定兴趣群体、技术社区、广泛的公众。

最佳实践：在相关的 subreddits 中发布和参与讨论。

提示：始终遵守 Reddit 的社区准则和特定 subreddit 的规则。

利用社交媒体和在线平台需要策略和持续的努力。理解每个平台的特点，定期发布高质量的内容，并与你的受众建立真正的联系，这都是成功的关键。

# 27.4　与媒体合作

媒体在传播信息、塑造公众意见和提升项目或产品知名度方面扮演着至关重要的角色。对于技术项目和团队来说，与媒体建立良好的合作关系是十分有益的。

## 27.4.1　媒体宣传的重要性

提高项目知名度：媒体报道可以快速地将你的项目介绍给广大的公众，从而提高其知名度和可见性。

建立信任与可信度：通过权威媒体的报道，项目可以获得额外的信誉和公信力。公众往往相信并信任那些主流媒体报道的信息和项目。

吸引投资与合作伙伴：媒体报道不仅可以吸引潜在客户，还可以引起投资者和行业合作伙伴的关注。

公关管理：在面对质疑或危机时，与媒体建立良好的关系有助于进行公关管理，确保信息的准确传播并维护项目的形象。

分享成功案例和技术突破：媒体提供了一个平台，分享项目的成功案例、创新和技术突破，从而吸引更多的关注和支持。

市场洞察与反馈：媒体报道也可能带来公众、行业专家和评论员的反馈，这有助于进一步完善项目或调整战略方向。

媒体宣传是一种强大的工具，可以有效地传播信息、塑造品牌形象和吸引各种资源。因此，建立和维护与媒体的良好合作关系是任何技术项目或团队都不应忽视的重要环节。

## 27.4.2　推广技巧与合作策略

与媒体建立成功的合作关系并非易事，需要策略和技巧。以下是一些技巧和策略，帮助你高效地与媒体合作并推广你的技术项目。

了解你的受众：在与媒体合作之前，首先要明确你的目标受众。选择与你的项目相关的媒体渠道和平台，确保你的信息能够到达正确的人群。

制定新闻稿：确保你的新闻稿内容清晰、简洁并且吸引人。使用引人入胜的标题，简要概述项目的重要性和影响。

建立媒体关系：不要仅在需要媒体帮助时才联系他们。持续建立和维护与媒体的关系，分享项目的进展和新闻，让他们感受到你们之间的合作关系。

提供独家内容或访问：为媒体提供独家的采访、内容或项目背后的故事，这可以增加他们对项目的兴趣。

利用社交媒体：在社交媒体平台上分享你的媒体报道，这样可以增加曝光率，并吸引更多的人关注。

组织媒体见面会和发布会：如果你有重要的项目更新或公告，可以考虑组织媒体见面会，直接与媒体沟通，并为他们提供深入地了解和采访机会。

为媒体提供所需资源：提供高质量的图片、视频、项目介绍和其他相关资料，帮助媒体快速并准确地报道你的项目。

及时回应媒体的询问：如果媒体对你的项目有疑问或需要进一步的信息时，确保快速并有效地回应。

定期评估合作效果：定期评估与媒体的合作效果，了解哪些策略有效，哪些需要改进，从而调整你的推广策略。

尊重和信任：尊重媒体的专业性，信任他们的报道能力，同时维护你的项目形象、保证信息的准确性。

与媒体建立和维护良好的关系需要时间和努力，但其回报是巨大的。使用上述策略和技巧，可以确保你的项目获得更多的曝光和认可。

# 第28章　团队与资源管理

在创业或执行一个技术项目的过程中，团队的作用是至关重要的。一个高效的、合作无间的团队可以帮助项目顺利地推进并最终实现成功。

## 28.1　如何组建并管理一个高效的技术团队

组建和管理一个高效的技术团队不仅需要招聘技术高手，还需要确保恰当地管理和维护团队的文化、结构和流程。

### 28.1.1　团队文化与团队建设的方法

明确的愿景与目标：确保团队成员明白项目的愿景与目标，这有助于他们看到自己的努力如何影响整体结果。

尊重与信任：在团队中建立相互尊重与信任的文化。当团队成员相互信任并尊重彼此的意见和工作时，合作会更为顺利。

开放的沟通：鼓励团队成员之间进行开放的、诚实的沟通。这有助于解决问题、提出建议并分享知识。

团队建设活动：定期组织团队建设活动，如团队晚餐、户外活动或培训研讨会，加强团队间的联系。

持续的学习与成长：鼓励团队成员不断学习和发展自己的技能。提供培训机会和资源，确保团队的技术和知识始终保持领先。

明确的角色与责任：确保每个团队成员都明白自己的角色与责任。这可以减少重复的工作并确保每个任务都被妥善处理。

反馈与评价：定期与团队成员进行一对一的反馈和评价会话，讨论他们的表现、目标和对团队的建议。

庆祝成功：当团队取得重要进展或达到关键目标时，记得庆祝，这可以提高团队的士气和凝聚力。

应对冲突：在团队中，冲突是不可避免的，关键是如何处理这些冲突。提供冲突解决的培训和资源，确保冲突得到及时和有效的解决。

共享资源与知识：创建一个团队内部的知识库或资源共享平台，鼓励团队成员分享自己的知识和经验。

通过以上的方法和策略，可以创建并维护一个高效、和谐、合作无间的技术团队，为项目的成功奠定坚实的基础。

### 28.1.2　有效的团队沟通与协作技巧

团队的沟通和协作是项目成功的关键。有效的沟通能够确保信息的准确传递，而高效的协作能够促进团队成员间的合作，共同完成任务。以下是一些提高团队沟通和协作效率的技巧。

明确沟通目的：在沟通开始之前，明确沟通的目的和预期结果，确保所有团队成员都明白沟通的重要性。

使用适当的沟通工具：选择适合团队需求的沟通工具，例如 Slack、微信、钉钉、Trello 或 Microsoft Teams。

定期的团队会议：定期召开团队会议，讨论进度、问题和解决方案，确保每个成员都了解团队的方向。

明确的任务分配：使用项目管理工具如 Jira 或 Asana，明确地分配任务，确保每个团队成员都明白自己的职责。

开放的反馈文化：鼓励团队成员提供反馈，无论是正面的还是建设性的，都能够确保团队持续进步。

决策的透明性：当团队需要做出决策时，确保决策过程是透明的，让团队成员了解决策背后的原因。

尊重多样性：理解并尊重团队成员的文化和背景差异，这可以带来更广泛的视角和创新的想法。

培训与教育：定期为团队成员提供沟通和协作的培训，以提高团队的沟通质量。

清晰的文档化：保持团队文档的完整性和准确性，确保团队成员可以随时查找所需的信息。

有效的冲突解决：当团队内出现冲突时，及时解决，避免影响团队的效率和士气。

鼓励团队建设活动：组织团队建设活动，如团队晚餐或团队外出活动，加强团队间的联系。

通过实施以上技巧，可以促进团队的沟通和协作，确保团队能够高效地完成任务，推进项目的进展。

## 28.2　项目管理工具与技巧

### 28.2.1　为什么需要项目管理工具

项目管理工具在今天的团队和企业中起到了至关重要的作用。它们不仅有助于团队组织和跟踪项目任务，还确保了团队能够有效地达到项目目标。以下是为什么需要项目管理工具的主要理由。

提高效率：项目管理工具可以自动化许多日常的管理任务，例如任务分配、进度跟踪和报告，从而节省时间并提高工作效率。

明确的任务分配：通过项目管理工具，团队成员可以清晰地看到他们的任务和职责，减少了混淆和遗漏的情况。

实时的进度跟踪：项目管理工具提供了实时的进度更新和可视化仪表板，使团队和管理者能够随时了解项目的当前状态。

促进团队合作：这些工具提供了一个集中的平台，使团队成员可以共享文件、讨论问题并协同工作，促进了团队之间的合作。

资源优化：工具可以帮助管理者更好地分配资源，确保项目的顺利进行，不会因为资源短缺而受阻。

风险管理：通过跟踪和监控项目活动，项目管理工具可以帮助团队提前识别和应对潜在的风险和问题。

明确的沟通：项目管理工具提供了沟通渠道，确保团队成员都能获得关于项目的最新信息。

文档和历史记录：这些工具可以存储和组织与项目相关的所有文档，确保在项目周期的任何时刻都能轻松访问。

灵活性与扩展性：许多项目管理工具都允许定制，以适应特定的项目需求或工作流程。

减少人为错误：自动化的任务和提醒功能减少了因人为疏忽或遗漏而导致的错误。

提高客户满意度：通过更高效的项目管理，可以更快地交付项目，并满足客户的期望和需求。

项目管理工具为团队提供了一个集中的、有组织的方式来管理、跟踪和完成项目任务，从而确保项目的成功完成。

## 28.2.2　如何选择与应用合适的工具

在团队或项目中选择合适的项目管理工具至关重要，因为这决定了项目的组织、沟通和效率。以下是选择和应用工具时需要考虑的关键因素及建议。

团队的需求分析：在开始选择工具之前，首先明确你的团队和项目的具体需求。这包括项目的规模、团队的大小、沟通频率、报告需求等。

易用性：工具应该直观且对用户友好。如果一个工具过于复杂，可能会导致团队成员不愿使用或使用不正确。

功能性：确保所选工具具有你需要的核心功能，如任务管理、进度跟踪、资源分配、时间跟踪、报告功能等。

协作与沟通：考虑工具是否提供实时沟通、文件共享和讨论板等功能，以促进团队之间的协作。

移动访问：在当今的移动时代，选择一个支持手机和平板电脑应用的工具是有好处的，这样团队成员可以随时随地访问。

集成能力：如果你的团队已经使用其他工具，如邮件、日历或文件共享服务，那么所选工具应该能够与它们集成。

扩展性和灵活性：选择一个可以根据项目和团队的增长进行调整的工具，同时它应该允许用户自定义以适应特定工作流程。

预算考虑：有很多免费的项目管理工具提供基本功能，而更高级的工具或服务可能需要付费。确保你选择的工具符合团队的预算。

安全性：对于许多团队来说，项目数据的安全性和隐私是首要关注的。确保所选工具提供了充分的安全保障，如加密、备份和权限控制。

试用与评估：在做出最终决定之前，尝试使用工具的免费版本或试用期，以确保它满足你的需求并被团队接受。

应用工具的建议包括以下几点。

培训团队：一旦选择了工具，确保为团队提供适当的培训，以确保每个人都知道如何使用它。

设置标准：为如何使用工具制定明确的指导原则和流程，确保团队的一致性和效率。

定期评估：随着时间的推移，项目和团队的需求可能会变化。定期检查工具的有效性，并根据需要进行调整。

鼓励反馈：鼓励团队成员提供关于工具使用的反馈，这样你可以更好地了解它的优势和局限性。

选择和应用项目管理工具是一个持续的过程，需要团队的参与和反馈，以确保工具始终符合项目的需求。

# 28.3 资金筹集与预算控制

## 28.3.1 资金筹集的策略和方法

资金筹集是所有项目或创业活动中的一个关键环节。无论是开发一个新的计算机应用、硬件产品还是其他创业项目，都需要资金来推进。以下是几种常见的资金筹集策略和方法。

天使投资者：天使投资者通常是个人或小团体，他们会提供资金以支持初创企业的早期阶段。作为回报，他们可能会要求持有公司的股份或债务转化权。

风险投资公司：风险投资公司为具有长远增长潜力的初创公司提供资金，通常会换取股权。这是一个竞争非常激烈的筹资方式，需要有明确的商业模型和扩张计划。

众筹：通过在线众筹平台如 Kickstarter、Indiegogo 等，创业者可以直接向公众展示他们的想法，并筹集小额资金来支持项目。这不仅是筹资的手段，还是验证市场接受度的方式。

政府补助和赠款：许多国家的政府都为初创企业、技术项目或研究提供补助或赠款。可以研究本地和国家级的资助机会。

竞赛和奖金：许多组织和企业会定期举办针对学生、研究者或初创者的竞赛，其中可能包括现金奖金或其他形式的资金支持。

银行贷款或信用贷款：虽然这可能不是大多数初创公司的首选，但在某些情况下，传统的银行贷款可能是一种可行的选择。

自资：有时，创业者可能需要使用自己的储蓄来启动项目，尤其是在项目的早期阶段。

家人和朋友：在很多情况下，家人和朋友可能愿意提供初始资金支持。然而，这种方法需要明确的协议和沟通，以避免未来的冲突或误解。

公司合作或赞助：与大公司合作可以获得资金、资源或技术支持。例如，一家大公司可能会资助一个与其业务相关的创新项目。

预售或预订：如果你有一个创新的产品或服务，可以考虑通过预售的方式提前筹集资金。

在选择筹资策略时，重要的是要考虑每种筹资方式的优缺点、相关成本以及所带来的期望和承诺。充分的市场研究、明确的商业计划和强大的团队都会提高筹资成功的概率。

## 28.3.2 如何有效地管理项目预算

对于项目的成功来说，预算管理是至关重要的。有效的预算管理可以确保项目在财务上的成功，同时确保项目的各个方面得到充分的资金支持。以下是一些建议，帮助你有效地管理项目预算。

明确预算目标和范围：在制定预算之初，需要明确预算的目标和范围。这可以确保团队有明确的财务方向，并为可能出现的额外费用设定预算。

详细预算制定：详细列出项目的所有费用，包括人力成本、设备、软件、培训、旅行、外包、材料等。

持续监控：定期审查预算执行情况，确保资金的使用是按计划进行的。使用财务软件或电子表格来追踪和分析费用。

设定预算缓冲：为意外或突发事件预留一部分资金，以应对不可预测的费用。

及时沟通：与项目团队、合作伙伴和利益相关者保持沟通，确保他们了解预算状况，及时分享任何可能影响预算的信息。

预防费用超支：如果发现预算即将或已经超支，尽早采取行动。这可能包括重新评估项目的某些方面、减少费用或寻找其他资金来源。

定期审查：定期审查预算，并根据项目的进展或市场变化进行调整。此外，分析已完成的项目，学习其中的经验教训，为未来的项目预算制定提供参考。

培训团队：确保项目团队了解预算管理的重要性，并为他们提供必要的培训和工具，帮助他们更好地管理预算。

外部审计：考虑进行外部审计，以验证预算的准确性和完整性。外部审计师可以提供独立的视角，帮助识别和纠正潜在问题。

使用技术工具：利用项目管理和预算软件，自动化费用追踪和报告，这可以节省时间并提高准确性。

通过这些建议，大学生和其他项目经理可以更有效地管理项目预算，确保项目在财务上的成功，并最大限度地降低费用超支的风险。

# 第29章 技术产品化与市场进入

## 29.1 产品开发全流程

技术产品的开发从原型到最终产品，涉及一系列详细且关键的阶段。对于大学生和初创者来说，了解这些关键阶段对于确保项目的成功至关重要。

### 29.1.1 从原型到产品的关键阶段

概念验证（Proof of Concept）：在开发原型之前，首先需要验证你的产品概念。这通常包括对市场进行初步研究，以确定是否有足够的需求和潜在的用户基础。

设计和原型制作：基于概念验证的结果，设计产品原型。这个阶段可能需要多次迭代，不断调整原型以满足目标用户的需求。

功能测试：一旦原型制作完成，进行功能测试以验证其功能是否符合预期，并确保其在各种情况下的稳定性和可靠性。

用户可用性测试：在小范围内邀请目标用户对原型进行测试，收集他们的反馈，并根据这些反馈进行改进。

产品优化：基于上述测试的结果，对产品进行必要的修改和优化，确保其满足市场需求。

量产准备：这一阶段包括选择合适的生产伙伴、确保材料供应、优化生产流程等，以满足大规模生产的需求。

市场策略和定价：在产品推向市场之前，制定明确的市场进入策略，包括定价、目标市场定位、销售渠道选择等。

产品发布：这是将产品推向市场的阶段，包括产品发布活动、市场推广等。

售后服务和支持：为用户提供必要的支持和服务，包括技术支持、产品维修、更新等。

持续优化和迭代：根据市场反馈和用户需求，不断对产品进行优化和更新，确保其始终满足市场需求。

了解从原型到产品的这些关键阶段对于大学生和创业者至关重要，因为它们提供了一个清晰的路径，指导他们如何将初步的想法转化为市场上的成功产品。

### 29.1.2 产品测试与迭代的重要性

产品测试与迭代是确保产品成功的关键步骤。这些步骤确保产品不仅能够满足其初始设计意图，而且能够满足实际用户的需求和期望。以下是为什么产品测试与迭代如此重要的一些理由。

验证假设：初期的产品设计基于一系列假设，例如用户如何使用产品、哪些功能是最重要的等。通过产品测试，你可以验证或反驳这些假设，从而更好地满足用户需求。

提高产品质量：产品测试可以发现产品中的错误或缺陷，使团队能够在产品发布前进行修复。这降低了潜在的维护成本并提高了用户满意度。

用户中心设计：产品迭代通常基于用户的反馈，确保产品解决了用户真正的痛点，并优化用户体验。

降低风险：通过持续的产品测试和迭代，可以避免大规模的失败或昂贵的重做成本，从而降低商业风险。

快速应对市场变化：市场和用户的需求是不断变化的。产品迭代允许产品快速适应这些变化，确保其始终与市场保持同步。

增加用户投入：产品测试通常涉及目标用户，这可以增加用户对产品的投入和归属感。当用户觉得他们对产品的发展有所贡献时，他们更可能成为忠实的用户。

优化资源分配：通过产品测试与迭代，团队可以确定哪些功能或变更最为重要，从而更好地分配资源和优先级。

提高市场接受度：当产品经过多次迭代并优化后，它更有可能得到市场的认可和获得成功。

为未来打基础：每次迭代不仅优化当前版本的产品，而且为未来的产品开发提供了宝贵的数据和见解。

产品测试与迭代不仅是开发过程的一部分，而且是确保产品长期成功的关键。对于大学生和初创者来说，培养产品测试和迭代的习惯并将其纳入开发流程是至关重要的。

# 29.2　技术产品的商业模式与策略

### 29.2.1　如何为技术产品制定有效的商业策略

为技术产品制定商业策略是确保其在市场中成功的重要环节。正确的商业策略可以使产品更具竞争力、更加受到目标用户的喜爱并实现盈利目标。以下是为技术产品制定有效商业策略的建议和步骤。

明确目标市场：定义并理解你的目标用户是谁，他们的需求是什么，以及他们的消费习惯如何。这有助于为特定的市场制定策略。

价值主张：确定产品的独特价值，并明确地传达这一价值。你的产品解决了什么问题？它与竞争对手有何不同？

定价策略：研究市场，了解竞争对手的定价，并根据产品的价值、成本和目标用户来制定合适的定价策略。

分销渠道：确定产品如何到达用户。是否通过线上销售？是否与其他企业或平台合作？

营销与推广：制定有效的营销策略，以增加产品的知名度和吸引潜在客户。这可以包括内容营销、社交媒体广告、合作伙伴关系等。

收入流：考虑产品的收入来源。是单次购买、订阅服务，还是其他模型如广告收入？

客户关系管理：建立策略来维护与客户的关系，鼓励他们长期使用的忠诚度。

反馈循环：创建机制收集用户反馈，并利用这些反馈进行产品迭代和改进。

扩展策略：考虑长期的扩展和增长策略。是否进入新的市场或增加新的产品线？

风险管理：识别潜在的商业风险，如竞争对手的行动、市场变化或技术演进，并制定相应的应对策略。

为技术产品制定商业策略时，应保持灵活性并随时准备调整。市场和技术的变化可能要求企业对其策略重新进行评估和调整。

### 29.2.2 市场调查与产品定位的方法

为了有效地为技术产品制定商业策略，深入了解市场情况和定位产品是关键步骤。以下是进行市场调查和产品定位的方法。

**1. 桌面研究（Desk Research）**

利用已有的市场研究报告、行业分析、统计数据和在线资源对市场进行初步了解。分析竞争对手的情况，了解他们的产品、价格、营销策略等。

**2. 定性研究**

深度访谈：与潜在客户或行业内的专家进行一对一访谈，获取对产品和市场的深入见解。
焦点小组：邀请目标用户参与，以小组讨论的方式收集目标用户关于产品或服务的反馈。

**3. 定量研究**

在线调查：使用工具如 SurveyMonkey 或 Google 表格创建在线问卷，广泛收集用户反馈。
电话调查：通过电话对目标用户或潜在客户进行调查。

**4. 观察法**

通过直接观察目标用户如何使用产品或服务，了解他们的习惯和需求。可以是实地观察或通过数字工具进行用户行为分析。

**5. SWOT 分析**

对产品或服务的优势、劣势、机会和威胁进行全面分析。帮助团队了解当前产品所处的市场位置并做出战略决策。

**6. 制定用户画像（Buyer Persona）**

基于调查和研究结果，创建代表理想客户的虚拟形象。为营销和销售团队提供明确的目标用户描述。

**7. 市场分割**

根据地理位置、人口统计、行为或其他因素将市场分为不同的子市场。确定哪些子市场最适合产品或服务。

**8. 市场定位**

基于市场分析结果，确定产品在市场中的位置。与竞争对手作对比，明确产品的独特卖点。

**9. 测试市场（Pilot Market）**

在小规模的目标市场中测试产品或服务，收集用户反馈，优化产品，并为大规模推广做准备。
进行市场调查和产品定位时，团队需要持续迭代和优化方法，以适应市场的变化和新出现的挑战。确保在整个过程中与目标用户保持紧密的联系，他们的反馈将为产品成功提供宝贵的指导。

# 29.3 合作伙伴关系建设

## 29.3.1 合作的重要性与挑战

**1. 合作的重要性**

资源共享：通过与其他组织合作，企业可以共享知识、技术、人才和资金，从而降低单独开发或购买的成本。

市场扩张：与合作伙伴共同进入新市场或拓展已有市场，可以更快地获得市场份额。

技能与知识补充：合作可以弥补一个公司在某一领域的技能或知识短板，例如技术开发、市场营销或供应链管理。

风险分散：通过与其他组织合作，企业可以分散投资风险，特别是在涉及高成本、高风险的项目时。

创新与研发：合作可以提高研发效率，集中双方的研发资源，促进技术和产品创新。

提高竞争力：合作可以提高公司在市场上的竞争地位，特别是在与大型的或强大的竞争对手对抗时。

2. 合作的挑战

文化碰撞：不同的企业有不同的组织文化和价值观，这可能会导致在合作中出现理解和沟通障碍。

信息不对称：合作伙伴之间可能存在信息不对称，导致双方在决策时缺乏必要的数据和知识。

利益冲突：合作伙伴在某些问题上的利益可能不完全一致，例如价格、分工和收益分配。

资源分配：如何公平分配合作所需的资源和投入可能会成为一个挑战，特别是当资源有限时。

长期承诺与短期利益：在合作中，一个组织可能更关注长期投资和收益，而另一个组织可能更关注短期利益。

知识产权问题：在合作研发和创新中，如何保护和分享知识产权可能会引发争议。

退出机制：如果合作关系不再符合双方的利益，如何平稳地、公正地解除合作关系也是一个重要的挑战。

为了克服这些挑战，合作伙伴需要在合作开始前进行充分的沟通和谈判，明确双方的期望、权利和责任，并制定详细的合作协议。

### 29.3.2　如何建立与维护良好的合作伙伴关系

建立与维护良好的合作伙伴关系不仅是为了完成某个短期项目，更是为了确保长期的合作和共同发展。以下是一些建议和方法。

明确双方期望：在合作开始之前，明确每个合作伙伴的期望和目标。这将有助于避免未来的误解和冲突。

建立信任：信任是任何关系的基石。通过诚实的、透明的沟通和行动，确保双方都能信赖对方。

开放沟通：确保双方都有开放沟通的渠道，并经常检查彼此的感受和需求。有效的沟通可以预防和解决许多潜在的问题。

共享价值观：寻找有相似价值观和商业理念的合作伙伴，可以使合作更加顺畅。

互相尊重：即使在意见不合时，也要尊重对方的观点和立场。避免攻击性的言论和行为。

公平分配利益：确保合作的结果能公平地分配给所有合作伙伴，这样每个合作伙伴都会觉得自己的贡献得到了认可。

及时解决争端：无论合作多么和谐，都可能出现争端。关键是要及时地识别和解决争端，而不是让其积压。

定期评估与反馈：为合作关系设置定期的检查点，评估双方的满意度，讨论可以改进的地方。

共同培训与学习：组织合作伙伴一起参加培训或工作坊，以增强团队合作和技能。

承认和庆祝成功：当达到一定的合作里程碑或目标时，确保承认和庆祝这些成功，以增强合作的积极感受。

明确的退出或变更策略：在开始合作时，就要为合作关系可能的结束或变更制定明确的策略。这样在合作关系需要调整或结束时，双方都知道该怎么做。

持续投资关系：即使合作关系已经建立，也要继续投资时间和资源来维护和加强这一关系。

建立与维护良好的合作伙伴关系需要时间、努力和承诺。如果正确地建立与维护良好的合作关系，它可以为所有合作伙伴带来巨大的价值和满足感。

# 第30章 大学生技术竞赛与活动概览

## 30.1 知名计算机与电子竞赛介绍

### 30.1.1 竞赛的重要性与价值

竞赛不仅仅是一个比赛，它为学生提供了一个宝贵的机会，让他们能够在真实的环境中实践、挑战和展现自己的才能。以下是竞赛对学生的主要价值和意义。

实践与展现才能的平台：在参加竞赛的过程中，学生可以将所学的理论知识付诸实践，真正地感受到技术的魅力和实际应用。同时，通过展示自己的项目或研究，学生可以得到公众、行业专家和招聘者的认可。

提高专业能力与认知：竞赛常常包含了最前沿的技术和难题，这迫使学生去深入学习、研究和解决。通过这种深入的探索和学习，学生的专业认知和能力都会得到显著的提升。

助力职业发展与求职：在竞赛中取得的好成绩是简历上的一大亮点。很多企业和研究机构都非常看重参赛经历和所获奖项，认为这是学生实际能力和潜力的重要体现。此外，竞赛还提供了与业内专家、导师和潜在雇主建立联系的机会。

参与技术竞赛不仅能够为学生提供一个展示自己的舞台，更能够在实践中增强学生的技能，为未来的职业发展铺设坚实的基础。

### 30.1.2 主要竞赛的特点与要求

1. 中国"互联网+"大学生创新创业大赛

主办单位：教育部与政府、各高校。

特点：国内最大的综合性赛事，有机会将项目转化为公司。

参赛类别：包括"互联网+"现代农业等多个领域。

2. "挑战杯"全国大学生课外学术科技作品竞赛

主办单位：共青团中央、中国科协等。

特点：中国大学生科技的"奥林匹克"盛会。

参赛类别：包括创业计划竞赛和学术科技作品竞赛。

3. 中国创新创业大赛

主办单位：科技部、财政部、教育部等。

特点：以"科技创新，成就大业"为主题的创业比赛。

4. 中国大学生计算机设计大赛

主办单位：教育部及其相关部门、中国教育电视台。

特点：重点在计算机设计领域，是全国学科竞赛排行榜之一。

5. 全国大学生电子设计竞赛

主办单位：教育部及工业和信息化部。

特点：面向电子与信息领域，推动课程体系改革。

6. "中国大学生好创意"全国大学生广告艺术大赛

主办单位：全国大学生广告艺术大赛组委会、中国传媒大学。

特点：全国规模最大的广告艺术竞赛，涵盖广告等多个领域。

7. 全国大学生数学建模竞赛

主办单位：全国大学生数学建模竞赛组委会。

特点：全国高校规模最大的基础性学科竞赛，也是世界上规模最大的数学建模竞赛。

这些竞赛不仅为学生提供了展示自己能力的平台，而且还能帮助他们获得更多的职业机会和资源。因此，为了更好地准备和参与这些竞赛，学生应该充分了解各个竞赛的特点和要求。

# 30.2　如何准备参赛

## 30.2.1　队伍组建的策略与技巧

明确目的与期望：在组建团队之前，首先明确自己参赛的目的，是为了锻炼技能、获得名次还是其他原因。这有助于选择与你有相同目的的团队成员。

组建多样化的团队：确保团队成员具有不同的技能和经验，从而确保团队在面对不同的挑战时都有应对策略。

考虑团队默契：除专业技能外，团队成员之间的合作默契也非常重要。选择那些你可以有效沟通和合作的队友。

分工明确：确保每个团队成员都清楚自己的职责和期望。这不仅可以提高工作效率，还可以避免工作重叠或遗漏。

定期团队沟通：定期组织团队会议，讨论团队进展、遇到的问题和解决策略，确保团队始终保持同步。

选择团队领导：一个出色的领导者可以有效地指导团队、解决团队冲突，并在关键时刻为团队做出决策。

了解团队成员的优点和缺点：了解每个团队成员的优点和缺点可以帮助领导者合理分配任务，并确保每个人都能在最适合自己的领域发挥出最大的潜能。

加强团队建设活动：组织一些团队建设活动，如团队培训、团队出游等，以加强团队成员之间的联系和默契。

选择合适的团队规模：根据竞赛的需求选择团队规模。太大的团队可能会导致管理和沟通困难，而太小的团队可能无法应对竞赛中的各种挑战。

具有开放和反馈的心态：鼓励团队成员提出意见和反馈，并确保团队在整个过程中保持开放和透明。

## 30.2.2　技能磨炼与模拟竞赛的重要性

增强实战经验：正如"实践出真知"所言，不断地进行技能磨炼和模拟竞赛可以帮助参赛者更好地了解实际比赛的流程和挑战，从而积累实战经验。

识别薄弱环节：通过模拟竞赛，团队可以清晰地识别自己的薄弱环节和需要改进的地方，为真正的比赛做好准备。

建立信心：对于初次参赛的团队或个人来说，模拟竞赛可以帮助建立自信，降低比赛中的紧张感。

测试策略有效性：团队可以在模拟竞赛中测试自己的策略，看看在实际应用中是否有效，从而在正式比赛中调整和完善。

增强团队默契：模拟竞赛是团队合作的练习，可以帮助团队成员更好地了解彼此的思维方式和工作习惯，从而增强团队之间的默契。

避免真实比赛中的低级错误：通过模拟竞赛，团队可以发现并避免一些可能在真实比赛中出现的低级错误。

提高时间管理能力：模拟竞赛通常在有限的时间内完成，这可以帮助团队提高时间管理和任务分配的能力。

模拟竞赛的反馈：在模拟竞赛后，团队可以从教练或其他经验丰富的人那里获得宝贵的反馈，进一步完善自己的策略和提高技能。

提高适应性：每一场模拟竞赛都可能带来不同的挑战，参赛者可以学习如何迅速适应并应对这些挑战。

为真正的比赛做准备：最后但同样重要的是，模拟竞赛为正式比赛提供了一个完美的预演，确保团队为真正的比赛做好准备。

# 30.3　从竞赛到职业

## 30.3.1　如何在简历中突出竞赛经验

设立一个独立的部分：在简历中设立一个独立的"竞赛经验"或"荣誉与成就"部分，专门列出你参与的竞赛。

使用精确的数字和数据：例如，"在全国大学生数学建模竞赛中，与团队一起获得了全国或省赛的优秀成绩"。

突出具体角色：明确指出你在团队中的职责和角色，例如，"作为团队领导，我负责项目管理和策略制定"。

展示技能和成果：描述参与竞赛过程中学到的技能和知识，以及竞赛给你带来的具体成果。

使用动作性的动词：使用"设计""领导""实施""解决"等动作性强的动词，使描述更生动。

包括推荐人或评委的反馈：如果你获得了评委或导师的正面评价，可以简要引用在简历中，展示外部对你能力的认可。

链接到作品或项目：如果可能，提供一个链接，使招聘者可以查看你的竞赛作品或项目，如 GitHub 仓库或个人网站。

简要描述竞赛的重要性：为那些可能不熟悉某个竞赛的招聘者简要描述竞赛的规模、重要性或难度。

关联到职业技能：明确说明你在竞赛中获得的技能或经验如何与你应聘的职位相关联。

持续更新：随着你参与更多的竞赛或获得新的成就，记得更新简历，确保它始终反映出最新的和最好的自己。

## 30.3.2　如何将竞赛经验转化为真实的工作能力

反思与总结：在竞赛结束后，花时间思考和总结你在竞赛中所学到的知识和技能。这不仅是技术知识，还包括团队合作、项目管理、时间管理等软技能。

实践应用：在学习或工作中寻找机会应用竞赛中学到的技能。例如，如果你在竞赛中学会了一种新的编程技术，试着在课程项目或实习中使用它。

继续深化学习：不要让竞赛中学到的知识止步于此。利用线上课程、书籍、工作坊等资源，继续深化和扩展你的知识。

与专业人士交流：利用竞赛中建立的网络，与行业内的专家和导师保持联系。他们可以为你提供关于如何将竞赛技能转化为职场技能的建议。

获得相关证书：如果你在竞赛中获得了某个领域的专长，考虑获得与之相关的证书，这可以进一步证明你的专业能力。

参与实习或项目：寻找实习或项目机会，将竞赛中的理论知识转化为实际操作经验。

教授他人：通过培训、工作坊或学习小组，将你的知识传授给他人。教学可以帮助你巩固和深化自己的理解，并提高沟通和演示技能。

将经验文档化：创建博客、视频或其他形式的内容，分享你的竞赛经验和学到的技能。这不仅可以帮助你巩固知识，还可以展示你的专业能力。

培养相关的软技能：竞赛不仅仅是关于硬技能。团队合作、领导力、沟通技巧等软技能在工作中同样重要，确保你也在这些领域得到锻炼。

持续关注行业发展：保持对竞赛领域的持续兴趣和学习，跟随行业的最新发展和趋势，确保你的技能始终与时俱进。

总之，大学生创新创业不仅可以将理论知识转化为实际操作经验，成功的创业也为社会创造了大量的就业机会，还将通过技术创新推动国家经济转型升级的战略普及。

# 参 考 文 献

[1]  吴满琳. 大学生创新创业基础[M]. 北京：高等教育出版社，2020.

[2]  教育部高等学校创新创业教育指导委员会. 创新创业教学案例集[M]. 北京：高等教育出版社，2022.

[3]  肖杨. 创新创业基础[M]. 北京：清华大学出版社，2023.

[4]  徐成，张洪杰，钱彭飞，等. 电子系统设计与创新基础技术训练教程[M]. 北京：清华大学出版社，2022.

[5]  [美]埃里克·莱斯. 精益创业[M]. 吴桐，译. 北京：中信出版社，2012.

[6]  [美]比尔·奥莱特. 有序创业 24 步法：创新型创业成功的方法论[M]. 徐中，译. 北京：机械工业出版社，2017.

[7]  McKinsey Global Institute. Artificial Intelligence: The Next Digital Frontier?[R]. 2017.

[8]  Henry H. Eckerson，Eckerson Group. Deep Learning-Past，Present，and Future[R]. 2017.

[9]  CompTIA. CompTIA IT Industry Outlook 2020[R]. 2019.

[10]  Fortune Business Insights. Global Cybersecurity Market[R]. 2022.

[11]  高乐. 创新创业教育对大学生职业生涯意义的研究——评《大学生创新创业教育路径探究》[J]. 中国高校科技，2022(6).

[12]  马永斌，柏喆. 大学创新创业教育的实践模式研究与探索[J]. 清华大学教育研究，2015，36(6): 99-103.

[13]  姚圣卓，王传涛，金涛涛. 新工科人才培养视域下高校创新创业教育实践平台建设研究[J]. 教育与职业，2022(10): 70-75.

[14]  李波，覃俊，帖军. 新工科及人工智能背景下计算机类专业创新创业教育研究[J]. 实验技术与管理，2021，38(3): 18-22.

[15]  孙珊珊，刘丽娟. 高校计算机专业创新创业教育模式探究——评《信息化背景下计算机网络与教育创新研究》[J]. 中国高校科技，2022(9).

[16]  邹立亮，曹宜婷. 电力行业大学生创新创业教育的理论与实践[J]. 储能科学与技术，2022，11(10): 3421-3422.

[17]  栾海清，薛晓阳. 大学生创新创业能力培养机制：审视与改进[J]. 中国高等教育，2022(12): 59-61.

[18]  戴若尘，王艾昭，陈斌开. 中国数字经济核心产业创新创业：典型事实与指数编制[J]. 经济学动态，2022(4): 29-48.

[19]  Elia G, Margherita A, Passiante G. Digital Entrepreneurship Ecosystem: Technologies Reshaping the Entrepreneurial Process[J].Technological Forecasting and Social Change, 2020, 150: 119791.

[20]  Pavaloiu I B, Drăgoi G, Vasilățeanu A. Computing Innovation for Technology Entrepreneurship[D]. International Technology, Education and Development Conference, 2021, 15: 4242-4249.

[21]  Sutrisno S, Kuraesin A D, Siminto S. The Role of Information Technology in Driving Innovation and Entrepreneurial Business Growth[J]. Jurnal Polgan, 2023, 12(2): 586-597.

[22]  Hao Y. Application of Computer Technology to Human Resources Information Management

under Innovation and Entrepreneurship Background[D]. Innovative Computing, 2020, 675: 1231-1238.

[23] Satalkina L, Steiner G. Digital Entrepreneurship and its Role in Innovation Systems[J]. Sustainability (MDPI), 2020, 12(7): 1-27.

[24] Zahra S A, Liu W, Si S. How Digital Technology Promotes Entrepreneurship in Ecosystems[J]. Journal of Business Research, 2023, 119: 102457.

[25] Si S, Hall J, Suddaby R, et al. Technology, Entrepreneurship, Innovation and Social Change in Digital Economic[J]. Technovation, 2023, 119: 102484.

[26] Ding L, Chai X, Zeng F. Evaluation of Innovation and Entrepreneurship Ability of Computer Majors[J].

[27] International Journal of Emerging Technologies in Learning, 2021, 16(20): 19-34.

[28] Jiang Y. Prediction Model of Innovation and Entrepreneurship Impact on China's Digital Economy[J]. Springer, 2022, 34: 2661-2675.

[29] Elia G, Margherita A, Passiante G. Dynamics of Digital Entrepreneurship and the Innovation Ecosystem[J]. Technological Forecasting and Social Change, 2019, 146: 1-12.

[30] Clarysse B, Fang H V, Tucci C L. How the Internet of Things Reshapes the Organization of Innovation and Entrepreneurship[J]. Technovation, 2022, 118: 102368.

[31] Zhou G, Zhao C. Research on Innovation and Entrepreneurship Platform Construction in Agricultural Finance based on Computer Systems[J]. IOP Conference Series: Earth and Environmental Science, 2020, 1648(2): 022084.

[32] Boeker W, Howard M D, Basu S, et al. Interpersonal Relationships, Digital Technologies, and Innovation in Entrepreneurial Ventures[J]. Journal of Business Research, 2019, 125: 1-47.

[33] Abubakre M, Zhou Y, Zhou Z. The Impact of IT Culture on Digital Entrepreneurship Success[J]. Information Technology and People, 2020, 34(4): 1040-1071.